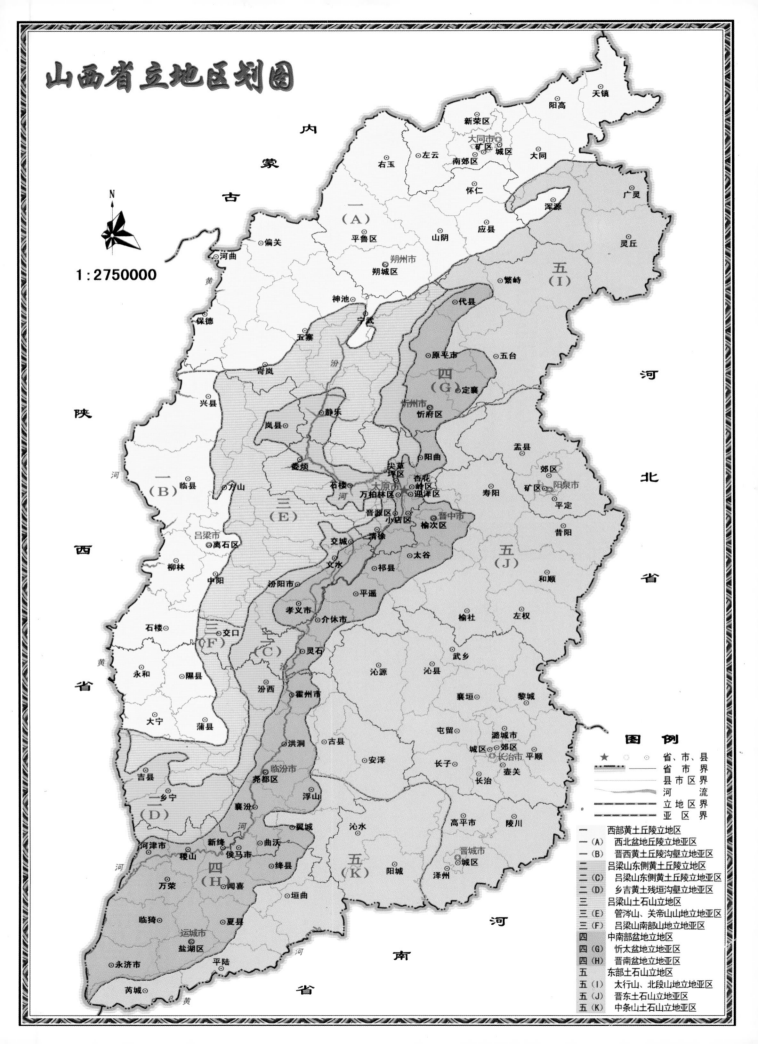

山西森林立地
分类与造林模式

田国启　邝立刚　朱世忠 等著

中国林业出版社

山西森林立地分类与造林模式

田国启　邝立刚　朱世忠　等著

图书在版编目（CIP）数据　山西森林立地分类与造林模式/田国启等著. —北京：中国林业出版社，2010.4
ISBN 978-7-5038-5801-7
Ⅰ.①山…
Ⅱ.①田…
Ⅲ.①森林生境-研究-陕西省 ②造林-研究-山西省
Ⅳ.①S718.53 ②S725

中国版本图书馆 CIP 数据核字（2010）第 038268 号

出版发行	中国林业出版社
地　　址	北京西城区刘海胡同 7 号
责任编辑	刘先银
咨询电话	010－83227226
E - mail	Liuxianyin@ 263. net
经　　销	全国新华书店
制　　作	北京大汉方圆图文设计制作中心
印　　刷	北京北林印刷厂
版　　次	2010 年 4 月第 1 版
印　　次	2010 年 4 月第 1 次
开　　本	889mm×1194mm　1/16
字　　数	800 千字
印　　张	22
彩　　插	1 页
印　　数	1～1500 册
定　　价	199.00 元

序　言
Foreword

　　造林绿化是在一定的土地上进行的社会实践活动，树种选择和配置有一定规律可循。对森林立地类型进行划分是研究掌握森林生长环境，提高林地生产力的一个重要手段；造林典型模式是对长期积累的林业生态治理经验的总结。森林立地分类与造林模式研究，在造林、育林、集约经营中既是一项基础理论，又是一项实用技术。

　　山西省自然条件恶劣，造林十分困难。在造林绿化中，必须针对不同的立地条件，适地适树，因地制宜地安排树种、林种，采取相应的造林和管护措施，才能确实提高生态建设质量。《山西森林立地分类与造林模式》就是一本研究造林地自然条件，因地制宜采用造林模式及技术措施的专著。山西省林业科学研究院和省林业调查规划院经过多年的外业调查、试验和多次专题研究，将全省划分为 5 个立地区、11 个立地亚区和215 个立地类型，编制出了《山西森林立地类型表》，同时还设计了造林模式 158 例。这些成果不仅在林业学术研究方面具有一定的先进性，而且在林业生产中都有很好的实用价值；立地类型和造林模式都是林业调查设计和营造林必不可少的科学依据。

　　我相信，这本专著的出版，将有利于推进植树造林标准化、规范化，减少技术失误，提高工程建设成效，从根本上促进山西省林业生态建设更快更好地发展；尤其是集体林权制度改革之后，对于指导林农和民营林业企业开展生态治理具有更加重要的意义。我希望《山西森林立地分类与造林模式》研究成果，能在全省林业生产中得到广泛的推广应用，并在实践中进一步得到完善和提高，为山西省林业生态建设提供强有力的技术支撑。

耿怀英

耿怀英

山西省林业厅厅长

2009 年 10 月

前　言
Preface

（一）

现代林业发展需要现代科学技术作支撑。要提高营造林成效，促进林业快速发展，开展森林立地分类和造林模式编制，提高营造林规划设计质量，指导营造林施工，是一个重要的措施与途径。因此，世界上很多林业发达的国家都十分重视森林立地分类工作。

"在国外，森林立地分类（林型分类）的研究开始于 18 世纪末期和 19 世纪"王高峰的《森林立地分类研究评价》（见《南京林业大学学报》1986 年第三期）说，"1926 年，C. A. Kranss 在德国开始了森林立地分类的研究，他倡导的多因子森林立地分类后来发展成为一种以气候、地理、土壤和植被等特点为基础的综合多因子分类，即巴登符腾堡森林立地分类的综合多因子方法。此法在欧洲和北美被公认为最有成效的立地分类系统，并在奥地利、加拿大和美国广泛流行。"

我国是在新中国成立后的 20 世纪 50 年代开始立地分类工作的。当时和其他林业工作一样，主要是学习与应用原苏联的立地分类理论与方法，而且最初是在原苏联专家指导下进行的。原苏联生态学派的波格来勃涅克"把森林看作是林分（林木）和生境（大气、土壤和心土等）的统一体。生态学派强调了生境的主导作用，所以成为该学派划分立地条件类型的方法和各级分类单位的基础。立地条件类型（或称森林植物条件类型），是土壤养分、水分条件相似地段的总称。同一个立地条件类型处在不同区域的气候条件下，将会出现不同的林型。不论有林或无林，只要土壤肥力相同即属于同一立地条件类型"（见《中国森林立地分类》，中国林业出版社，1989 年版）。我国立地分类利用原苏联立地分类理论与方法，一直延续到 20 世纪 70 年代末，当时，北京林学院主持完成了"黄土高原立地条件类型划分与适地适树研究"，地跨 7 省、区，划分出 5 个森林植被带、12 个地貌类型区和 125 个立地条件类型。其后，经过多次学术讨论与试点，开始采用德国森林立地分类的理论与方法。1987 年由林业部资源司组织林业部西北林业调查规划设计院牵头，山西、福建林勘院参加，完成了"全国森林立地分类南北方试点"；并于 1989 年组织编写出版了《中国森林立地分类》一书。随后，林业部资源司又组织各省、市、区林勘院完成了森林立地分类工作，综合编写出版了《中国森林立地类型》，从此奠定了我国森林立地分类的基础。

（二）

山西省立地分类工作启动较迟。20 世纪 70 年代末，山西省林业科学研究所完成了"西山地区造林立地条件及适生的树种"的研究，共划分出 3 个类型区、12 个立地条件类型。1985 年，山西省林业勘测设计院经过一年多外业调查，完成了"山西省太行山森林立地分类"及"山西省太行山区造林典型设计"。太行山立地类型区，共划分出 4 个立地类型亚区、11 个立地类型小区、60 个立地类型组、93 个立地类型。这个立地分类系统，是根据德国立地分类系统（中国林业出版社 1981 年出版的《造林学》151 页介绍：当前德国的立地分类共分五个层次：立地区、立地亚区、立地类型组、立地类型、地况级），结合山西省地形地貌复杂多样实际，经过研究和实践提出的。这一立地分类系统，得到有关专家认同，并在林业部资源司组织林业部西北林业调查规划设计院完成的"全国森林立地分类南北方试点"中采纳与推广。但是，经过有关专家讨论，到 1989 年出版的《中国森林立地分类》，又将"立地类型区、立地类型亚区"改为"立地区、立地亚区"，即在德国立地分类五个层次的基础上，加入"立地类型小区"并去掉"地况级"，形成我国的森林立地分类系统。具体是，立地区域（全国适用）→立地区→立地亚区→立地类型小区→立地类型组→立地类型。

接着，山西省林业勘测设计院又成立了专业调查组，开始了全省森林立地分类与造林典型设计的调查及编制工作。经过一年多的外业调查，1989 年首先初步完成"山西森林立地类型表"的编制，先印发全省各地、市、林区调查队，随后印发各地、市林业局应用。由于某些原因，《山西森林立地类型表》未能进一步完善，也未能提出全省造林典型设计即造林模式成果。但是，全省一些重点造林工程在规划设计和施工中编制和应用了造林模式或典型设计，如 1984 年〈壶关县绿化规划方案〉编制了造林典型设计；1996 年原榆次市林业生态工程规划也包括有《主要造林树种模式设计》；"九五"期间中德 PAAF 合作项目，在造林工程中也编制与应用了各种造林模式。从而使山西省立地类型和造林模式的研究与应用工作全面推开。

（三）

山西省自然条件非常恶劣，气候、地貌和土壤复杂多样。面对复杂多变的立地条件，造林必须按不同的立地类型，做到因地制宜地安排造林树种、林种，采取相应的造林技术和管护措施，才能提高造林成活率及成效。过去一些地方造林，因为没有分别不同的立地条件，因地制宜地选用造林树种和造林方法，招致造林失败，造成很大损失。如有的在海拔2000m以上山地草甸直播油松造林，多数因冻拔而死，个别成活者也因生理干旱而成"小老树"；也有的在适于侧柏生长的低山干旱岩裸阳坡造油松或刺槐，虽可成活，但都生长发育不良。因此，为了提高造林成效，加快林业发展步伐，必须加强立地分类和造林模式的研究，完善已有的森林立地分类研究成果，编制全省造林模式，为营造林工程规划设计及施工提供科学依据。

目前，除20世纪80年代初步编制的《山西森林立地类型表》（油印本）外，全省还缺乏按立地类型研究编制的造林模式（造林典型设计）。为此，各地在造林规划设计工作中，只得临时按造林地立地类型自编造林模式，但是质量很难保证。因此，从总体讲，不但需要进一步完善全省森林立地类型表，也需要与立地类型结合编制适用的造林模式，满足造林工程规划设计与施工的需要，以促进和提高造林质量。

面对现实需要，山西省林业厅在2006年组织山西省林业科学研究院和山西省林业调查规划院联合开展了"山西省林业立地类型划分与造林模式"的研究，研究在总结历年立地类型和造林模式应用经验与问题的基础上，在理论和应用方面进行了认真探讨。不仅充实提高了原有的《山西森林立地类型表》，还填补了山西省没有造林模式与立地类型配套应用的空白。其中造林模式与立地类型挂钩，用简索表的方式按立地类型查寻造林模式的方法，是个创新，国内少见。预计这一研究成果的应用，将会大大促进山西省造林规划设计与施工的科技含量，加快造林绿化步伐。

（四）

为了总结山西省历年森林立地分类与造林模式研究成果和应用中的经验，2006年在山西省科学技术厅立项"山西立地类型划分与造林模式研究"，通过项目组3年的研究与总结，完成了计划任务，并于2008年11月16日通过了山西省科学技术厅组织的成果鉴定，与会专家认为"项目成果已在山西各地及各地林业重点工程中推广应用，经济社会效益显著，具有广阔的应用前景，对实现科学造林、育林、营林和指导林业生态建设具有重要的意义，总体研究达同类研究的国际先进水平"。项目鉴定后，以参与项目研究的人员为主，组成编写组，于2009年完成了《山西森林立地分类与造林模式》一书的编写工作。

　　本书是山西省历年来森林立地分类与造林模式（造林典型设计）研究的总结，也是近三十年来，所有参与这方面研究与实践的科研人员及林业生产工作者辛勤劳动的结晶。书中如有错误与不当之处，应由著者负责，并请读者原谅与指正！

著　者

2009 年 10 月

目　录
Contents

中篇 山西省造林模式研究

下篇 立地类型与造林模式应用系统研究

上 篇 | 山西森林立地分类研究

第一章　山西森林立地分类总论

一、森林立地分类概述

（一）森林立地分类的内涵

"森林立地分类"一词起源于德国。我国 20 世纪 80 年代以前多使用"立地条件类型划分"，其后，采用德国立地分类理论与方法，遂改用"森林立地分类"。

"立地"一词在《简明林业词典》（135 页）里有一个解释："生境指生物个体、群体、群落所在地的具体环境。森林生态学上常用来说明树木或林木周围密切联系并能为其所利用的气候、土壤等条件的总和。在林学上则常称为立地。"还有，东北林学院主编的《森林生态学》（4 页）说，"森林所生存地点（包括林木地上和地下两部分）周围空间的一切因素，就是森林的环境。……环境因子中对森林（或植物）有作用的，称为生态因子，这些生态因子综合在一起构成森林的生态环境或简称生境，林学上称为立地条件或立地。"另外，在 1986 年林业部颁发的《林业专业调查主要技术规定》中说，"立地是林木生长的土地及其空间。立地条件为对林木生长有影响的各个环境因子的综合。立地类型是有相同立地条件的各个有林地与宜林地地段的总体。"

因此，林学中的"立地"也就是"森林立地"，指的是"林木生长的土地及空间"即森林的"生态环境"。

"立地分类"或"森林立地分类"就是按立地的立地因子差异和相同情况，将立地划分为不同的类型。

立地类型是地域上不相连接，但立地因子基本相同，林地生产潜力水平基本一致的地段（包括有林地和无林地）的组合。

立地因子（生态因子），以前叫做立地条件，主要包括地形、气候、土壤、生物（包括植被、动物）4 大类以及人为活动等。

（二）森林立地分类的主要理论基础

森林立地分类的主要理论基础是生态学，其次是森林生态学和造林学。以生态学作为立地分类的基础，是当前立地分类工作的主流。

立地是由立地因子（立地条件）即生态因子组成，立地分类就是根据立地因子（生态因子）的分异划分立地类型。因此，在立地分类中不仅用立地因子来分类，划分立地类型，如用大地貌、气候条件在地域上的分异划分立地区和立地亚区。还采用生态学的"主导因子作用"理论，用立地因子（生态因子）中起主导作用的因子划分立地类型，如用海拔高作为划分山地立地类型组的主导因子。山西省山地占总面积的 40%，是森林发展的主要基地，在山地，海拔的变化，影响着气候、土壤的变化，海拔2000m以上，属寒温性气候，适于白杆、青杆、华北落叶松等寒温性树木生长，而油松、侧柏、白皮松等温性树种不能正常生长。因此，在生态学之外，尚须了解森林树木生态特性和生物学特性，也就要以其他林学知识来支持。

（三）森林立地分类的目的意义

森林立地分类就是通过外业调查和研究，根据立地条件的异同划分立地类型，使不同的立地类型具有不同的生态特性。其目的意义是，

1. 利用立地类型对林地进行质量评价，不同的立地类型对森林树木来说，具有不同的生产力，可以预估林地或森林的价值和效益。

2. 对造林来说，可以根据造林地立地类型选择适生的造林树种，确定造林的林种，采取相应的造林方法，预测用工与投资。举例来讲，如高中山阴向缓斜陡坡中厚土立地类型，可以选用华北落叶松，用小穴整地栽植2年生苗，营造用材林；而低山阳向急坡薄土立地类型，就应该选用耐干旱的侧柏，用石块垒塄整大鱼鳞坑填土栽植2~3年生营养袋苗，营造防护林。同时二者用工和投资也不同，后者用工量和投资都大于前者。所以划分立地类型，对造林规划设计、造林投资预算及施工都有很大的积极意义。

3. 对森林经营和利用来说，立地类型不同也须采取不同的措施与途径。例如用材林，在系列抚育作业中，立地生产力高的用材林，间伐强度可稍大，立地生产力低的间伐强度宜小。而在成熟利用期上，立地（如中山阴斜坡中厚土立地类型）生产力高的可以划为用材林经营，相对可以提前采用皆伐作业生产木材；而立地（阳向急坡薄土立地类型）质量较差的森林要划为生态林，不宜按用材林经营，不仅成熟期要迟一些，也不能采用皆伐作业。

二、山西森林立地分类的原则

森林立地分类遵从的原则：

（一）地域分异的原则

在森林立地分类中，要分析研究山西自然条件地带性和非地带性变化，并要在立地分类中反映这些变化规律。划分的立地类型，它们之间在主要立地组成因子（主导因子）上具有明显差异，而在一个立地类型内部则相对一致，并有相同的适生树种和要求一致的营造林措施，以便为因地制宜的造林、营林提供科学依据。

（二）综合因素与主导因素统一分析研究的原则

立地即生态环境，是由很多生态因子（立地因子或自然因素）包括气候、地形、土壤、植被等组成，这些因子是互相影响综合发生作用的。在立地分类时，对组成的众多生态因子（立地因子）要综合起来作为一个互相关联的综合因素，统一分析研究。同时，必须认识到，在众多因子中必定有起主导作用的因子，由于它的变化会引起其他因子的变化，改变立地的性状和质量，因此要通过对综合因素的研究，从中找出起主导作用的因素即主导因子，进行分析研究，作为划分立地类型的依据。目的是使用少数因子划分立地类型，并能达到反映立地地域分异规律的要求。

（三）分区分类的原则

山西南北狭长，纬度相差近6℃，南北气候条件变化很大，且又多山地丘陵，地形复

杂。如果全省以一个区域划分立地类型，无法反映全省自然规律。举例来讲，"黄土丘陵梁峁顶"立地类型，在暖温带气候条件下的晋西石楼、永和沿黄河一带，可以种植核桃、红枣，在温带气候条件下的左云、右玉则不能生长。因此，我们必须先按气候条件、大地貌在地域上的分异规律，大尺度地划分立地区、立地亚区，然后分区划分立地类型。分区划分立地类型，既确切的反映了立地的地域分异规律，也便于生产应用。

（四）多级序的原则

多级序原则与分区分类原则紧密相关。全省划分立地区，再在分区下划分立地类型，必然会有多层次的分类，也就必然要一级一级相接地多级有序的进行立地分类。从全省来讲，自然条件十分复杂，形成多种多样的立地类型。要全面的反映自然规律，科学的划分立地类型，就必须根据自然条件由大同到小异的等级差异规律，分级分类。即高等级的分类单元，大相似中的小差异大，低等级的分类单元，大相似中的小差异小。因此，必须建立分层次多级序的立地分类系统，从大到小以一定的立地地域分异尺度划分立地类型。从全省来讲，就是用大地貌、大气候划分立地区、亚区，逐级向下，用小地形、土壤为依据划分立地类型。

（五）有林地与无林地统一分类的原则

1986年林业部颁发的《林业专业调查主要技术规定》讲"立地类型是有相同立地条件的各个有林地和宜林地地段的总体。"实际上，《技术规定》就是要求有林地与无林地统一进行分类。我国是这样，国外也是这样。这在理论上也是行得通的。

在林业上，立地是林木生长的土地及其空间，也可以说是已生长林木和可用于生长林木的土地及其空间。"立地"在林业上是指"生态环境"。既然立地就是生态环境，生长林木的立地，也就是森林的生态环境。适于林木生长的生态环境是客观存在的，不论有无森林生长，都不会影响适于森林生长的生态环境的存在。所以森林生态环境分类即森林立地分类，将森林生态环境作为一个独立事物，当然可以将有林木生长的和无林木生长适于林木生长的生态环境，统一分类，划分立地类型。

基于以上要求与理论，因此我们坚持有林地与无林地统一分类的原则，有林地、无林地用同一的分类标准与方法进行分类。

有林地、无林地统一分类还有使用上的好处，就是对林地评价与使用方面的好处。森林生态系统由森林树木及其生态环境组成，森林树木采伐后便成了无林地，无林地造林后也会变成有林地。有林、无林可以互相转化，但林地依然存在。有林地、无林地统一分类，便可以统一评价，即用统一的评价标准与方法评价其质量水平，即林地生产力。举例来讲，同一阴向坡面上的一个类型的森林，其中一部分采伐变为无林的迹地，但其林地类型和林地生产力和未采伐的有林地还是一样的，所以不论有无林木生长，林地都应该统一分类，接着才能统一评价。它还有一个好处，就是用同一立地类型的有林地表现出来的林地生产力，可以预测无林地的生产力，为无林地造林规划设计和施工提供科学依据。

（六）直观明了，方便应用的原则

立地分类的目的是为了反映自然规律，服务于生产。为了在生产中便于识别与掌握，立地分类的因子和立地类型，不仅能反映立地地域分异规律，而且要直观、明了、简要，一般基层林业技术人员能够掌握与应用。而且考虑今后能应用航片判读和计算机储存与处理。

三、山西森林立地分类系统

山西森林立地分类系统是引用德国的立地分类系统，结合山西自然特点补充修正而成。《造林学》（北京林学院主编，中国林业出版社，1981 年版）151 页讲，立地分类的体系问题"我国目前还没有系统的提法，特举对立地研究较多的德国的做法以供参考。当前德国的立地分类共分五个层次：

① 立地区，反映大气候的差异。

② 立地亚区，反映中气候的差异。

③ 立地类型组，成图及经营单位。

④ 立地类型，基本单位。

⑤ 地况级，反映土壤退化程度。

山西省林业勘测设计院 1984～1985 年在太行山区进行立地类型外业调查时发现，就太行山自然条件进行立地分类，按德国的立地分类系统，在立地亚区与立地类型组之间无法衔接。于是按实际情况增加了"立地类型小区"一个层次，并取消不用的"地况级"，形成了太行山森林立地分类系统。这个立地分类系统当时得到了包括林业部资源司、贵州农学院在内的有关专家认可，并且随后在全国推广应用。山西省在 1989 年编制《山西森林立地类型表》时，即应用这一分类系统并沿用至今。

山西森林立地分类系统具体为：

① 立地区

② 立地亚区

③ 立地类型小区

④ 立地类型组

⑤ 立地类型

上述森林立地分类系统说明如下：

其一，立地分类工作是按立地分类系统，由高级到低级，用从大到小的尺度，逐级划分立地类型。

其二，立地分类系统前两级即立地区、立地亚区，属于区划单位。其特点是，各区在地域上不重复。各区内的所有立地类型都有相似的大气候特点，如晋北盆地丘陵立地亚区内所有的立地类型，都具有重半干旱多风的温带气候特点。

其三，立地分类系统由立地类型小区到立地类型，属于分类单位。其特点是，在地域上可能重复出现，如土石山地立地类型小区，几乎每个立地亚区都有；同样很多立地类型也会在同一立地亚区重复出现。

立地类型小区反映中小地貌差异。

立地类型组为成图及经营单位，由立地类型组合而成。

立地类型为森林立地分类的基本单位，它是一些立地条件基本一致，具有相同的生产潜力并需要采取统一的营造林措施的地段的组合，是林业用地质量评价、规划营林方向、选择造林树种、决定采取营造林技术措施的依据与实施的基本单位。

四、山西森林立地分类的主要依据

（一）概述

森林立地分类的关键是确定立地分类因子。这方面，山西省做了大量的工作。山西省林业勘测设计院于1984年就开始在太行山区进行立地分类外业调查工作，1986年配合林业部西北林调院在武乡县进行了全国森林立地分类南北方试点，1987～1990年又与河北、河南、北京等林勘院合作开展了全太行山森林立地分类研究。为了确定立地分类因子，成立了专业调查组，选择不同的立地进行了人工林生长量和土壤养分、水分等性状的调查，外业设置和调查了数百个人工林样地和近百个土壤调查剖面。然后，用计算机数量化理论Ⅰ等方法处理分析，结合实际经验，综合研究了气候、地形、土壤、植被等各种立地因子在立地分类中的作用，经过研究分析，筛选出山西省森林立地分类因子。具体可参考《太行山森林立地分类》（山西省林业勘测设计院等编著，中国林业出版社，1992年版）。

在立地分类因子筛选中，重点剔除了几个一般认为重要的立地因子如岩性（基岩性质）、土壤水分、坡位等。

基岩及其风化物是土壤形成的主要物质基础，对土壤质地和肥力有着决定性影响，所以岩性对树木生长影响也很大。例如，花岗岩、片麻岩等酸性类岩石上的土壤层下，多有较疏松的岩石风化层和母质层，因而造林整地施工容易，树木生长也较好；碱性石灰岩等岩类则不同，石灰岩风化物易溶于水而流失，缺少较厚的基岩风化层，土壤层相对薄而贫瘠，造林施工较为困难。所以在河北、河南等省，将岩性作为立地分类的主要因子。在山西则不同，经过分岩性人工林标准地林木生长量分析，岩性对人工林木生长量的影响很小。原因是山西省地处黄土高原，境内普遍有不同厚度的黄土沉积，风积黄土在不同的基岩上作为重要的成土母质参与了土壤的形成，从而大大减少了基岩对土壤理化性质的影响，增加了不同基岩上土壤的一致性，减弱了岩性对林木生长的影响。20世纪80年代在太行山不同岩石上所作的土壤剖面分析，也证明了这一点，因此山西没有把岩性作为立地分类因子。

土壤水分对天然降水量少，气候干旱的山西造林来说，特别重要。因此也有人提出用土壤水分作为划分立地类型的依据。理论有据，但应用困难。山西省土壤水分主要来自天然降水，天然降水时空变化大，土壤水分自然也是时空变化大，不同时间、不同地点调查土壤水分，变化不定，无法对比分类，也无法划定与查定立地类型。例如一块林地的土壤水分，春季与秋季不同，下雨前与下雨后不同，阳坡与阴坡不同，土壤不同厚度不同，不仅很难制定土壤水分分类标准，也很难调查确定一块林地的土壤水分。因此，研究决定，不用土壤水分划分立地类型，而用坡向、海拔、土壤层厚度间接反映土壤水分含量。

坡位在南方是一个重要的立地分类因子。因为山西省山地地形破碎，坡面较短，经设标准地调查研究，同坡向不同坡位立地分异不显著，故不作为一项立地分类因子。

在剔除上述3个分类因子后，再进一步分析研究其余的立地因子。立地因子即组成立地的自然条件（生态因子）主要有气候、地形、土壤、植被4类。在用大尺度气候条件地域分异规律划分立地区、立地亚区后，气候条件的小地域变化主要受地形影响，如地形由低海拔到高海拔，则气温由高变低，降水量由低变高。土壤条件也在某种程度上受地形的影响，如山地阴坡土壤养分、水分一般高于阳坡土壤，黄土丘陵沟底坡麓的土壤养分水分一般高于坡面和梁峁顶的土壤。植被的生长和分布离不开土壤、气候等条件，自然受地形的影响。在山西省干旱少雨的情况下，阴坡天然森林一般多于阳坡，而且树种也有差别。当然植被不仅会反回来影响土壤的形成与发育，大面积的植被也会影响小地域气候条件。如此分析，其一，说明立地因子（生态因子）互相交叉影响；其二，说明地形在其中起着相对的主导作用。因此，在用气候因子、大地貌划出立地区、立地亚区后，有理由将地形因子作为划分立地类型（组）的主要因子。就是将中、小地貌作为划分立地类型小区的主要依据；海拔高度、坡向、坡度、黄土丘陵部位再加土壤厚度等作为划分立地类型（组）的主要依据。

上面讲的是用"主导因子作用"这一理论来决定分类因子即分类依据的。但遇有特殊地区，还必须使用"限制因子"来作为分类因子。"限制因子"是指，"生物的生存和繁殖依赖于各种生态因子的综合作用，其中限制生物生存和繁殖的关键性因子就是限制因子。"例如，在盆地有很多河漫滩地可以造林，但是土壤往往含有盐碱，土壤中的盐碱成分影响树木生长，土壤盐碱含量达到一定程度，树木就会死亡，土壤盐碱含量便是森林树木生长的"限制因子"。于是在土壤含有盐碱的地区，土壤盐碱含量便可以作为立地分类的主要依据。现实情况是复杂的，还有许多特殊情况，仅仅使用几个主要分类因子对大面积的立地进行分类，是不够的，还必须选用特殊的分类因子。如黄土丘陵区，一些地方有第三纪红黄土出露，就必须用成土母质作为分类因子；雁同盆地土体有钙积层，影响树木生长，钙积层也就成为当地立地分类的分类因子。对于这类情况，只是在此一提，以后不再详叙。

（二）山西立地区、立地亚区划分的主要依据

1. 山西立地区划分的主要依据

以大地貌为主，同时参考气候条件的经向变化。大地貌包括山地、黄土丘陵和盆地。

2. 山西立地亚区划分的主要依据

以气候条件的纬向变化为主，重点是水、热条件即天然降水量和气温的纬向变化。

（三）立地类型小区划分的主要依据

在划分立地亚区后，每个立地亚区内还存在着范围大小不同且交错分布的各类中、小地貌，如晋东土石山立地亚区就有土石山、黄土丘陵、山间盆地等不同的地貌，自然不能用同一个立地因子和尺度划分立地类型。举例来讲，土石山地可用海拔、坡向、坡度等划分立地类型；黄土丘陵就不能用这些立地因子分类，而需要用别的立地因子如地形部位、土壤类型或成土母质等进行分类。正因为如此，我们才在立地分区与立地分类之间，增加了立地类型小区一级分类单元。即先在立地亚区的基础上划分立地类型小区，将地貌细化，然后在立地类型小区之下，再划分立地类型。

划分立地类型小区的主要依据是：中、小地貌。包括土石山地、石质山地、黄土丘陵、盆地（包括山间盆地）、河谷阶地、河（漫）滩阶地等中、小地貌。

（四）立地类型（组）划分的主要依据

立地类型（组）是立地分类中最重要的部分，又由于山西省地貌多样，所以也是立地分类最复杂的部分。因此，划分的依据虽以地形因子为主，仍然涉及到一些其他因子。立地类型（组）划分的主要依据即分类因子有：地形因子，包括海拔、坡向、坡度、地形部位等；土壤因子，包括土壤层厚度、土壤类型、土壤质地、成土母质、土壤盐碱化和沙化程度等。就其主要者叙述如下：

1. 海拔

山西省是个多山省份，山地面积占全省总面积的 40%。山地地形起伏，高差变化大，海拔高度的变化，同时引起气候的变化。一般情况下，同一地域内，海拔每升高 100m，年均气温下降 0.5~0.6℃，≥10℃积温减少 130~150℃，无霜期缩短 6d 左右。以五台山为例，从山脚繁峙县城河谷盆地海拔 1000m，年降水量 400mm 左右，年均气温 6℃左右为基点，到五台山顶海拔 3061m，年降水量增加到 900mm，年均气温下降到 -0.4℃，即海拔每升高 100m，降水量增加 25mm 左右，年均气温下降 0.5℃左右。气候的变化又引起土壤、植被的变化。以关帝山西坡天然林分布为例，海拔 1700m 以下，以温性油松、侧柏、白皮松等针叶林为主；海拔 1700~2150m，主要为油松与白桦、山杨、辽东栎等阔叶树混交林，上部已见有寒温性华北落叶松、青杆、白杆与白桦、山杨混交林分布；海拔 2150~2600m，则以寒温性华北落叶松、青杆、白杆林为主，混生有白桦、红桦和山杨；海拔 2600m 以上为灌丛及草甸带，不见天然树木生长。这些变化，说明不同海拔高度的山地，会形成不同的森林生态环境，直接影响森林的生长、发育和分布，影响造林树种的选择与成活率。因此，海拔是一个重要的立地分类因子。

2. 坡向

在山地、黄土丘陵面积占总面积 80% 以上的山西，到处是山地丘陵，坡向极大的影响着森林立地（生态环境）的状况及质量。坡向不同，太阳光照、地表气温、土壤水分蒸发量和土壤含水量都会不一样。例如，山西省气象科学研究所、北京林业大学等单位 1981~1983 年在太岳林区，同地、同时、同海拔在阳坡和阴坡设置样地调查分析，根据他们的研究报告《改善阳坡局地小气候与造林成活率》说，"在相同的坡度下，天文太阳辐射阳坡大于阴坡，而且冬半年比夏半年大得多。如坡度 25°左右阳坡比阴坡在冬半年每平方厘米大 110 千卡（145~35 千卡）即 4 倍多。""阳坡上的空气温度同样高于阴坡。……20cm 高度的气温阳坡比阴坡高 1℃左右。"对于土壤湿度（土壤含水率），该文说，"在一般地形中，阴、阳坡上的土壤湿度受太阳辐射的影响较大。阳坡接受太阳辐射多，温度高，蒸发能力强，其土壤湿度较小；反之阴坡接受太阳辐射少，温度低，蒸发能力弱，其土壤湿度比较大。……不论在那个造林季节土壤湿度都是阴坡高于阳坡，约高 6%~8%。"具体见表 1-1。

表 1-1　阴、阳坡（0~30cm）平均土壤湿度（%）

坡向 （分阴阳）	观测季节			
	早春	雨季	秋季	平均
阴坡	18.5	11.2	14.0	14.57
阳坡	10.7	5.0	8.0	7.90
阴-阳	7.8	6.2	6.0	6.67
%	72.9	124.0	75.0	84.4

（说明：表中数据除平均数及百分数外，其余均为原资料数据）

在气候干旱的山西来说，由于阴坡土壤湿度大，含水率多于阳坡，所以植被相对茂盛，阴坡天然林多于阳坡，例如《山西森林》介绍，"全省生长于阴坡、半阴坡的油松天然林面积，按 1978 年森林资源连续清查样地推算，占全部油松天然林的 61.5%。"由于阴坡植被茂盛，水土流失较轻，土壤比较肥厚，林木生长也较阳坡为好。20 世纪 80 年代，在太行山区海拔 1000～2000m 山地油松人工林中，调查了林龄 11 年以上的样地 71 块，就不同坡向对林分年平均高生长量的影响进行了 t 检验。其中阴坡 51 块样地，林分年均高生长量平均为 29.4cm；阳坡 20 块样地，林分年均高生长量平均为 23.7cm，阴坡油松人工林年均高生长量比阳坡高 5.7cm（24.1%），差异显著。

以上情况说明，坡向是影响立地质量的重要因子，因此，用作立地类型（组）划分的一个主要依据。

3. 坡度

前面两个立地分类因子都是主导因子，由于它们的存在和变化会引起其他立地因子的变化。坡度也有类似情况，但坡度应属于限制因子。因为坡度大小与水土流失极为相关，坡度越大，坡面水土流失越严重，土壤变得越为干燥瘠薄，使立地条件恶化，直接影响营造林生产。为此，国家林业局有关技术规程规定，将华北、西北、西南等地区坡度在 35°以上的森林，划为水土保持林即生态林经营管理。所以在立地分类中，坡度是一个重要依据。

4. 地形部位

主要用作黄土丘陵区立地分类依据。

山西省黄土丘陵区面积占全省总面积的 40.3%，气候干旱少雨，水土流失严重，土壤水分缺少，成为造林成活率不高，林木生长缓慢的主要因素。用土壤水分含量作为划分立地类型的依据，又无法操作，经过多年调查研究，认为用地形因子间接反映土壤水分含量是可行的。除前面介绍用坡向反映土壤水分外，地形部位是一个特别关键的因素。按黄土丘陵地形特点，梁峁顶遭受严重的雨水冲涮，土壤水分、养分损失较大，且又有风蚀和强盛的蒸发，所以土壤水分含量最低；其次是坡面；侵蚀沟底坡麓接受上部流水和冲蚀物，土壤水分、养分相对较多。根据省林科所曹裕民、于铁树等《西山地区造林立地条件类型及适生的树种》（见山西省林业科学研究所《研究报告选编 1958～1979》）的文章介绍，在保德县暖泉林场测定，4～7 月四个月，"过风干沙梁（即梁峁顶）"在土壤 30cm 处的含水率仅 4%～5%，土壤肥力条件很差，有机质含量 0.09%；"干瘠阳坡半阳坡"在土壤 30cm 处的含水率为 4.5%～9%，有机质含量 0.31%；而阴坡，土壤含水率为 6.0%～14.0%；"沟底滩地"土壤含水率则达到 20%～30%，大大高于"过风干沙梁（梁峁顶）和坡面。由于地形部位不同、土壤水分、养分（有机质）含量不同，因而土地生产力不同，林木的生长量也有差别。20 世纪 80 年代在平陆、垣曲两县黄土丘陵调查了 23 块刺槐人工林标准地，林龄均为 11 年，由于刺槐人工林生长的地形部位不同，其林分高生长也不同。生长于坡下部及坡麓地带的刺槐人工林，生长最好，5 块标准地林分平均高 6.62m；生长于坡中部的，生长中等，10 块标准地林分平均高 5.56m；生长于梁峁顶及坡上部的刺槐人工林，生长最差，8 块标准地林分平均高仅 4.09m。

据以上分析，在黄土丘陵区，地形部位不同，由于遭受水土流失、风蚀情况不同，引起了土壤水分、养分的不同，造成立地质量及生产力的差异。因此，将地形部位作位划分立地类型（组）的一个重要依据。

5. 土层厚度

土壤是立地的重要组成因子，没有土壤，难有森林生长。因此，土壤是立地分类的重要依据。土壤组成因子包含成土母质、土层厚度、土壤质地、土壤结构、土壤酸碱度、土壤含水率、土壤有机质含量以及氮、磷、钾等含量，它们都对森林树木生长密切相关。但是，这么多土壤组成因子，不可能也不必要都用来划分立地类型。因此，我们只能使用土壤组成因子中主要的起主导作用的因子，作为立地分类的依据。如土壤水分、养分虽然很重要，但实际应用难度很大，不宜作为立地分类因子。于是，经过反复调查研究，将土层厚度选作立地分类的一个主要依据。理由是：

其一，占全省总面积40%的山地，是天然林和宜林荒山荒地的主要分布区域，也是山西林业建设的重要地区。但是，土壤层相对较薄，很多地方岩石裸露，严重影响森林生长和造林的施工。因此，在山地来说，土壤的有无与土壤层的厚度，就成了造林和培育森林的一个关键因素。因为树木根系生长在土体内，才能更好的吸收水分、养分，特别是人造幼林，如果土壤层太薄，不仅造林困难，而且幼树根系缺乏伸展空间，无法吸收必要的水分、养分，成活率难以保证；反之，土壤层厚，造林施工容易，幼树根系可以伸展，成活率会比土壤层薄的造林地高得多。

其二，土壤水分、养分特别是水分要有一个载体，就是要有土体来含蓄水分。土壤体积大即土壤层厚，在土壤含水率相同的条件下，土壤层越厚，土壤体内含蓄的水分和矿物质养分就越多。举例来讲，20世纪80年代在恒山山地一个阴向坡面挖取了两个土壤剖面，都是棕壤，一个土层厚44cm，土壤含水率25%；另一个土层厚90cm，土壤含水率22%。按1立方土体计算，前者含蓄水量104.38kg，后者含蓄水量205.20kg，二者相差近1倍。因此，在其他自然条件相同的情况下，土壤层厚，土体内含蓄的水分多，养分也多，树木根系也会有更多的伸展空间，得到更多的水分、养分，大大地有利于森林的生长发育。

其三，土壤层厚度用作立地分类因子容易识别与测定，在林业调查规划设计和营造林生产中，应用比较方便。

总之，土层厚度在所有土壤组成因子中起着主导因子的作用，且又便于识别与测定，所以选为立地分类的一个依据。

6. 其他

除上面讲述的5个主要立地因子作为山西立地类型（组）划分的主要依据外，在各立地亚区的少数立地类型小区内，根据实际需要，有时也会使用成土母质、土壤类型，土壤质地（包括砂砾含量）、土壤盐碱化程度等，划分立地类型（组）。

五、山西省立地分类因子的分级标准与名词解释

（一）海拔高度分级标准

低山：海拔1000m以下的土石山；

中山：海拔1000~3500m；

其中海拔1000~1600（1500）m为低中山；

海拔1600（1500）~2000m为中山；

海拔2000m以上为高中山。

（二）坡向

山地、丘陵坡面划为八个坡向，0°为正北，90°为正东，180°为正南，270°为正西，45°

为东北，135°为东南，225°为西南，315°为西北。

具体划分是：22.5°～67.5°为东北，67.5°～112.5°为东，112.5°～157.5°为东南，157.5°～202.5°为南，202.5°～247.5°为西南，247.5°～292.5°为西，292.5°～337.5°为西北，337.5°～22.5°为北。

阴坡：坡向为，北、东北；

半阴坡：坡向为，东、西北；

半阳坡：坡向为，东南、西；

阳坡：坡向为，南、西南。

在立地分类中，只分阴坡、阳坡两个坡向。

阴坡：包括阴坡和半阴坡，即北、东北、东、西北4个坡向；

阳坡：包括阳坡和半阳坡，即南、西南、东南、西4个坡向。

（三）坡度划分标准

平坡：坡度5°以下；

缓坡：坡度6°～15°；

斜坡：坡度16°～25°；

陡坡：坡度26°～35°；

急坡：坡度36°～45°；

险坡：坡度46°以上。

（四）地形部位（黄土丘陵区）

梁峁顶：指梁脊线两侧和峁顶周围较平缓的部分。

沟坡：黄土丘陵和黄土残塬沟壑地区，侵蚀沟沿至与沟底平缓部分坡度明显变换的地方。

沟底：黄土侵蚀沟（或土石山沟）沟底流水线及两侧横向较平的部分，坡度一般在5°（10°）以下。

坡麓：由山坡的倾斜部分，转向沟底平坦地的缓坡地段。黄土侵蚀沟坡，由于坡面土壤滑塌堆积在坡下部接近沟底的部分，形成一个土壤比较松软，坡度比较小的缓坡，这就是我们所指的坡麓。

（五）土层厚度划分标准

土层厚度根据土壤的A层＋B层厚度确定。

岩石裸露地：无土壤覆盖的岩石裸露面积占总面积的50%以上的立地。

薄土层：土层平均厚度≤30cm；

中厚土层：土层平均厚度>30cm，其中，土层平均厚度>60cm者，为厚土层。

（六）河滩盆地盐碱化程度

1. 非盐碱化，土壤含盐量0.2%以下。

2. 轻盐碱化，土壤含盐量0.2%～0.4%。

3. 中盐碱化，土壤含盐量0.4%～0.7%。

（七）河漫滩和阶地

河漫滩：是一般由洪水期所淹没的河床以外的河滩部分，由河流冲积物淤积而成的沙土地或含砾沙地。包括临时抢种农作物的土地，较大洪水期间常遭水淹。

低阶地：一般指略高于河滩的一级阶地，土壤潮湿（有时含盐碱），易被较大洪水淹没的荒地、低产耕地。

高阶地：低阶地向外延伸且高于低阶低的土地，相当于黄土丘陵区的台地，多有梯田式地埂。

六、立地类型在林业中的应用

（一）立地类型在森林资源调查中的应用

国家林业局 2003 年颁发的《森林资源规划设计调查主要技术规定》中规定："小班是森林资源规划设计调查、统计和经营管理的基本单位，"而"立地类型（林型）不同"则是划分小班的基本条件之一。也就是说，在森林资源调查中，立地类型不同的地块不论有林无林都要划为不同的小班。具体做法是，在调查清楚小班立地条件后，根据立地条件对照立地类型表，确定小班立地类型；而且将立地类型作为小班规划设计经营利用方向与措施的依据。

（二）立地类型在造林工程调查规划设计和施工中的应用

1. 在造林工程规划设计的森林资源二类调查中，不仅要按立地类型划分小班，确定小班的立地类型，分别立地类型统计工程区域内造林地数量；而且可以用立地类型质量等级对造林地小班进行质量评价，为造林工程规划设计提供科学依据。

2. 立地类型在造林工程规划设计中的应用

第一，根据立地类型统计的工程区域造林地数量，科学的规划造林工程区域内造林总工程量及分期工程量。由于立地类型不同的造林地，施工难易不同，投资与用工不同，可以根据造林地立地类型，科学地估测造林投资与用工。

第二，造林地小班确定立地类型后，按照立地类型可以科学的选择各小班和造林整个工程的适生造林树种，做到适地适树，科学造林。

第三，在造林规划设计中，设计"造林模式"是一个关键内容。而造林模式设计要科学合理，切合实际，便于应用，就必须按照造林工程区造林地的立地类型进行设计。也只有按立地类型设计出的"造林模式"才会符合造林区域自然条件。举例来说，立地类型为"中山阴向陡坡中厚土"的造林地，可以设计营造华北落叶松为主要树种，以五角枫等阔叶树为伴生的用材林"造林模式"；如立地类型为"低山阳向急坡薄土"的造林地，就要设计营造侧柏为主要树种，辽东栎、野皂荚等为伴生树种的防护林"造林模式"。因此，应针对造林区域所有主要立地类型，设计相应的造林模式。而且每款"造林模式"都应注明适用的"立地类型"。

第四，在造林施工设计中，按立地类型设计造林模式与造林技术，更科学，更实用。造林施工设计与造林规划不同，造林规划只需设计出"造林模式"用以指导造林施工设计即可；造林施工设计，不仅要按立地类型设计造林树种、混交模式、造林季节、造林整地、造林密度与株行距配置等，还要按立地类型设计造林施工技术，提出施工要求。举例来说，黄土丘陵立地类型小区的"阴向陡坡黄土立地类型"造林地，设计"造林模式"为以油松为主要树种，伴以沙棘或山桃的水土保持林，同时要按立地类型设计造林整地方式、方法及规格，植苗坑大小，苗木规格，植苗方法等，并绘出图式。以便造林施工队伍分别立地类型按设计施工，按设计取得报酬。

3. 立地类型在造林施工中的应用

造林施工设计按立地类型分别设计，在造林施工中，施工人员就应该按造林地小班立地类型，根据相应立地类型的"造林模式"设计要求施工。施工监理员也应该按小班立地类型和设计文件要求，监督施工和验收。

（三）立地类型在森林经营中的应用

1. 在为编制森林经营方案而进行的森林资源二类调查中，要按立地类型的不同划分小班，按小班的立地类型划分林种，并按林种统计森林资源。

2. 在划分立地类型的基础上，划分"林型"。为了评价森林资源质量，科学的经营森林，往往需要划分"林型"。我国解放后都是学习与使用原苏联生物地理群落学派苏卡乔夫林型学说，用林分优势树种与林下能指示森林生态环境的植物（指示植物）结合划分林型，命名法为"指示植物名＋优势树种名"。按照这一理论，用"立地（生态环境）类型"代替"林下能指示森林生态环境的植物"，林型命名可采用"立地类型名＋优势树种名"，如"中山阴缓斜陡坡薄土油松林"。

3. 在编制森林经营方案中，当设计森林经营措施时，有了立地类型作依据，就可以科学的提出相应的经营类型与技术。举例来说，阳向急坡薄土立地类型小班的防护林，只可以保护为主，或可进行卫生采伐，不能设计强度间伐和皆伐作业；阴向缓斜陡坡中厚土立地类型小班的用材林，则可正常开展经营作业，成熟林亦可设计皆伐利用方式。

4. 在森林经营中，应按森林经营方案安排年度任务与实施作业。即根据作业小班的立地类型采取作业措施，如阳急坡薄土立地类型的小班防护林作业不必割除灌木等。

（四）立地类型在立地质量评价中的应用

立地质量评价也可简称为森林立地质量评价或立地评价，其含义就是衡量立地生产潜力水平，但不能理解为单指"土地"生产潜力水平。因为"立地"是指"土地及其空间"即"生态环境"，包括气候、地形、土壤、植被等，因此"立地质量"是指"气候、地形、土壤、植被等生态因子综合形成的森林"生态环境"对森林树木所具有的生产潜力水平。

"立地质量评价"或"立地评价"在以往是分有林地与无林地进行的。有林地是立地和生长的林木一齐评价的，其方法有"地位级"法、"地位指数"法等；无林地有用土壤肥力（土壤有机质）大小，或用土壤水分含量多少来评价的。

划分立地类型，为立地评价创建了科学基础与途径。立地分类与立地评价是不可分割的两个方面，即划分的立地类型，它本身就是立地条件（立地因子）和质量基本相同的地块的组合，也就是说，同一立地类型应具有基本相同的立地条件和质量水平即生产潜力，要求采取相同的营林措施。因此，不同的立地类型应具有不同的质量水平即生产潜力，也就是说，评定各个立地类型的质量水平即生产潜力后，不论有林地地块或无林地地块，只要按立地条件（立地因子）确定该地块的立地类型，即可按立地类型的质量等级即生产潜力等级，评定该地块的质量等级即生产潜力等级。

关键是要科学的评定出各个立地类型的质量水平等级即生产潜力等级。评定各立地类型的质量等级在目前尚未有成熟而广泛应用的方法，正在探讨的方法有"地位指数"评定法、

"土壤有机质含量"评定法、"分类因子定性给分"评定法等。这些方法都是评定各个立地类型的质量等级后，再用立地类型的质量等级评定相应小班（地块）的立地质量。

（五）立地类型在绘制立地图中的应用

我国从林型开始，研究与应用立地类型已有 50 多年历史，山西也有 30 多年经验。但是，随着营造林科学的进步，仅编制立地类型表逐渐已不能满足营造林生产的需要。为此，国内从 1986 年开始，不少林学界学者和技术人员，研究立地图的编绘与应用途径。森林立地类型表与森林立地图是一个内容，两种表现方式，但森林立地图更直观实用。不过要清楚，编制森林立地类型表，是绘制森林立地图的基础与依据。

七、《立地类型表》的编制与应用

森林立地分类的目的和成果，就是通过调查研究编制一个地区的《立地类型表》，以备在林业调查设计和营造林生产中应用。下面介绍山西森林立地类型表的编制及应用。

（一）山西森林立地类型表的编制

山西省从开始进行森林立地分类调查研究到编制立地类型表，经历了以下过程。

1. 森林立地分类研究启动阶段

1983 年秋天，山西省林业厅组织专家论证拟定了太行山绿化方案，并开始进行绿化前的准备工作，包括由山西省林业勘测设计院负责完成的立地调查分类和编制造林典型设计。1983 年，山西省林业勘测设计院开始了太行山区林业用地立地条件的外业调查工作，同时开始森林立地分类的理论探讨。

世界上关于立地分类理论的学派很多。我国在改革开放初期及以前，立地分类主要采用原苏联学派的理论，划分林型和立地条件类型。在 1983 年，我国林学界出现了学习德国森林立地分类的理论与方法动态。于是山西省决定采用德国森林立地分类的理论与方法，即以生态学理论作为划分立地类型的理论依据。我们以《造林学》（北京林学院主编）上介绍的德国立地分类系统为基础，结合山西自然情况修改后，建立了山西省的森林立地分类系统。根据生态学"主导因子"作用理论及直观易识别的原则，参考以往其他地方立地分类经验，选择以地形因子和土壤因子作为立地类型划分的主要依据

2. 太行山立地分类试点阶段

1984 年在全太行山区用线路调查与样地调查相结合的方法，对林业用地立地条件进行了重点调查。经过对调查材料整理分析，结合对立地分类系统、立地分类依据的研究，于 1985 年初提出了《太行山区立地类型表》，并在太行山区各县、市绿化规划和林业调查中试用。

3. 《太行山区立地类型表》检验与完善阶段

1986 年，按照林业部资源司的布置，山西林勘院与目前的西北林调院联合在武乡县进行了"全国森林立地分类北方试点"，在试点中，试用《太行山立地类型表》，编制了《武乡县立地类型表》。在武乡县绿化规划森林资源调查中，对照每个小班立地条件划分了立地类型，并且绘制了武乡县森林立地类型图及乡的森林立地类型图。

根据在武乡县"全国森林立地分类北方试点"经验，参照太行山各地对《太行山立地类型表》应用的反馈意见，山西林勘院再一次整理有关资料，征求有关专家意见，经过分

析研究，最后修改完善了《太行山立地类型表》。同时，也为全省森林立地类型表的编制打下了理论与实践基础。

4. 全省立地类型外业调查阶段

1987～1988 年，山西省林业勘测设计院组织了全省立地类型调查组，对太行山以外地区的自然条件及立地类型情况，进行了全面性的调查。重点是调查与太行山区立地类型不同的立地类型，现地了解其特征，可用的分类因子（依据）等。如晋北、晋西北（A 立地亚区）风沙区有风沙土分布，便增加"风沙土"作为立地类型划分的一个因子。

5. 编制《山西森林立地类型表》

首先，根据全省立地类型外业调查资料，参照《山西省简明林业区划》的一、二级林业发展区划，经讨论研究，划分出山西省立地区、立地亚区。

其次，在全省立地类型外业调查的基础上，根据太行山立地分类确定的立地分类系统、立地分类依据和编制立地类型表的经验，编制出太行山以外各立地亚区的立地类型。

最后，在多次检查、修改的基础上，于 1989 年，编制出《山西森林立地类型表》。"森林立地类型表"是当时林业部资源司为各省、市、区统一规定的名称。

6. 实际应用检验与进一步完善阶段

1989 年底，以"山西省林业勘测设计院"的名义印发到各地市和林区林业调查队，在森林资源调查和林业建设工程规划设计中使用与检验。2000 年以后，省林业厅（科教处）又印发各市、县林业局在营造林等重点工程规划设计中应用。

为了使《山西森林立地类型表》更科学，更实用，山西省林业厅在 2006 年，组织山西省林业科学研究院和山西省林业调查规划院（原山西省林业勘测设计院）成立森林立地分类与造林模式研究课题组。结合造林模式研究，根据多年林业调查规划和生产中应用反馈意见，对原《山西森林立地类型表》又进行了多方面深入的检验、分析和研究，进一步完善与提高，以期能在生产应用中发挥更大的作用。

（二）《山西森林立地类型表》的应用

编制立地类型表的目的就是为了全省各地在林业工作与生产中应用，以发挥它应有的效益。如何应用？可按以下说明熟悉与应用。

1. 熟悉与掌握《山西森林立地类型表》

首先，要有立地分类的基本知识，起码应该知道立地分类的内涵及立地类型的用处。为此，本书扼要讲述了森林立地分类的基本知识，山西森林立地分类的原则、立地分类系统、立地分类主要依据，同时介绍了立地类型在林业中的应用，以便对《山西森林立地类型表》有所理解。

其次，要翻阅《山西森林立地类型表》，熟悉它的内容，包括山西省立地区、立地亚区、立地类型小区、立地类型组及立地类型的内涵与划分依据；

再次，要特别掌握分类依据中分类因子划分尺度，如海拔高度分为低山、低中山、中山、高中山的标准，阳坡、阴坡划分标准等。

2. 在林业生产实践中，直接使用《山西森林立地类型表》

首先，根据《立地类型表》中立地区、立地亚区注明的范围，确定使用《立地类型表》的区域或林业建设工程区所在的立地区及立地亚区；然后，使用所在立地亚区的《立地类型表》。如在武乡县要划分立地类型，查《表》武乡县在"东部土石山立地区"的"晋东土石山立地亚区"，即可使用表《J晋东土石山立地亚区立地类型表》。

3. 编制本地区或林业建设工程区的《立地类型表》

在生产实践中，如应用范围小，或者应用范围跨越两个以上立地亚区，为了便于应用，一般也可以根据《山西森林立地类型表》并结合当地情况，编制当地区域或林业建设工程区的《立地类型表》。

首先，要识别本地所在的"立地亚区"；

其次，摘录《山西森林立地类型表》中相应立地亚区的立地类型小区、立地类型组及立地类型，编制当地《立地类型表》。

此外，如有不足或累赘时，可参照《山西森林立地类型表》适当增减。

4. 《山西森林立地类型表》应用小结

《山西森林立地类型表》是分区编制的，各立地亚区由于立地条件有差异，所以在分类因子上不尽相同，每个立地类型只适用于该所属立地亚区和立地类型小区。为此，在应用《立地类型表》时，应特别注意以下几点：

第一，首先要弄清使用《立地类型表》的地点属于哪个立地亚区。

第二，选定立地类型表后，针对每个林业用地小班的立地条件，与立地类型表分类因子对照，确定每个小班的立地类型。例如武乡县某小班为土石山地貌，海拔1400m，坡向东北，坡度31°，土壤为褐土性土（山地褐土），厚50cm。查表可确定为"低中山阴坡缓斜陡坡中厚土类型"，其代号（序号）为"V-J-1-12"。其中"V"代表东部土石山立地区，"J"代表晋东土石山立地亚区，"1"代表土石山立地类型小区，"12"代表立地类型。

第三，各县（林场）或一个造林工程，可在全省《立地类型表》的基础上，编制自己的独立的立地类型表。即利用所在立地亚区的立地类型表，列出自己所需要的立地类型，整编成表。然后在外业调查核对其适用程度，并进行修订。凡新编立地类型表有的"立地类型"，实地没有的，可从表中删去；凡实地有而新编立地类型表中未列的立地类型，可以补充。最后形成本地区新的立地类型表。

八、结语

（一）概述

森林立地分类原理与方法起源于德国，在国外如欧、美已广泛应用。我国解放后，林业上学习与应用原苏联的理论与方法进行林型划分与立地条件类型划分。从20世纪80年代开始，我国引进与采用德国森林立地分类理论及方法，在原林业部资源司统一安排下，全面开展了森林立地分类工作。

"立地"一词，在林业上是指"生态环境"，组成立地的立地条件（立地因子）即组成生态环境的生态因子，包括气候、地形、土壤、植被等。因此，立地包括生长林木的土地及其空间。"立地类型是有相同立地条件的各个有林地和宜林地地段的总称"。

森林立地分类目的，是为了揭示森林生态环境内在自然规律，为林业生产特别是为了营造林工程建设提供科学依据，推进造林、森林经营工程沿着科学的道路快速发展。

森林立地分类应遵守科学实用的原则，具体是：地域分异的原则、综合因素与主导因素统一分析研究的原则、分区分类的原则、多级序分类的原则、有林地与无林地统一分类的原则、直观明了，方便应用的原则等。

（二）森林立地分类的内容

森林立地分类，就是通过外业调查、内业分析研究，根据确定的原则，将一个区域的森林立地（森林生态环境或者说生长林木的土地及其空间，包括有林地和无林的宜林地）划分为不同的类型。具体有，

1. 确定立地分类系统。山西省的立地分类系统为：立地区——立地亚区——立地类型小区——立地类型组——立地类型。

2. 研究制定立地分类依据。山西省各级立地分类依据主要有：

立地区、立地亚区划分依据是，气候条件（主要是水、热条件）及大地貌。

立地类型小区划分的依据是，中小地貌。

立地类型（组）划分的依据是，地形中的海拔、坡向、坡度、地形部位；土壤中的土层厚度、土壤母质、土壤质地、土壤类型、土壤盐碱化程度等。

3. 划分立地区、立地亚区。小区域可不划区，直接分级划分立地类型。

4. 分别立地亚区划分立地类型小区，在各立地类型小区内划分立地类型组，各立地类型组以下划分立地类型。

5. 编制立地类型表。分立地亚区列出立地类型小区、立地类型组、立地类型，并说明立地类型序号、性状。

6. 试用、检验与修正立地类型表。编成立地类型表后，要在实践应用中检验，经过修改后定稿，正式使用。

（三）立地类型的应用

森林立地分类是林业建设基础工作——林业调查规划设计工作的一个组成部分，划分的立地类型是林业调查规划设计和营造林的一个重要的科学依据。

立地类型已经而且应该在林业调查规划设计中，特别是在森林资源调查、造林工程规划和施工设计中应用，立地类型是划分小班、设计造林模式、提出技术措施、计算单位面积投资、用工的重要依据。此外，立地类型还是立地评价、绘制立地类型图的主要依据。例如造林地质量可以应用立地类型分等论级进行评定。对于有林地可以用立地类型＋林分优势树种划分林型的方法进行评价。

（四）今后工作

1. 加强森林立地分类的理论研究和推广

山西森林立地分类工作的开展是在原林业部资源司统一安排下由山西省林业勘测设计院进行的，《山西森林立地类型表》也是与全国各省、市、区在同一时期按统一要求完成的。因此这项工作涉及面小，森林立地分类知识普及差。随着营造林科学化水平特别是造林科学管理水平的不断提高，立地分类日益得到重视与应用。划分立地类型成为森林资源调查、造林工程规划设计与造林施工的一个重要内容。虽然《山西森林立地类型表》已在全省应用近 20 年，但对森林立地分类基本理论与应用知识的研究、普及工作还重视不够，在一定程度上妨碍了立地类型的应用与水平的提高。

鉴于以上原因，今后应加强森林立地分类基本理论与应用知识的研究工作，同时注意应

用知识的推广，以进一步发挥立地类型在科学营林中的作用。

2. 加强立地质量评价理论研究与推广应用

为了提高科学营林水平，尚需加强"立地质量评价"的研究与应用，特别是在立地分类基础上的立地质量评价的研究与应用。

立地质量评价是进一步认识有林地与造林地质量、生产力的重要途径和手段。就造林来说，评定每个造林地小班的质量（生产力），不仅能够科学的规划造林技术措施，估测造林投资用工数量，还可估测未来人工林效益。对有林地来说，立地评价不仅可以估测森林生产力、效益，还可作为森林经营的科学依据。因此今后应该将立地质量评价作为一个科研项目，认真研究与推广应用。

3. 培育森林立地分类人才，编制区域立地类型表

具体意见，一是注意各市和省直林区林业调查队在森林立地分类技术人才方面的培养，培养具有立地分类、土壤调查、植被调查专业知识的专业人才；二是由各市、林区林业调查队，在全省森林立地类型表的基础上，编制各县、市和省直林区的立地类型表，并经省林业调查规划院组织有关专家审议后应用。

第二章 山西省自然条件

　　森林立地的森林在这里是指森林生态系统，森林生态系统是由森林树木为主体，与森林树木以外的生物和非生物环境因子形成的生态环境，二者相互影响组成的。森林立地就是指森林生态环境。研究森林生态环境对森林生长发育的影响是林业科学研究和生产的一项重要工作。研究森林立地分类，必须了解山西省不同类型的生态环境，为森林立地分类提供理论上、客观上的科学依据。

　　生态环境是由生态因子组成的，包括地形（地貌）因子、气候因子、土壤因子、生物因子等4大类以及人为因子。在这里重点研究前4类自然生态因子，总括为自然条件。

一、地貌（地形）

　　山西省是个山区省份，有时称为"山西黄土高原"。全省土地总面积15.66km^2（23493.4万亩），其中山地占40%，黄土丘陵为主的丘陵占40.3%，盆地平川占19.7%。

　　全省南北狭长，地貌格局是，东西两座山，中间是平川。就是东部从北端的恒山起，向南连接五台山、太行山、太岳山，到南端的中条山为止，构成太行山地；西部以黄土丘陵为主，在黄土丘陵中间为突起的自北向南蜿蜒的吕梁山地；东西两山中间即全省中部，自北向南依次"多"字形排列着5个断陷盆地。

　　从地势大局讲，中部盆地平川区地势相对较低，海拔一般为700~800m，北部大同盆地海拔较高，为900~1000m，南部运城盆地海拔较低，为400m左右，至黄河出境的垣曲黄河滩，海拔只有245m。东西山地和黄土丘陵区海拔较高，在东部太行山区，除东侧河流出境处海拔可低至1000m以下外，大部地区海拔在1000m以上，很多山峰海拔超过2000m，其中五台山主峰海拔3061m，为山西最高峰；太岳山的五龙壑海拔2551m；中条山主峰舜王坪2321m。西部黄土丘陵区海拔一般1000~1500m，吕梁山地海拔一般1000~2000m，其中管涔山的菏叶坪海拔2783m，关帝山主峰孝文山海拔2831m。

　　山西省的河流以边境河——黄河最长，黄河从山西省西北偏关入境，沿西部边境向南直下，一直到永济县，沿省界折向东流，流经19个县市，由垣曲出境。山西境内河流大部分汇入黄河，黄河流域面积占全省总面积的62.16%。其中比较大的河流有汾河、沁河、涑水河，以及西部汇入黄河的关河、朱家川河、岚漪河、三川河、昕水河等较小的黄河一级支流。汾河是山西省内最大的河流，发源于西北部的宁武县境内管涔林区，全长694km，至河津市汇入黄河。汾河主要支流有岚河、文峪河、昌源河、浍河等。沁河发源于沁源县境内西北林区，向南流经安泽、沁水，从阳城县出境，入河南省汇入黄河，在山西省境内长363km，流域面积9315km^2，丹河为最大支流。涑水河发源于中条山林区绛县东南边境，经闻喜、夏县、盐湖区，至永济汇入黄河。山西另一大水系是海河，流域包括大同盆地、忻定盆地、长治盆地及晋东至恒山山区。主要支流有桑干河、滹沱河、漳河，以及桃河、唐河等小河流。桑干河发源于宁武县管涔山东麓，流经大同盆地，由阳高县出境河北省汇入海河。滹沱河发源于繁峙县东北的泰戏山，流经忻定盆地，由盂县出境入河北省汇入海河。漳河分清漳河与浊漳河，清漳河发源于昔阳、和顺，经左权由黎城出境。浊漳河由发源于榆社、沁县、长子的 3 源支流在襄垣县汇合后，经潞城市由平顺出境。

山西省大地貌有山地、黄土丘陵和盆地等。

（一）山地

山地主要分布于省境东部和西部黄土丘陵区中间吕梁山南北狭长地带，此外，还有在内长城沿线，大同盆地北侧、西侧分布的草朵山、采凉山、黑驼山山地，以及黄土丘陵区、盆地中间小的山地。

山地的特点是，地形起伏，沟谷交错，山岭连绵，坡陡土薄。虽然在山区边沿地带和一些孤山，属于山势险峻，悬崖削壁，岩石裸露，谷狭坡险的石质山地。但是，由于地处黄土高原，山地的大部分是，峰岭相连，沟谷纵横，并在山势低缓地带分布有黄土丘陵、山间盆地和河谷阶地的土石山地。山地大部分为中山（海拔 1000～2000m），其中少数山头海拔高于 2000m，形成孤岛式的高中山地。海拔低于 1000m 的低山区很少，主要分布于山地与盆地和黄土丘陵区交界地带，以及太行山东部、东南部与河北、河南两省相邻的边沿山区。

山地是全省大小河流发源区，是保护河流源头，维护河流安全，防止水土流失的关键地区。山地不宜开垦种植，交通不便，人烟稀少，耕地较少，荒山荒地面积大，又是天然林主要分布区，因此是发展森林，建立以森林植被为主体的国土生态安全体系的主要区域。

（二）黄土丘陵

黄土丘陵是包括山西在内的黄河上、中游地区特有的一种类型的丘陵，是地质时代第三纪、第四纪风积为主的黄土沉积高原，经千百年侵蚀而成。黄土丘陵主要分布于，山西省西部从左云、右玉一直向南沿黄河到临猗县的黄河东岸地区，吕梁山与中南部盆地交接地带，以及平陆、芮城等地。除上述黄土丘陵主要分布区域外，在六大盆地周边、山间盆地及河谷地带亦有成片或小块黄土丘陵分布。

黄土丘陵的特点，一是黄土层深厚，包括红黄土层一般厚度可达数十米，有些地方甚至超过 100m，只有在黄土丘陵分布的边沿地带以及山地小盆地、河谷等地另星分布的黄土丘陵土层可低于 10m；二是自然植被稀少，水土流失严重，在晋西黄土丘陵区，土壤侵蚀模数可达 5000～8000t/年·km^2，严重的地方可达 15000t 或以上；三是由于严重侵蚀，地形十破碎，梁峁起伏，沟壑纵横，每平方千米沟谷密度达到 2.45～5.72km；四是高差较大，就整个黄土丘陵分布区来讲，海拔一般 600～1400（1500）m，但就个别区域来说，相对高差也可达 500m 左右或 700～800m。

黄土丘陵由黄土梁峁、黄土坡面、黄土侵蚀沟及河谷阶地组成。黄土侵蚀沟由侵蚀沟头、沟坡和沟底坡麓组成。有些地方如晋西黄土丘陵区南端，由于遭受侵蚀较轻，尚保留有黄土残垣，而侵蚀严重地带，由于流水侵蚀，河流沟道已被切割至黄土层以下的基岩层或更深。由于遭受侵蚀程度不同，黄土丘陵大体可分为三大类：一是缓坡丘陵，主要分布于晋西北左云、右玉一带，其特点是，黄土层除遭受水蚀外，还有风蚀，致使黄土梁峁不突出，黄土坡面拉长且相对平缓，相对高差也较小，但土壤沙化严重；二是梁峁丘陵，山西省大部分黄土丘陵如晋西永和至保德一带，梁、峁连绵，沟谷纵横，黄土坡面遭受流水切割，地形破碎，水土流失严重；三是残垣沟壑，主要分布于隰县、蒲县、大宁、吉县、乡宁一带，汾西、平陆也有分布，黄土层遭受侵蚀程度较轻，原有黄土垣面尚未完全变成梁峁，还残留有长条状或鸡爪状较平缓的垣面，垣面之间为深切的侵蚀沟，沟窄坡陡，沟底多呈"V"字形。

黄土丘陵区自然植被稀少，水土流失严重，生态环境恶劣，农民生活贫困，林业建设要大力营造水土保持林为主的防护林，并积极发展红枣、核桃、花椒、苹果、梨等经济林，支持农民致富。

（三）盆地

盆地，是指四周为山丘还绕，中间地势低平的盆状地貌。盆地的形成一般与地质构造有关，周围是岩层褶皱断裂上升形成的山地，中间是岩层下陷或稳定的地块，山西省中部大同（雁同）盆地、忻定盆地、太原盆地、临汾盆地、运城盆地，就是这类断陷盆地。而上党（长治）盆地则是向斜盆地。除这六大盆地外，还有一些山间小盆地如灵丘盆地、垣曲盆地等。

盆地海拔一般在1000m以下，运城盆地海拔较低，约为400m；上党盆地海拔900～1000m；大同盆地海拔1000m左右；其余三个盆地海拔为400～800m。盆地四周为山地丘陵，盆地平原地带主要由冲积、洪积物包括砾砂、土壤以及风积黄土等沉积而成，地势较为平坦，相对高差一般在50m以下，除平原外，还有河漫滩地、黄土台地、侵蚀沟，阶地等地貌、地类。

盆地的特点，一是地势较为平坦，各盆地均为河流流经区，河道多，水资源相对丰富；二是可耕土地多，是山西省粮棉生产基地；三是城市、乡镇多，人口密集；四是道路四通八达，交通方便，工商业发达，是山西的政治、经济、文化中心。林业建设要围绕改善生态环境、提高人民生活质量，大力营造防风、固沙、护田、护路、护岸等类防护林，积极搞好城乡园林绿化等身边增绿工程。

二、气候

（一）山西气候特点

山西属大陆性季风气候区，中南部属暖温带，内长城以北为中温带。特点是四季分明，光热资源比较丰富，降水资源不足，气象灾害较多。

春季多风，蒸发量大而降水量少，因而"十年九春旱"，不利于农林生产，是大多数地区春季造林成活率不高的主要客观原因。而且春季多风，常出现沙尘天气，在北部和西北部造成土地沙化，严重危害农业生产、人民生活及经济发展。此外，在高海拔山地，春季多有"冻拔"危及育苗和造林。

夏季，湿热多雨，雨热同步，有利于森林树木、农作物等绿色植物生长。七八月东南季风影响山西，夏季全省雨量较多，降雨量占全年降水量的50%～60%。由于降雨集中，特别是雨季，水土流失严重，且多冰雹灾害。但是对干旱少雨的山西来说，雨季也是一个造林的好季节。

秋季，气温下降趋势明显，降雨量减少。不过降雨量仍然大于春季，一般可达 80 ~ 180mm。特别是经过雨季之后，秋季土壤水分含量较高。因此，在秋季后期，利用树木地上部分停止生长的时机和土壤水分较多的有利条件，进行造林，可取得较好的效果。

冬季，山西处于大陆性干燥寒冷气流控制时期，气候特点是，多寒流和寒冷天气，降雪少，寒冷干燥。据有关资料，冬季降雪量只占全年降水量的 2% ~ 4%。因而冬季特别是冬末春初，是森林火灾多发季节，也是森林防火关键季节。

（二）光、热资源

太阳光能是树木等绿色植物进行光合作用生产有机物质的能量源泉，没有太阳光能，树木就不能成活、生长。山西地处黄河中游黄土高原东部，海拔大部分地区在 800m 以上，因此在华北是光能资源高值区，光能资源比较丰富。全年实际日照时数 2000 ~ 2950h，日照百分率 61% ~ 67%。但是树木等绿色植物光合作用只能利用太阳辐射能的一小部分。山西大部分地区光能利用率仅为 0.1% ~ 0.2%。

热量资源主要主要集中于夏秋季节，形成雨、热同期的态势，有利于农林业生产。全年平均气温各地都不一样，从全省来讲，一般为 4 ~ 13℃，最低的是五台山，山顶年均气温可低至 -4℃，最高的是南部的芮城、平陆一带，年均气温 12.5 ~ 13.8℃，中部太原年均气温 9.6℃，大同盆地年均气温 6 ~ 7℃，左云、右玉一带年均气温 3 ~ 5.5℃，晋东左权、和顺一带年均气温 5 ~ 8℃。衡量热量的指标还有积温，全省气温稳定在 ≥10℃的总积温，最大的地区是运城盆地，为 4400 ~ 4600℃，五台山地积温最低，为 1500 ~ 2900℃，山顶只有 162℃，太原盆地为 3400 ~ 3600℃，大同盆地为 2600 ~ 2950℃。影响树木生长发育的还有极端最低气温，五台山最低，山顶极端最低气温可低至 -44.8℃。相反，运城盆地的极端最高气温却可高至 42 ~ 42.7℃。

热量的另一项指标是无霜（冻）期，森林树木只有在无霜期中才能正常萌芽生长，因此无霜期长短直接影响树木生长。山西省一般南部无霜期长于北部，如南部运城盆地无霜期 190 ~ 200d，北部大同盆地只有 120 ~ 130d，中部太原盆地为 160 ~ 165d。此外，东部和顺、左权一带山区无霜期 120 ~ 155d，西部兴县、临县一带沿黄黄土丘陵区无霜期 145 ~ 160d。

（三）降水资源

山西省是个少雨省份，降水量少，干旱多灾，对植树造林和农业生产非常不利。

山西省大部分地区年均降水量 400 ~ 650mm。从五台山以南到中条山的东部山区以及西部管涔山、关帝山等山地，是山西省降水量最多的半湿润气候区，年均降水量一般为 600 ~ 700mm，其中五台山顶可达 900mm。大同盆地、忻定盆地、晋西北一带，是山西省降水量最少的地区，年均降水量一般为 400 ~ 450mm。太原盆地年均降水量一般为 450 ~ 500mm。运城盆地、临汾盆地以及黄河沿岸中南部地区，年均降水量一般为 500 ~ 550mm。

山西省不仅降水总量偏少，地区之间变化大，而且年际、月际也有很大差异。例如太原地区常年降水量平均 474mm，多雨年份达到 719mm 或以上，少雨年仅 314mm。长治市常年平均降水量 618mm，丰水年降水量可达 833mm，而少雨年也只 300mm 多。大同常年平均年降水量 382mm，多雨年降水量可达 579mm，少雨年降水量仅 213mm。除年际变化以外，在一年内降水量月际变化也很大，一年中降水量多集中在夏、秋两季。根据管涔山岔上水文站

1971～1974 年观察资料统计，管涔山秋千沟全年降水量主要集中在 6～9 月，4 个的降水量合计为 451.3mm，占全年降水量 650.5mm 的 69.39%，而 1～4 月的冬春之际，4 个月的降水量只有 80.9mm，仅占全年降水量的 12.44%，不到 6～9 月降水量的五分之一。

（四）主要气象灾害

山西省最主要的气象灾害是，干旱灾害。有关资料显示，1949～1990 年间有 28 年发生过不同程度的旱灾。其中春旱最为普遍，故有"十年九春旱"之说。旱灾特别是春旱给春季造林和农业生产带来极大的困难与损失。山西省冬旱也不少，冬旱接春旱成为森林火灾多发季节，是护林防火的关键时期。

此外，主要气象灾害还有，大风灾害包括干热风和沙尘暴以及引发的风沙灾害；冰雹灾害；洪涝灾害及水土流失等。水土流失固然由于人类开垦过度破坏自然植被的结果，但雨季降水集中，也是一个重要因素。

三、土壤

土壤是森林树木生存、生长、发育的主要生态因子即主要的物质基础。研究了解山西土壤，对造林营林十分重要。现在根据《山西土壤》（科学出版社 1992 年版）等有关资料，对山西省的土壤简要叙述如下：

（一）成土母质

土壤是由地球表面各种岩石风化物和沉积物，经气候、生物等作用影响（包括人类活动影响）逐渐发育而形成的。母质是土壤形成发育的主要物质基础，是土壤的固相部分和矿物质营养的主要来源。不同的成土母质对土壤的形成以及土壤的质地、性状、养分、利用方向等都有或多或少的影响，因此成土母质与土壤有着密切的联系与因果关系。山西省成土母质主要有以下几类：

1. 岩石风化残积、坡积物

山西省虽然是个山区省份，但因大面积的接受风积黄土的覆盖，岩石裸露并由其风化物形成的土壤面积不是很多，全省以岩石风化物为主形成的土壤面积，只占全省土壤总面积的36.42%。但是还要说明的是，由于山西省处于西北大陆气候控制，西北风带来的黄土在全省普遍沉积，因而岩石风化物在形成土壤过程中，也或多或少的混合有风积黄土成分并影响土壤的性状。山西省岩石种类主要有：

石灰岩为主的碳酸盐岩类，除石灰岩外还有大理岩、白云岩。石灰岩是山西省覆盖面积最大的一种岩石，几乎各山地都有分布。石灰岩为碱性岩类，主要成分碳酸钙易溶于水，保水性能差，因而石灰岩区常为缺水区。又由于碳酸钙易溶于水而流失，风化残留物少，石灰岩地区土壤母质还是多为风积黄土。

花岗片麻岩类，是比石灰岩更古老的岩类，成层于石灰岩、砂页岩以下，由于各种地质活动，在一些山地出露，如五台山、太行山、太岳山、中条山、吕梁山等，都有一定面积的分布。花岗片麻岩类属酸性岩类，其风化物发育的土壤，质地疏松，透气性和蓄水性都较好，土壤呈中性或弱酸性。花岗片麻岩层为不透水层，花岗片麻岩地区多有泉水流出。

砂页岩类，包括砂岩和页岩，属层次性沉积岩类，是二叠纪以后由岩石风化产生的碎屑，经流水等搬运、分选，沉积后固结而成。砂岩和页岩常呈互层分布，故常称砂页岩。发育于砂页岩上的土壤，质地较粗，普遍含有砂砾，矿质养分较低。太行山、太岳山、中条山、管涔山、关帝山、黑驼山等山地，沁河以及昕水河等晋西黄河一级支流，均有大面积或小块分布。

玄武岩类，主要分布于内长城以北地区。在玄武岩母质上形成的土壤，土层较厚，细黏，富含磷质，但通气性差。

此外，山西省还有少量分布的安山岩、闪长岩、千枚岩等。

2. 黄土

山西省在黄土母质上发育的土壤面积最大，分布最广，占全省土壤总面积的49.92%。其实，除以黄土母质为主的土壤外，其他母质形成的土壤中，也或多或少含有黄土成分。黄土广泛分布于全省山地、丘陵、盆地，不仅占全省总面积40.3%的黄土丘陵区有几十米，上百米的黄土沉积，而且山地和盆地周边也多有几米、几十米厚的黄土成片的分布，这就是黄土高原的特点。所以，全省所有的土壤都或多或少有黄土成分。

通常所指的黄土，包括马兰黄土、红黄土、黄土状物质。

此外，还有红黏土。

3. 其他成土母质

包括洪积物、沟积物、冲积物、风积物、堆积物、湖积物等。

（二）山西主要土壤类型

（按土类叙述）

1. 亚高山草甸土、山地草甸土

亚高山草甸土一般分布于海拔1900m以上的山地，多为天然林分布上限。表层土有机质含量平均可达8.98%，最高可达16%，是山西省最富养分的一种自然土壤。

山地草甸土分布略低于亚高山草甸土，土壤肥力也很高，表层土有机质含量平均可达6.67%。

2. 棕壤

棕壤多为森林土壤，以前曾叫做棕色森林土、山地棕壤。棕壤比较肥沃，表层土有机质含量平均可达7.72%。山西的棕壤主要分布于五台、太行、太岳、管涔、黑茶、关帝、吕梁等林区，是海拔较高，天然林和残林灌丛分布较多的山地，也是山西省天然林分布区与林业生产重要基地。

3. 褐土

山西褐土土类共有淋溶褐土、褐土性土、石灰性褐土、褐土、潮褐土5个亚类。与林业生产最相关的主要有淋溶褐土、褐土性土等。

淋溶褐土，曾名山地淋溶褐土，是一个分布于山地的土壤亚类。其分布区以上多为棕壤或山地草甸土，其下多为褐土性土，分布海拔高度一般为1000～2000m。淋溶褐土多是在温带松林为主的针、阔叶林下，即在自然植被茂盛的环境条件下形成的，是山西省一个特别重要的与棕壤一样的森林土壤。淋溶褐土剖面发育完整，土壤质地以壤土为主，一般无侵蚀，土壤表层有机质含量平均4.92%，有的可达6.63%，表土多为团粒结构，土体疏松，透通性能好，保水保肥，是一个养分含量较高的土壤亚类。

褐土性土，在以前主要指发育于丘陵区黄土母质上的以耕种土壤为主的一个土壤亚类，后来又将发育于山地岩性母质上的，草灌覆盖（程度不一）的非耕种土壤（荒山土壤）的山地褐土（草灌褐土）并入褐土性土，成为一个土壤亚类。褐土性土分布于淋溶褐土之下，褐土与石灰性褐土两个亚类之上的山川较接地带。广泛分布于内长城以南各中低山区、黄土丘陵、洪积扇、黄土残垣、沟谷等地带。本亚类三分之一为耕种土壤，三分之二为非耕种土壤即荒山荒地土壤。荒山荒地褐土性土，土层厚薄不一，常含有不同程度的砾石，但肥力还不错，表层土有机质含量平均2.03%，有的可高达4%以上。荒山荒地的褐土性土（以前的山地褐土）适宜于森林树木生长，是山西省山区造林地的主要土壤类型。

4. 栗褐土、黄绵土

栗褐土、黄绵土在以前统称黄绵土，都是由黄土母质为主发育而成，而且二者呈复域分布于晋西等地的黄土丘陵区及附近的山地。栗褐土多为耕种土壤，土壤表层有机质含量平均0.864%，肥力较差。黄绵土主要为非耕种的荒坡土壤，水土流失严重，土壤肥力很低、表层土有机质平均0.659%，是黄土丘陵区营造水土保持林面对的一个主要土壤类型。

5. 栗钙土

栗钙土是分布于内长城以北地区温带半干旱森林草原地带的一个地带性土壤类型。栗钙土大体分布于大同盆地桑干河以北海拔1000m左右沿河二级阶地和倾斜平原的中下部。成土母质以次生黄土为主，一般土层较厚，多为砂质壤土，肥力不高，表层土有机质含量平均0.88%。栗钙土有栗钙土性土和草甸栗钙土两个亚类。

6. 风沙土

风沙土主要分布于山西省风沙区晋西北、大同盆地一带。风沙土分布区有很多风沙形成的沙丘和沙化地，包括流动沙丘、半流动沙丘和固定沙丘，以及沙平地等。风沙土发育很弱，土体以细沙或沙土为主，结构松散，土体干燥，保水性能差，肥力很低，表层土有机质含量平均只有0.396%。经过造林，生长树木、灌草后，肥力有所提高。

7. 潮土、盐土

潮土曾称为浅色草甸土，广泛分布于各大河流两侧阶地及沟谷，如山西省六大盆地河流两侧阶地及附近都有潮土分布。

潮土盐渍化现象严重，其中比较严重的称为盐化潮土。潮土再进一步盐渍化，含盐量增加，则成为暂时难以利用的盐土。

8. 石质土、粗骨土

石质土和粗骨土主要分布于山地，都是由岩石风化物为主的母质发育的很不完全，且很难利用的两个土类，又是今后造林必须设法利用的两个土类。

石质土多分布于中、低山的阳坡、半阳坡，坡度较大，自然植被稀疏的地带。石质土常与裸岩地、粗骨土插花分布，土层较薄，含有砂砾，肥力较差，但残存于灌草丛生及缓坡低洼处的土层较厚，尚有一定肥力，表层土有机质含量平均可达3.244%~3.745%。

粗骨土与石质土相比，土层较厚，但石砾含量较大，可达50%以上。粗骨土分布区植被覆盖较石质土为好，表层土有机质含量平均可达2.337%~3.512%。

石质土、粗骨土常与裸岩地交错分布，形成常说的"干石山"，石质土与粗骨土面积达

242.75 万 hm^2（3641.21 万亩）。

（三）山西土壤分布概况

1. 水平分布

总体讲，恒山以南，吕梁山以东，以及昕水河、芝河分水岭以南地区分布着褐土为主的土壤；昕水河、芝河分水岭以北，吕梁山、洪涛山以西，以及桑干河与恒山之间地区，分布着栗褐土（少量黄绵土）；桑干河以北地区分布着栗钙土。此外，在海拔较高山地分布着棕壤、草甸土、石质土、粗骨土等。

2. 垂直分布

在不同的纬度和基带土壤的条件下，由于海拔高度的变化，引起了自然植被、气候等成土因素的变化，因而生成了不同类型的垂直带土壤。以关帝山（赫赫岩山，最高海拔2700m）土壤垂直分布为例，海拔 2500m 以上为山地草甸土带；海拔 2000～2500m 为棕壤带；海拔 1650～2000m 为淋溶褐土带；海拔 1650m 以下，西坡为栗褐土带，东坡为褐土性土。

四、植被

（一）山西植被概述

植被，是指一个地区植物群落的总体。植被分自然植被与人工（栽培）植被两类。自然植被是在自然环境影响下，有时在人为干扰过程中逐渐发生和发展起来的。

组成植被的单元是植物群落。不同的植物种组成不同的植物群落。植物种类越多，组成的植物群落越是多种多样。

山西以自然植被为主体的植被，是在山西省地貌、气候、土壤等自然条件下，并在人类社会影响下形成的。由于山西所在的地理位置、特有的自然条件和社会发展过程，使山西植被具有明显的过渡性和分布的复杂性，以及植被种类的多样性。

山西植物区系成分相对较为丰富，全省维管束植物有 181 科 871 属 2489 种 260 变种。其中，树木 89 科 244 属 769 种 126 变种，另外有 18 个变型 11 个栽培变种。由于植物种类相对较多，植被类型也复杂多样，不仅有温性森林灌丛植被类型，也有寒温性森林灌丛植被类型和暖（温）性森林植被，对养护生物多样性具有重要意义。此外，山西植被还有两个特点：一是植物区系成分过渡性明显，例如除山西地带性温性植物群落较多以外，南部还有暖性植物种类如南方红豆杉、连香树等，而中北部还有寒温性白杆、青杆、华北落叶松等天然林群落。二是全省植被和植物种分布的地域差异明显，例如南部中条山一带天然生长的华山松林，在中北部地区就没有自然分布；就是在同一山区，海拔较高地带生长着寒温性针叶林，低海拔地方则分布着辽东栎等温性阔叶林。

最后还应该说明，山西植被在自然植被外，人工栽培植被也丰富多样。除去玉米、小麦、谷子、高粱、棉花、马铃薯、水稻、豆类、蔬菜、苜蓿等农牧作物外，还有大量的人工栽培树木，包括油松、侧柏、华北落叶松、旱柳、毛白杨、红枣、核桃、花椒、梨、苹果等乡土树种和传统栽培树种；以及引进的雪松、樟子松、北京杨、苏铁、悬铃木等。其中仅引进的树种就有 190 多种（至 2000 年统计），不仅使树种进一步多样化，也增添了山西植被景观内容。

（二）山西自然植被

1. 自然植被类型

（1）针叶林

山西省针叶林分布广泛，主要有以下几类：

寒温性针叶林，包括华北落叶松林、白杆林、青杆林，以及上述树种为主组成的混交林。这类森林主要分布于海拔 1600m 以上较高山地，包括五台山、管涔山、关帝山以及恒山等林区，此外，太岳山也有华北落叶松天然林及零星青杆分布。

温性针叶林，主要包括油松林，侧柏林、白皮松林、华山松林等，以及上述树种为主的混交林。油松林广泛分布于各主要山地，尤以太岳山、太行山、关帝山分布较多；白皮松林多分布于内长城以南浅山地带；华山松林只分布于中条山地区。

暖（温）性针叶林，包括南方红豆杉林等，南方红豆杉林成片分布的不多，主要分布于中条山，陵川以及陵川与壶关交界地带也有少量分布。

（2）针阔混交林

寒温性针阔叶混交林，以华北落叶松、白桦混交林为主，分布于中北部海拔 1600m 以上山地，林内有时混生有红桦、山杨、北京花楸等阔叶树及少量白杆、青杆。

温性针阔叶混交林，其中各主要山地最常见、分布广泛的有油松、辽东栎混交林和油松、白桦、山杨混交林等。

（3）落叶阔叶林

主要有：

栎类阔叶林，包括辽东栎林、栓皮栎林、槲栎林、橿子栎林等，其中辽东栎林分布最为广泛。

白桦林、山杨林以及白桦、山杨混交林，是海拔 1000～2000m 山地最常见的落叶阔叶林类型。

山地落叶阔叶杂木林，是各山地浅山地带多见的一个森林类型。树种以辽东栎、槲栎、鹅耳枥等硬阔叶树为主，有时混生有山杨或侧柏等。

（4）落叶灌丛、灌草丛

全省天然灌丛盖度 0.4 以上的面积占全省总面积的 6% 以上。寒温性落叶灌丛、灌草丛多见有箭叶锦鸡儿（鬼见愁）、金露梅等灌丛、灌草丛；温性落叶灌丛、灌草丛分布最广泛的有沙棘、野皂荚、酸枣、荆条、胡枝子、虎榛子、蚂蚱腿子等灌丛、灌草丛。

（5）草甸、草原、草丛

草甸主要分布于海拔较高山地，草原主要指晋北一带蒿类、针茅、百里香等草原，草丛遍布全省各地。

2. 自然植被分布

由于人类活动特别是历史上大面积的砍伐森林和开垦种植，已使盆地、丘陵和浅山地区的天然林荡然无存，边远山地残存的也都是屡遭破坏恢复起来的天然次生林、疏林灌丛以及草地。因此，目前山西省自然植被主要分布于吕梁山、恒山、五台山、太行山、太岳山、中条山等不宜种植农作物的山地。此外，在盆地、黄土丘陵的河流两侧河漫滩、荒坡、荒沟等荒芜的土地上，也有少量自然植被分布。

（1）水平分布

山西省南北狭长，从南到北，气候差异明显，特别是气温、降水都有很大区别。气候的地域差异，引起了自然植被地域分布的不同。具体讲：

晋北、晋西北一带，即在恒山、内长城、管涔山北麓至临县紫金山一线以北地区，为半干旱温带气候区，自然植被属半干旱森林草原地带。除恒山北坡山地有小片华北落叶松、白桦、山杨等天然次生林生长外，自然植被更多的是片片断断分布的天然灌丛、灌草丛或稀疏草原。

恒山、内长城管涔山北麓至临县紫金山一线以南，系暖温带半干旱或半湿润气候，为暖温带落叶阔叶林地带。其中：

陵川至河津一线以北，为暖温带北部油松、辽东栎、槲栎林区。山地分布着油松、辽东栎、白桦、山杨等天然针叶林和阔叶林，海拔较高山地还有白杆、华北落叶松等寒温性天然林，以及天然灌丛、草地。

陵川至河津一线以南，为暖温带南部油松、栓皮栎、锐齿槲栎林区。中条山一带山地分布着栎类阔叶林为主并混有小片针叶林的天然次生林，除天然灌草丛外，主要有辽东栎、栓皮栎、锐齿槲栎、橿子栎、山杨、白桦等阔叶天然林；以及油松、白皮松、华山松等针叶天然林；另有少量生长的南方红豆杉、匙叶栎、连香树等亚热带树木。显示了山西省南部自然植被的特性。

（2）垂直分布

在山地，由于地形起伏，海拔升高，气候条件以及土壤的垂直变化，也使植被呈现出垂直地带性分布。在五台山、太岳山、中条山、管涔山、关帝山等海拔较高的山地，垂直地带性分布都很明显。

现以关帝山植被垂直分布为例：

主峰孝文山海拔2831m（以前曾说2830m）。

A. 疏林灌丛及农田带，西坡海拔1200～1400m，东坡海拔800～1000m，分布有油松、侧柏、白皮松（东坡）疏林；灌木主要有沙棘、荆条、黄刺枚、虎榛子等；草本植物有蒿类、苔草、达乌里胡枝子等；农作物有谷子、玉米等。

B. 低中山针叶林带，西坡海拔1400～1700m，东坡海拔1000～1600m，以油松林、侧柏林为主；灌木有黄刺枚、沙棘、虎榛子、三裂绣线菊等；草类有蒿类、紫菀、苍术、歪头菜、苔草等。

C. 针阔叶混交林带，西坡海拔1700～2150m，东坡海拔1600～2000m，主要有油松与白桦、山杨、辽东栎等阔叶树混交林；在坡上部有华北落叶松、白杆、青杆与白桦、山杨混交林，并混有少量红桦；灌木有沙棘、土庄绣线菊、茶藨子、栒子木、卫矛等；草类有铁线莲、地榆、毛茛等。

D. 高中山针叶林带，西坡海拔2150～2600m，东坡海拔2000～2500m，以华北落叶松、白杆、青杆林为主，混生有白桦、红桦及山杨；灌木有土庄绣线菊、小檗、忍冬、栒子木、美蔷薇等；草类有苔草、耧斗菜、糙苏等。

E. 亚高山灌丛带，西坡海拔2600～2700m，东坡海拔2500～2650m，主要有箭叶锦鸡儿（鬼见愁）、金露梅、银露梅以及高山绣线菊、山柳等。

F. 亚高山草甸带，分布于 2700m 及 2650m 以上地带，主要有嵩草、苔草、豹子花、珠芽蓼、地榆、兰花棘豆、唐松草等。

（三）人工植被主要类型

1. 人工林

主要指经济林以外的人工林，最多的有油松、侧柏、华北落叶松等针叶树人工林类型，小叶杨、刺槐等阔叶人工林类型；其次，还有樟子松、华山松、白皮松、青杨、毛白杨、旱柳等人工林类型。此外，人工灌木林类型有，山桃、柠条锦鸡儿、沙棘、紫穗槐等人工灌木林类型。

2. 人工经济林

主要有核桃、红枣、花椒等干果油料经济林类型；梨、桃、苹果、柿子、葡萄等水果经济林类型；较耐寒冷的杏、仁用杏人工林类型。

3. 人工农作物

主要有小麦、谷子、玉米、高粱、莜麦、豆类等粮食作物，油菜、胡麻等油料作物以及马铃薯、瓜类等。

4. 人工牧草

主要有苜蓿、沙打旺等。

5. 人工园林植被

主要指城乡园林绿化种植的树木花草类型。

五、山西自然条件综述

山西自然条件恶劣，主要表现在气候条件上，少雨多风，自然灾害较多，十年九旱。在地貌上，山丘多，平川少，山地、丘陵占总面积的 80% 以上，盆地平川面积不足 20%；而在植被、土壤上，自然植被稀少，水土流失严重，土壤瘠薄，肥力不足。这些不利的自然因素构成了山西的恶劣生态环境，不利于社会经济发展和人民生活。

但是，它对林业发展来讲，既有困难，也提供了机遇。因为要改善生态环境，就必然要大力造林，增加森林植被，就会增加发展林业的迫切性，为林业发展提供了机遇；而且大片的荒山荒地又为发展森林创造了客观条件。所以恶劣的自然条件从另一角度来说，也能大大地促进林业的发展。

现在对山西自然条件进行综合性分析叙述：

（一）地形地貌、气候、土壤和植被在相互影响过程中演变

山西省多山，山地丘陵面积占总面积的 80% 以上，起伏的地形地貌特别是山地海拔的升高，影响了气温、降水等气候因子的变化；气候条件的变化，影响了植被分布的变化；气候和植被的变化又影响着土壤的分布。也就是说，地形高度的变化引起自然因子（生态因子）的一系列变化，不同高度地带形成不同的自然生态环境，具有不同的生产潜力，适生不同的森林树种。

在不计地形地貌影响的情况下，气候条件的变化，同样影响土壤、植被的分布。从广域讲，不同的气候区，分布着不同类型的植被与土壤，同样形成不同的自然生态环境。

再往小处讲，土壤影响森林等植被的生长发育，反过来，植被又影响土壤形成与发育。

各类自然因子（生态因子）就是在相互影响有规律的演变中，形成不同类型的自然生态环境。林业建设必须掌握演变着的自然生态环境，利用自然规律发展林业生产，取得林业发展的新胜利。

（二）人类社会活动影响着自然条件的演变

山西自然植被主要分布于山地的现实，就是人类社会活动造成的。人类社会发展从盆地河流两岸开始，经历千万年，从"原始利用森林"到"毁林造田"时期，开始毁林开垦，滥伐森林，直到近代社会，能够开垦种植的盆地、黄土丘陵和山地河谷缓坡地均已垦为农田。因此，只有在交通不便，开垦困难的边远山区还残存着成片的自然植被，包括天然次生林、疏林灌丛和草地。

当然，人类也会而且必须大力植树造林、种草，消灭荒山，增加植被覆盖度，改善人类赖以生存的生态环境。特别是新中国成立后，在保护天然林的同时，大力封山育林和人工造林，人工植被不断增加，山西自然生态环境，也会而且正在缓慢地向有利于人类生存和发展的方向演变。

第三章　山西森林立地区划

一、森林立地区划概述

（一）森林立地区划的内容

我国改革开放初期，国家提出在全国开展农业区划以后，各系统特别是农、林、水、气等部门，都开展并完成了区划工作。山西省在 1981 年完成林业区划以后，接着完成了山西省林木种质资源及区划、山西省果树种质资源及区划。不论是农业区划，还是林业区划，区划的内容主要就是，根据山西省自然条件地域之间的分异规律，结合各地社会经济发展状况，将全省划分为若干区域，按照各个区域的自然特点和社会经济情况，提出今后生产发展方向、目标、任务和主要措施，为宏观上指导事业的发展，提供科学依据。

还有另一类自然区划，例如《中国综合自然区划》，区划的对象是各项自然要素所形成的综合自然体，根据全国自然条件的差异，将全国划分为 3 个区域，13 个带，37 个区，"作为因地制宜地分区划片发展农、林、牧、副、渔各业的重要依据。"又如中国植被区划，依据植被类型、组成植被的植物区系、生态因素，将全国区划为 8 个植被区域，植被区域以下再依次分为：植被亚区域、植被地带、植被亚地带、植被区。

森林立地区划，属于自然区划一类。它主要依据各类自然条件在地域上的分异规律，分区划片，按自然特点，划分立地类型，为营造林生产、林业规划设计提供科学依据。

山西森林立地分类系统为：立地区→立地亚区→立地类型小区→立地类型组→立地类型。前两级为区划单位，后三级为分类单位。

山西森林立地区划的内容与任务就是，根据自然条件在地域上的差异，在全省划分立地区，在立地区以下划分立地亚区，并总结各区的自然特点，为分区划分立地类型创建基础。

因此，森林立地区划的系统就是，立地区→立地亚区两级

（二）森林立地区划的主要理论基础是生态学

森林立地区划属于自然区划，是用生态因子在地域上的分异，将全省划分为不同的立地区及亚区。每一个立地区或亚区都是一个具有特点的森林生态环境区域。为了能科学的划分立地区或亚区，就必须用生态学有关原理，指导立地区划工作，保证质量，使立地区划成果能成为立地类型划分的科学基础，并为林业综合性区划提供科学依据。

（三）森林立地区划的目的和意义

1. 保证立地类型划分的科学性

山西省地域广阔，南北狭长，地貌多样，气候以及土壤、植被在地域之间的变化也非常大，因而在不同区域形成不同的森林生长的自然环境和营造林客观条件。例如，在运城盆地

能正常生长的很多树木如花椒、石榴、红枣等，到了大同盆地，虽然也是盆地，但是就不能正常生长与结实，因为二者年均气温相差一倍；又如在中条山海拔 1000～2000m 山地生长的华山松、栓皮栎，到了恒山、五台山同海拔的山地就不能正常生长。如果将中条山的"中山阴陡坡中厚土立地"，与恒山"中山阴陡坡中厚土立地"划为一个"立地类型"，就无法按这种"立地类型"选择造林树种和采取造林措施。因为二者，虽然都是中山山地，同属一个立地类型，但气候条件大不相同，中条山属暖温带气候，年均气温 3～11℃，年降水量可达 600～720mm；恒山则为温带与暖温带过渡地带气候，年均气温只有 2～6.5℃，年降水量 480～550mm。因而二者在实质上不属于同一"立地类型"。

为了真实的反映山西森林立地在地域上的分异规律，科学地划分立地类型，满足林业生产的需要，就必须用大小不同的尺度分层次的，按自然条件（生态因子）地域分异规律，由大到小地逐级分区，分区划分立地类型。例如上面提到的运城盆地和大同盆地，我们先将两个盆地划分为两个不同气候带的立地区及亚区，运城盆地的立地类型自然为暖温带南部气候区的立地类型，大同盆地的立地类型则属于温带气候的立地类型，它们就可以按自己的气候特点被用于林业生产。

因此，森林立地区划的目的，首先是为了科学的划分立地类型。

2. 森林立地区划，可为林业区划、规划提供科学依据

森林立地区划在林业建设和科研中还有广泛的应用价值与意义。

森林立地区划是一种自然区划，是在全面调查、研究山西省自然条件的基础上，根据森林分布规律和林业发展需要，划分不同的立地区及亚区，综合提出各区的自然特点。实际每个立地区及亚区就是各有特点的森林生态环境。不仅能够分区域选择与规划造林树种，还可以将分区的生态环境特点作为制订林业发展方向、发展战略、发展目标和应采取措施的重要依据。因此，森林立地区划可以为林业区划、规划提供科学依据。例如，1981 年的《山西省简明林业区划》划分的一级区和二级区，主要依据指标就是：地貌、气候条件、地带性植被类型、土壤类型等。森林立地区划也是用这些生态因子划分立地区及亚区的，因此可以说明森林立地区划成果也通用于林业区划、规划。

综上所述，可以说，森林立地区划是林业建设的一项基础工作，也是林业科学研究的一个基础项目。

二、森林立地区划的原则

森林立地区划就是划分立地区及亚区，在分区中除遵循森林立地分类的总体原则外，还要特别坚持以下原则：

（一）坚持自然条件地域分异规律的原则

立地分区的目的，就是要将地域之间自然条件分异规律反映出来，把自然条件不同的区域分别划区，因此，必须坚持自然条件地域分异规律。在立地分区时，首先要全面调查研究山西的自然条件，包括地貌、气候、土壤、植被等情况及其地域分异规律；然后按大尺度划分立地区，较小尺度划分立地亚区。要求区内自然条件相对一致，区与区之间具有明显差异，通过立地区划揭示全省自然条件地域间的分异，并突出各个立地区、立地亚区的自然特点。简单讲，就是按自然条件地域分异规律划分立地区及亚区，并要求分区成果能反映自然

条件的地域分异规律。

（二）坚持综合研究与主导因子结合的原则

就是在划分立地区及亚区时，要全面调查自然条件，进行综合分析研究，从中找出起决定作用的主导因子，以主导因子为主，参考相关的其他因子划分立地区及亚区。

（三）坚持分区地域完整和不重复的原则

立地区、立地亚区在立地分类系统中，处于一、二级地位，属区划单位，与其下立地类型小区、立地类型组、立地类型等分类单位最大的不同之处在于，其一、分类单位可以在地域上重复出现，立地区、立地亚区在地域上不能重复出现，例如全省不能也不会有两个"中条山土石山立地亚区"；其二、分类单位如中山阴急坡薄土立地类型，不能也不会事先划定范围与界线，而立地区、立地亚区必须确定区域范围，划定明确的界线。

划分立地区、立地亚区，一定要有地域完整界线，相邻两个立地区或立地亚区的界线不能交叉，而且在地域上不能重复出现。

此外，还有与其他林业区划相协调的原则等。

三、森林立地区划的依据

森林立地区划即划分立地区、立地亚区与划分立地类型不同，虽然都是依据地貌地形、气候、土壤、植被等立地因子（生态因子）划分，但分区是按立地因子地域分异大尺度划分，而立地类型（组）则按小尺度划分。例如用来划分立地类型的坡向、坡度等地形因子，就是利用地貌地形小尺度地域分异；而划分立地区则是利用大地貌即地貌地形大尺度地域分异。为此，这里粗略讲一下立地区划的主要依据。

（一）大地貌

山西是个山地丘陵为主的多山省份，大地貌主要有山地、黄土丘陵、盆地三类。三种地貌不仅地形结构不同，它们在气候、植被、土壤等方面也因海拔高度、成土母质的变化，也有程度不同的差异。

例如，我们从太行山地的和顺，经太原盆地、关帝山山地到柳林黄土丘陵区，划一条纬度大体相同的带，根据《山西省自然地图集》气候区划资料：和顺、左权山地气候区年均气温 5.0～8.0℃，年降水量 560～650mm；太原盆地气候区年均气温 9.5～10.5℃，年降水量 450～490mm；关帝山山地气候区年均气温 3.0～7.0℃，年降水量 450～700mm；柳林、临县黄土丘陵气候区年均气温 7.5～9.5℃，年降水量 460～560mm。这就可以看到，和顺太行山地、关帝山地为降水量较多，气温较低的半湿润气候区；黄土丘陵区与盆地均属降水量偏少的轻半干旱气候区，其中盆地气温又略高于黄土丘陵区。

再从自然植被分布看，山地是山西省以天然次生林为主的自然植被分布最多的地区，黄土丘陵区与盆地自然植被稀少，而黄土丘陵区水土流失又大大高于盆地，因而山地、黄土丘陵、盆地三个大地貌之间在自然条件方面分异极其明显。

大地貌的不同，还影响造林树种的选择和林业发展方向。例如，盆地以城乡园林绿化，营造经济林和速生丰产林为重点，多选择园林绿化树种、速生阔叶树种植树造林；黄土丘陵则以营造水土保持林和经济林为主，除选用适生的经济树种外，重点使用油松、侧柏、刺槐、沙棘、柠条锦鸡儿、杨、柳等树种造林；山地重点是封山育林与造林结合，发展以水源涵养林、自然保护区林为主的生态林为主，适当营造用材林，树种则以华北落叶松、油松、侧柏、白皮松、栓皮栎、辽东栎、山桃、山杏等为主。

（二）气候条件

气候条件特别是降水、气温是森林树木生存、发育必不可少的生态因子。气候条件的地域分异直接影响森林的分布与林业发展的布局。举例来说，运城盆地年均气温 12.0～13.7℃，大同盆地只有 6～7℃，左云、右玉大部分地区只有 3.0～5.5℃。气温的差异，造成两地不可能完全选择相同的树种造林，运城盆地可以大力发展红枣、花椒、核桃、石榴、苹果等经济林，大同、右玉等低温少雨又多风沙危害的地带，则不宜发展这些经济林，而要重点营造耐干旱、寒冷的树种如油松、樟子松、旱柳、沙棘、仁用杏等为主的防护林和经济林。

气候条件在森林生态因子中是很重要的，而在划分立地类型（组）过程中，气候因子又无法直接使用，虽然如海拔高度间接反映了气候因子的变化，但还不能全面反映气候地域分异。为了弥补这方面的缺陷，必须按气候地域分异规律划分立地区及亚区，再分区划分立地类型（组）。

（三）经纬度

经纬度的差异，会引起气候条件地域上的水平变化。经度从东向西递减，由受东部海洋性温、湿气候影响逐步向受西北大陆性寒冷、干旱、多风气候控制方面递变；纬度由南向北递增，气候带则由南方赤道的热带气候经亚热带、暖温带、温带、寒温带逐渐向北极的寒带演变，气温、降水则也随着递减。同时，随着气候的变化，土壤、植被的分布也有变异，这就是生态因子的经向递变性和纬向递变性。

山西南北狭长，地处北纬 34°34.5′～40°44.5′，相差 6°10.0′；东经 110°14.5′～114°32.5′，相差 4°18.0′，地理经纬度的增加或减少，自然也会有气候条件的经向递变和纬向递变。因此，在划分立地区及亚区时，经纬度可以作为重要依据，予以考虑。

（四）植被

植被的类型和分布直接受气候、地形等生态因子的影响，也受人类社会活动的影响。因此，植被分布的状况，反回来也能间接的指示气候、土壤状况。例如，红枣天然分布于忻定盆地以南海拔 1300m 左右及以下的地带，天然林主要分布于人烟稀少的山地，一些亚热带树种如红豆杉、连香树、领春木只天然分布于中条山地，等等。这些现象都在一定程度上显示了气候、地貌等自然条件的分异状况。所以植被在立地区划中也可利用，作为一种参考依据。

四、立地区、立地亚区划分的方法与命名

立地分区是森林立地区划的核心内容，必须采取科学的方法，从客观实际出发，反映自然规律，依据自然条件地域分异情况，用大尺度和小尺度分层次（级）划分立地区、立地亚区。

山西森林立地区划是和立地分类一起开始的，而且是在林业区划基础上开展起来的。1979 年开始吉县林业区划试点，1980 年进入全省林业区划外业补充调查与分区定界工作。当时，林业区划提出："划分一级区和二级区的主要依据指标为：①地貌；②气候条件，主

要是降水量，年平均气温、积温差；③地带性植被类型或代表性树种、栽培植被；④土壤类型等。"但在分区时适当考虑了社会经济及林业发展状况。在林业区划的基础上，1984 年开始了森林立地分类外业调查工作和立地区及亚区的划分。现在将林业区划基础上的森林立地分区方法及分区命名介绍如下：

（一）立地区的划分方法与命名

1. 外业调查

外业调查的目的是，了解全省大地貌及植被、土壤的类型与分布。一般除结合森林资源调查外，可用路线调查与典型（样地）调查相结合的方法调查。

2. 收集资料

收集资料极为关键，全省地貌、气候、土壤、植被等方面的资料，完全依靠林业部门一家自己进行，很难短期完成。特别是气象、水文资料是多年观测记录积累起来的。因此，必须通过到有关部门调查收集，才能在短期内收集到需要的资料。

为了划分立地区及亚区，省林业勘测设计院从 1978 年开始到省气象局、水文总站、农业厅等有关部门收集各地气象站的气候资料、各河流水文站水文资料，土壤及地质资料。同时组织土壤、立地调查专业组，对太行山地区及省直林区重点地进行调查。特别是林勘院参加的，由各有关部门专家一起于 1984 年编绘完成的《山西省自然地图集》，包含了全省的地貌区划、气候区划、植被区划、土壤区划、动物区划等。这些专业自然区划，提供了地貌、气候、植被、土壤类型及分布的全面而现实的宝贵资料，成为山西省森林立地区划的主要依据。

3. 划分立地区

综合分析外业调查与收集到的资料，经过研究，在山西省林业区划、山西省地貌区划等有关资料的基础上，按照立地区划顺序，首先划分立地区。

根据山西省大的地形地貌框架，即全省地形南北狭长，东、西两座山，中间是盆地平川的现实。以这种地貌格局为基础，结合气候条件的经向递变，先将全省恒山、内长城以南划分为东部太行山地区、中部盆地区、西部山丘区；

然后，将西部山丘区，再按山地、黄土丘陵地貌不同，分为吕梁山地区、黄土丘陵区。

黄土丘陵区分布于吕梁山地东西两侧，按气候经向递变规律，吕梁山地西侧从昕水河到右玉一带的黄土丘陵区气候受大西北干冷气候影响较大，延至晋西北进入温带气候区；而吕梁山地东侧的黄土丘陵区均为暖温带气候，受大西北干冷气候影响较小。因而吕梁山西侧与东侧分别划分为西部黄土丘陵区和吕梁山东侧黄土丘陵区两个不同的立地区。

西部黄土丘陵区按经度来说，是山西省最西受西北大陆性干旱寒冷气候影响最大的一个地带，从区域南端到左云、右玉，地跨暖温带与温带两个气候带。与之相连的，周边多有黄土丘陵和小片山地分布的大同盆地，也是干冷多风沙的温带气候区，据此，将大同盆地并入西部黄土丘陵区，组合成山西省唯一地跨暖温带和温带气候区、具有水土流失与风沙侵袭两大自然灾害的立地区。

划分立地区时，要将立地区落实到地形图上，并明确边界及范围。

4. 立地区的命名

立地区的命名采取立地区"所在区域部位"＋"大地貌"命名法。因此，全省划分的立地区命名如下：

　　Ⅰ．西北部黄土丘陵立地区；

　　Ⅱ．吕梁山东侧黄土丘陵立地区；

　　Ⅲ．吕梁山土石山立地区；

　　Ⅳ．中南部盆地立地区；

　　Ⅴ．东部土石山立地区。

（二）立地亚区的划分方法与命名

立地亚区是森林立地区划的二级分区单元，在立地区划分的基础上，再将立地区进一步划分为不同的亚区。

一般在划分立地区的同时，就会一同考虑立地亚区的划分，包括外业调查、资料收集、划分依据、界线划定等。因此，在划分立地亚区时，这些工作不必重复再做。

立地亚区是立地区的细化，是划分立地类型的基础。

立地区是以全省大地貌为主要依据，同时结合气候经向递变规律划分。立地亚区则是在立地区划分的基础上，以气候纬向递变为主要依据，有时参考中地貌划分。可以说立地亚区是在用大地貌地域分异情况划分立地区的基础上，再用气候条件地域之间差异划分，两次划分使立地亚区内的自然条件的相似性更大，差异性更小。因此，立地区是森林立地区划一级区划单元，立地亚区为二级区划单元，是立地区的细化。

立地亚区是划分立地类型的基础，所有划分的立地类型必须明确所在的立地亚区，才能体现出立地类型的生态特性。举例来说，"中山阴向急坡薄土立地类型"，如果不明确立地亚区，就不会清楚该"立地类型"的所在具体地域和气候条件，也就无法应用该"立地类型"选择造林树种及造林措施。因此，在最早的《山西森林立地类型表》中，当时，就是因为考虑到立地亚区的重要性，因此，全省立地亚区统一编号，而且在立地类型序号中，第一个就是立地亚区代号。

立地亚区在立地区的基础上划分，分界线及范围也要明确，并要落实到立地区图（地形图）上。立地亚区仍采用"所在区域部位"＋"地貌"二段命名法。

立地亚区具体的划分与命名如下：

1. 西北部黄土丘陵立地区（Ⅰ）

本立地区地跨暖温带和温带两个气候带，依据暖温带、温带分界线，即恒山—内长城—管涔山北麓，再至兴县与保德交界一线以北和以南划为两个立地亚区，即：

　　A. 晋北盆地丘陵立地亚区；

　　B. 晋西黄土丘陵沟壑立地亚区。

2. 吕梁山东侧黄土丘陵立地区（Ⅱ）

该立地区从吕梁山南端起，沿吕梁山东侧山地与中部盆地西侧向北延伸到静乐一带。南端乡、吉一带以黄土残垣沟壑地貌为主，中北部一带主要为黄土丘陵沟壑，间有石质山地或土石山地。据此划为以下两个立地亚区：

　　C. 吕梁山东侧黄土丘陵立地亚区；

　　D. 乡、吉黄土残垣沟壑立地亚区。

3. 吕梁山土石山立地区（Ⅲ）

吕梁山地位于山西省西部黄土丘陵区中间，南北狭长，地势较高，降水量多，气温偏低，是一个半湿润气候区。但北部海拔较高，气温偏低（年均气温 2.0 ~ 7.0℃），分布有青杆、白杆、华北落叶松等寒温性天然林植被；南部海拔稍低，气温较高（年均气温 6.0 ~ 9.0℃），植被主要为温性油松林以及以辽东栎为主的阔叶林等天然林。因此分为南北两个立地亚区：

E. 管涔山、关帝山山地立地亚区；

F. 吕梁山南部山地立地亚区。

4. 中南部盆地立地区（Ⅳ）

该区位于山西省内长城以南中部，由 4 个盆地组成。南部两个盆地气温较高（年均气温 12 ~ 13.7℃），是山西省气温最高，海拔较低的区域；北部两个盆地气温较低（年均气温 8 ~ 10.5℃），很多运城盆地可以生长的树木如石榴、竹子、女贞等，在北部不能正常生长。因此划为南、北两个立地亚区：

G. 忻太盆地立地亚区；

H. 晋南盆地立地亚区。

5. 东部土石山立地区（Ⅴ）

东部山地为太行山系，通称太行山区，地域广阔，南北狭长，纬度相差 5° 以上。北部气温偏低，降水量少，为轻半干旱气候区；中、南部气温较高，降水量大，为半湿润气候区。从自然植被分布讲，北部分布有白杆、青杆、华北落叶松等寒温性针叶天然林；中部为暖温带北部油松、辽东栎、槲树林区，分布有小片寒温性华北落叶松天然林；南部中条山一带为暖温带南部油松、栓皮栎、锐齿槲栎林区，还有红豆杉、连香树、领春木等亚热带树木生长。从北到南，气候、自然植被均不相同，因此，划分为：

I. 太行山北段山地立地亚区；

J. 晋东土石山立地亚区；

K. 中条山土石山立地亚区。

五、立地亚区的立地类型划分

立地区、立地亚区属于区划单元，在地域上不重复，如"K. 中条山土石山立地亚区"在全省只有一个。

立地类型是"类型"，"类型"就是一类，不是"区域"。是由多个"立地因子（生态因子）基本相同而不相连的地块"综合起来的。但是这种综合起来的立地类型，只有在大气候、大地貌等自然条件基本一致的区域内，才能成立。也就是说，只有在同一立地亚区内，"立地因子（生态因子）基本相同而不相连的地块"才能综合为一个"立地类型"；不是同一立地亚区，不能综合为一个立地类型。

因此，我们以立地亚区为单位划分立地类型，以立地亚区为单位编制立地类型表。例如，《J. 晋东土石山立地亚区立地类型表》中的立地类型，也只适用于晋东土石山立地亚区，即该立地亚区所属范围如左权、和顺、沁源、陵川等地才可适用。

（一）立地类型的划分方法

立地亚区是一个"立地因子即生态因子在大的地域分异尺度上基本相同的区域"。如果再用立地因子更小一些的地域分异尺度，将立地亚区细分下去，便会把立地亚区划分为许多立地类型小区、立地类型组、立地类型。下面介绍在立地亚区划分立地类型的方法，可供在一个立地亚区的小区域划分立地类型时参考。其方法是：

1. 外业调查

最好采用线路全区调查和有代表性小区域详查相结合的方法，调查中小地貌地形（海拔、坡向、坡度，部位）、土壤（土类、土体砂砾含量、厚度、盐碱含量等）、植被等。掌握立地因子（生态因子）小地域分异情况，根据制定的立地分类系统和确定的分类依据，现地了解一些地块立地因子及其所属立地类型。

2. 研究并分层次进行立地分类

根据外业调查结果和拟定的分类系统、分类依据，从立地类型小区开始，到立地类型，逐级分层进行分类。

首先按中小地貌划分出立地亚区的立地类型小区，如土石山立地类型小区、……；

在立地类型小区以下，划分立地类型组，如在土石山立地类型小区以下，按海拔（分级标准）、坡向划分出中山阴坡立地类型组、中山阳坡立地类型组、……；

在立地类型组以下，划分立地类型，如在土石山立地类型小区——中山阴坡立地类型组以下，按坡度及土壤层厚度（分级标准）划分出中山阴缓斜陡中厚土立地类型、……。

3. 编制立地类型表

以立地亚区为单位编制立地类型表。如某地域（县域）也可作为一个编表单位，自行编表。

立地类型表的内容包括两部分，第一部分为立地类型名称，是必有内容：包括立地类型小区（名称）、立地类型组（名称）、立地类型（名称）、立地类型编号（序号）；第二部分为立地类型性状，说明立地类型组成因子，包括立地类型组成的地形因子、土壤因子以及植被等情况。

4. 外业复查

编出立地类型表以后，还要携《立地类型表》到编表地区进行线路式外业复查。一是检查表中所列立地类型，现地实际有没有？二是现地实际有的立地类型，表中有没有？如《山西森林立地类型表》编制完成后，又由当时的山西省林业勘测设计院组成专业组，通过外业复查进行了复查修正。

（二）立地类型的命名与编号

1. 立地类型的命名

立地类型组、立地类型的名称，是由组成的分类因子名称，组合而成的。而独立完整的立地类型名称，还要在前面冠以立地类型组的名称。

立地类型组的名称是由组成立地类型组的分类因子名称组合而成，如"中山阴坡"立地类型组，是由组成的分类地形因子海拔（海拔1600～2000m为中山）、坡向（坡向东、东北、北、西北为阴坡）命名。在立地类型组以下，由地形因子坡度和土壤因子土层厚度组成的立地类型，用坡度、土壤层厚度命名，如立地坡度36°，土层厚30cm，则命名为"急坡薄土"立地类型。而其独立完整的立地类型名称应为"中山阴急坡薄土"立地类型。

2. 立地类型的编号

编号的目的是为了能有序的应用立地类型为林业调查规划和林业生产服务，特别是便于立地类型表的使用。

（1）1989年山西省林业勘测设计院印发的《山西森林立地类型表》中，立地类型编号（序号）采用的是三级编号（序号），即：立地亚区号—立地类型小区号—立地类型号。

立地亚区为全省统一用大写英文字母编号（A、B、C、……），

立地类型小区用罗马数字在立地亚区内顺序编号（Ⅰ、Ⅱ、……），

立地类型用阿拉伯数字编号（1、2、3、……），

如中条山土石山立地亚区的中山阴陡斜缓中厚土立地类型的编号为：K-Ⅰ-2。

（2）本书立地类型编号采用四级编号法，即：立地区号—立地亚区号—立地类型小区号—立地类型号。

立地区用罗马数字编号（Ⅰ、Ⅱ、……）。

立地亚区用大写英文字母编号（A、B、C、……）。

（各立地区、立地亚区的编号即代码在前文已经明确，不再重复。）

立地类型小区用阿拉伯数字编号（1、2、……），或用带括号阿拉伯数字编号（（1）、（2）、……），立地类型小区编号（代码）见表3-1。

表3-1 立地类型小区编号（代码）表

立地类型小区名称	编号（代号）	备　考
土石山立地类型小区	1	或用（1）代替1，下同
黄土丘陵立地类型小区	2	
盆地河滩立地类型小区	3	
残垣沟壑立地类型小区	4	
河滩阶地立地类型小区	5	
山间盆地立地类型小区	6	

立地类型亦用阿拉伯数字编号，在立地亚区内顺序统一编号（1、2、……）。

因此，立地类型完整的编号是，立地区号—立地亚区号—立地类型小区号—立地类型号，如中条山土石山立地亚区的中山阴缓斜陡坡中厚土立地类型的编号为：Ⅴ-K-1-5（或Ⅴ-K-(1)-5）。按"Ⅴ"可查出是东部土石山立地区，即找到本书的"东部土石山立地区"一章，按"K"可在该章内找到《K、中条山土石山立地亚区立地类型表》，在表中，可按Ⅴ-K-1-5编号找到"中山阴缓斜陡坡中厚土"立地类型。

六、山西森林立地区划成果

在山西森林立地区、立地亚区区划的基础上，分别亚区进行立地类型小区、立地类型组和立地类型的划分。全省共分为5个立地区、11个立地亚区、26个立地类型小区、115个立地类型组、215个立地类型。各亚区的立地类型小区及立地类型组和立地类型数量，见表3-2《山西森林立地分类系统及编码表》。

表 3-2　山西森林立地分类系统及编码表

立地区名称	立地亚区名称	立地类型小区名称	立地类型组数	立地类型数
Ⅰ. 西北部黄土丘陵立地区	A. 晋北盆地丘陵立地亚区	土石山立地类型小区（1）	3	7
		黄土丘陵立地类型小区（2）	4	7
		盆地河滩立地类型小区（3）	2	6
	B. 晋西黄土丘陵沟壑立地区	土石山立地类型小区（1）	3	7
		黄土丘陵立地类型小区（2）	5	9
Ⅱ. 吕梁山东侧黄土丘陵立地区	C. 吕梁山东侧黄土丘陵立地亚区	土石山立地类型小区（1）	3	5
		黄土丘陵立地类型小区（2）	3	5
	D. 乡吉黄土残垣沟壑立地亚区	土石山立地类型小区（1）	3	5
		残垣沟壑立地类型小区（4）	5	8
Ⅲ. 吕梁山土石山立地区	E. 管涔山、关帝山山地立地亚区	土石山立地类型小区（1）	7	17
		黄土丘陵立地类型小区（2）	3	4
	F. 吕梁山南部山地立地亚区	土石山立地类型小区（1）	5	13
		黄土丘陵立地类型小区（2）	4	5
Ⅳ. 中南部盆地立地区	G. 忻太盆地立地亚区	黄土丘陵立地类型小区（2）	4	5
		河滩阶地立地类型小区（5）	3	6
	H. 晋南盆地立地亚区	黄土丘陵立地类型小区（2）	4	5
		河滩阶地立地类型小区（5）	3	6
Ⅴ. 东部土石山立地区	I. 太行山北段山地立地亚区	土石山立地类型小区（1）	10	21
		黄土丘陵立地类型小区（2）	6	8
		山间盆地立地类型小区（6）	3	4
	J. 晋东土石山立地亚区	土石山立地类型小区（1）	9	18
		黄土丘陵立地类型小区（2）	4	10
		山间盆地立地类型小区（6）	2	3
	K. 中条山土石山立地亚区	土石山立地类型小区（1）	10	21
		黄土丘陵立地类型小区（2）	5	7
		山间盆地立地类型小区（6）	2	3

另附立地亚区范围内包含的县、市、区名称表，见表 3-3。

表3-3　山西省立地亚区范围表

亚 区 名 称	包括县（市、区）名称
A. 晋北盆地丘陵立地亚区	河曲、保德、偏关、平鲁、右玉、左云、山阴、大同市城区及新荣区、南郊区、怀仁、阳高、天镇、朔城区的全部和应县、浑源、大同县、神池、宁武、五寨、岢岚的盆地部分
B. 晋西黄土丘陵沟壑立地亚区	柳林、永和、大宁的全部和兴县、临县、方山、离石、中阳、石楼、隰县、蒲县的黄土丘陵部分
C. 吕梁山东侧黄土丘陵立地亚区	忻府区、静乐、岚县、娄烦、古交、阳曲、尖草坪区、万柏林区、晋源区、小店区、交城、文水、汾阳、孝义、灵石、汾西、交口、洪洞、尧都区的黄土丘陵部分
D. 乡吉黄土残恒沟壑立地亚区	乡宁、吉县大部分和河津、稷山、新绛、襄汾的黄土沟壑部分
E. 管涔山、关帝山山地立地亚区	代县、宁武、五寨、岢岚、兴县、岚县、原平、娄烦、古交、忻府区、方山、离石区、交城、文水、汾阳、中阳、交口、孝义的山地部分（包括管涔山、关帝山、黑茶山林区）
F. 吕梁山南部山地立地亚区	石楼、交口、隰县、汾西、蒲县、乡宁、吉县、尧都区的山地部分（吕梁山林区）
G. 忻太盆地立地亚区	代县、原平、忻府区、五台、定襄、阳曲、尖草坪区、杏花岭区、小店区、迎泽区、榆次区、清徐、太谷、交城、文水、祁县、汾阳、平遥、孝义、介休、灵石的盆地部分
H. 晋南盆地立地亚区	曲沃、侯马、盐湖区、万荣、永济、汾西、霍州、洪洞、尧都区、浮山、襄汾、翼城、绛县、闻喜、夏县、稷山、芮城、新绛、河津和临猗的全部或盆地部分
I. 太行山北段山地立地亚区	广灵、灵丘、繁寺的全部，阳高、大同县、浑源、应县、代县、五台、定襄的山地部分
J. 晋东土石山立地亚区	盂县、寿阳、阳泉城区、平定、昔阳、和顺、左权、榆社、武乡、沁县、沁源、黎城、襄垣、古县、安泽、屯留、潞城、长治市区、长子、平顺、长治县、壶关、高平、陵川、晋城城区、泽州的全部，阳曲、榆次区、太谷、祁县、平遥、介休、灵石、霍州、洪洞等的山地部分
K. 中条山土石山立地亚区	垣曲、阳城、沁水、平陆等的全部，芮城、盐湖区、夏县、闻喜、绛县、翼城、浮山等的山地部分

根据立地区、立地亚区划分情况，利用地理信息系统根据山西省地貌图和山西省林业区划图，绘制出山西森林立地区划图，附图见本书封里。

第四章 西北部黄土丘陵立地区

一、概述

西北部黄土丘陵立地区位于山西省的西北部，北靠内蒙古，东北角与河北为界，西邻黄河；其南及东侧界线大体是从恒山北麓起沿内长城至宁武管涔山北麓向西，再向南沿管涔山、黑茶山、关帝山、南部吕梁山西麓，转向西至黄河东岸吉县与大宁县交界处，分别与东部土石山立地区和中南部盆地立地区的北端，及吕梁山土石山立地区西侧相连接。包括内长城与恒山以北的广大地域和吕梁山脉西部的黄土丘陵地区。

本立地区以黄土丘陵地貌为主，间有另星山地；在北部还有大同盆地及浅山丘陵分布。海拔一般900~1600m，个别山头如黑驼山可达2147m。境内除大同盆地的桑干河外，多为较小的黄河一级支流如昕水河、三川河、朱家川河等。全区处于暖温带气候与温带气候交接地带，南部为轻半干旱暖温带气候，北部为多风沙危害的轻半干旱或重半干旱温带气候。土壤干旱瘠薄，肥力较低，在南部呈复域状分布着黄绵土、栗褐土，在北部以栗褐土、淡栗褐土为主，还有栗钙土、潮土、风沙土等土类分布。自然植被稀少，没有大片天然林，只有另星树木和小片灌草丛。因此，水土流失和风沙危害十分严重。

本立地区是是山西省生态环境十分恶劣，农林生产条件最差的区域。林业发展要坚持生态建设为主的方针，依靠科技进步，解决适生树种少，成活率低的困难，大力造林种草，营造带、网、片结合的，树种多样化的防护林，改善生态环境；同时在因地制宜的原则下，积极发展经济林增加农民收入。此外，还可结合林业生态建设，搞好城乡园林绿化，提高人民生活质量。

西北部黄土丘陵立地区，根据自然条件地域分异，划分为：A. 晋北盆地丘陵立地亚区，B. 晋西黄土丘陵沟壑立地亚区两个立地亚区。共计5个立地类型小区，17个立地类型组，36个立地类型。

二、晋北盆地丘陵立地亚区及立地类型

晋北盆地丘陵立地亚区位于山西北部，该区北隔长城与内蒙古自治区为邻，西隔黄河与陕西为界。包括河曲、保德、偏关、平鲁、右玉、左云、山阴、大同市城区及新荣区、南郊区、怀仁、阳高、天镇、朔城区的全部和应县、浑源、大同县、神池、宁武、五寨、岢岚的部分地区。

地貌主要为低中山地、缓坡丘陵和盆地。地形复杂、气温低、降水量少、风沙大为自然环境之显著特征。在黄土梁峁顶、缓坡丘陵河流两侧常见有沙丘、沙地分布；在大同盆地河

流附近低湿地带土壤盐碱化严重，多为难利用的盐碱滩地；其他大部分地方也多是黄土丘陵凸起，风沙多，土壤干旱瘠薄。海拔一般为 1000～1500m，最低海拔桑干河川谷地 900m 左右，河曲黄河谷地海拔可低至 800m 左右，为本区最低点，最高海拔为黑驼山，海拔2147m。本亚区属温带气候，北部大同盆地一带属温带重半干旱气候，年均气温 6.0～7.0℃，1 月均温 –10.9℃，7 月均温 21.7℃，年均降水量 400mm 左右，无霜期 120～130d，气候干燥、寒冷、多风，大于八级的大风天数较多，多年平均一般为 20～50d，一些地方春季常遭风沙危害，甚至伤苗毁种。西南部，河曲至兴县沿黄地带是楔入温带具有暖温带半干旱气候的一个特别的区域，年均温度 6.5～9.0℃，年降水量 400～450mm。本亚区土壤主要是栗褐土、栗钙土性土、栗钙土、潮土、风沙土等。本区自然植被稀少，只有稀疏的天然灌丛、灌草丛、草地及小片或另星树木生长，但人工植被有一定基础。主要野生灌草有：沙棘、柠条锦鸡儿、虎榛子、胡枝子、绣线菊、铁杆蒿、狗尾草等；乔木树种有：杨树、柳树、侧柏、刺槐、油松、樟子松、华北落叶松、杏、仁用杏等。此外，河曲、保德沿河一带还有红枣、海棠等。20 世纪 50～70 年代营造的大面积小叶杨林，在防风固沙方面发挥了巨大作用，但因立地条件太差，成林不成材，亩均蓄积只有 0.4m³，而且林龄偏大，已形成大面积的杨树"小老树"林，急待改造更新。

该区地处山西省北部，是近年我国京津及华北地区春季沙尘暴天气的主要沙尘源之一，目前已列入京津风沙源治理工程。同时该区也是山西省土地荒漠化最严重的地区。因此今后应建立以防风固沙为主要功能的森林生态体系，为社会经济发展和人民生活提供生态安全保障。

晋北盆地丘陵立地亚区划分了 3 个立地类型小区，9 个立地类型组，20 个立地类型。具体见表 4-1　A. 晋北盆地丘陵立地亚区立地类型。

表 4-1　A. 晋北盆地丘陵立地亚区立地类型

立地类型小区	立地类型组	立 地 类 型	立地类型代码	立 地 特 征
土石山立地类型小区	低中山中山阴坡	低中山中山阴坡弱风化薄土	I -A-1-1	海拔 1300～2000m，阴坡、半阴坡，土层≤30cm，岩石风化层厚度≤10cm
		低中山中山阴坡强风化薄土	I -A-1-2	海拔 1300～2000m，阴坡、半阴坡，土层≤30cm，岩石风化层厚度>10cm
		低中山中山阴坡中厚土	I -A-1-3	海拔 1300～2000m，阴坡、半阴坡，土层>30cm
	低中山中山阳坡	低中山中山阳坡弱风化薄土	I -A-1-4	海拔 1300～2000m，阳坡、半阳坡，土层≤30cm，岩石风化层厚度≤10cm
		低中山中山阳坡强风化薄土	I -A-1-5	海拔 1300～2000m，阳坡、半阳坡，土层≤30cm，岩石风化层厚度>10cm
		低中山中山阳坡中厚土	I -A-1-6	海拔 1300～2000m，阳坡、半阳坡，土层>30cm
	沟底	沟底坡麓	I -A-1-7	海拔 1300～2000m，部位：沟底坡麓，土层>30cm

续表

立地类型小区	立地类型组	立　地　类　型	立地类型代码	立　地　特　征
黄土丘陵立地类型小区	梁峁沟	梁峁顶黄土	Ⅰ-A-2-8	部位：梁峁顶部，母质：黄土
		梁峁顶风沙土	Ⅰ-A-2-9	部位：梁峁顶部，土壤：沙化
	沟阴坡	阴坡、黄土	Ⅰ-A-2-10	部位：沟坡，阴坡、半阴坡，母质：黄土
		阴坡风沙土水地	Ⅰ-A-2-11	部位：沟坡，阴坡、半阴坡，土壤：沙化
	沟阳坡	阳坡黄土	Ⅰ-A-2-12	部位：沟坡，阳坡、半阳坡，母质：黄土
		阳坡风沙土	Ⅰ-A-2-13	部位：沟坡，阳坡、半阳坡，土壤：沙化
	沟底	沟底河滩	Ⅰ-A-2-14	部位：沟底、河滩
盆地河滩立地类型小区	缓坡阶地	缓坡阶地	Ⅰ-A-3-15	坡度≤15°
		缓坡阶地类钙层黄土	Ⅰ-A-3-16	坡度≤15°，土层下有钙质层，母质：黄土
		缓坡阶地风沙土	Ⅰ-A-3-17	坡度≤15°，土壤：沙化
		缓坡阶地高水位	Ⅰ-A-3-18	坡度≤15°，地下水位1m以内
	河漫滩地	河滩轻盐碱化土	Ⅰ-A-3-19	部位：河滩，含盐量0.2%~0.4%
		河滩中盐碱化土	Ⅰ-A-3-20	部位：河滩，含盐呈0.4%~0.7%

三、晋西黄土丘陵沟壑立地亚区及立地类型

晋西黄土丘陵沟壑立地亚区，位于吕梁山西侧，西隔黄河与陕西省为邻。包括柳林、永和、大宁的全部和兴县、临县、方山、离石、中阳、石楼、隰县、蒲县的黄土丘陵部分。

地貌以黄土丘陵为主，偶有山地分布。地势东高西低，山塬梁峁与河川沟渠纵横交错，千沟万壑，崎岖不平。本区是山西省水土流失最严重的地区，土壤侵蚀模数8000t/（年·km²）以上，有些地方最高可达15000t以上，是黄河泥沙的主要来源区之一，该地区的自然生态环境异常脆弱，千山万壑，童山秃岭，土地支离破碎，土壤缺水少养，异常贫瘠，水土流失严重。平均海拔在1400m左右，沿黄河一带海拔最低，在永和县黄河岸畔，海拔只有511.9m。该区属暖温带半干旱气候，年均温8~12℃，1月份均温-1℃，年均降水量一般为460~560mm，南端可达650mm，全年无霜期135~160d。土壤缺水少养，异常贫瘠，主要土类有黄绵土及复域分布的栗褐土，还有褐土性土等。天然植被很少，经过多年植树造林，林草植被有所增加。成片或另星分布的主要植被种类：乔灌木树种有：杨树、柳树、白榆、臭椿、侧柏、刺槐、油松、红枣、核桃、沙棘、柠条、紫穗槐等；草类有狗尾草、酸枣、白羊草、蒿类等；农作物有小麦、莜麦、玉米、糜黍、谷子、高粱和薯类、豆类作物等。小杂粮营养价值高而闻名遐迩。该区是山西省主要的红枣产区，产量占全省红枣产量的三分之二，临县木枣、柳林木枣、石楼帅枣、永和条枣都是全国著名的红枣品种。该区也是退耕还林面积最大的区域。

由于该区水土流失严重，自然条件恶劣，人民群众生活严重贫困，是国家和山西省的重点贫困地区。该区自然资源贫乏，立地条件差，交通不便，老百姓世世代代守着那片贫瘠的土地。通过不断开垦土地、广种薄收来维持贫困的生活。但是，由于土地利用和产业结构的不合理，加上乱放滥牧，造成严重的水土流失，影响着生态环境建设、经济发展和人民生活的提高。因此，要彻底改变自然面貌并让人民富裕起来，必须大力实行退耕还林还草，以生物治理为主，结合工程措施，制止水土流失，恢复生态平衡。

晋西黄土丘陵沟壑立地亚区共划分 2 个立地类型小区，8 个立地类型组，16 个立地类型。见表 4-2 B. 晋西黄土丘陵沟壑立地亚区立地类型。

表 4-2 B. 晋西黄土丘陵沟壑立地亚区立地类型

立地类型小区	立地类型组	立地类型	立地类型代码	立地特征
土石山立地类型小区	低中山中山阴坡	低中山中山阴坡弱风化薄土	Ⅰ-B-1-1	海拔 1000～2000m，阴坡、半阴坡土层≤30cm，岩石风化层厚度≤10cm
		低中山中山阴坡强风化薄土	Ⅰ-B-1-2	海拔 1000～2000m，阴坡、半阴坡，土层≤30cm，岩石风化层厚度>10cm
		低中山中山阴坡中厚土	Ⅰ-B-1-3	海拔 1000～2000m，阴坡、半阴坡，土层>30cm
	低中山中山阳坡	低中山中山阳坡弱风化薄土	Ⅰ-B-1-4	海拔 1000～2000m，阳坡、半阳坡，土层≤30cm，岩石风化层厚度≤10cm
		低中山中山阳坡强风化薄土	Ⅰ-B-1-5	海拔 1000～2000m，阳坡、半阳坡，土层≤30cm，岩石风化层厚度>10cm
		低中山中山阳坡中厚土	Ⅰ-B-1-6	海拔 1000～2000m，阳坡、半阳坡，土层>30cm，
	沟底坡麓	沟底坡麓	Ⅰ-B-1-7	部位：沟地坡麓
黄土丘陵（残垣沟壑小区）立地类型小区	残塬面	残塬面	Ⅰ-B-2-8	部位：残塬，母质：黄土
	梁峁顶	梁峁顶	Ⅰ-B-2-9	部位：梁峁顶部，母质：黄土
	沟阴坡	阴坡黄土	Ⅰ-B-2-10	部位：沟坡，阴坡、半阴坡，母质：黄土
		阴坡红黄土	Ⅰ-B-2-11	部位：沟坡，阴坡、半阴坡，母质：红黄土
	沟阳坡	阳坡黄土	Ⅰ-B-2-12	部位：沟坡，阳坡、半阳坡，母质：黄土
		阳坡红黄土	Ⅰ-B-2-13	部位：沟坡，阳坡、半阳坡，母质：红黄土
	沟底河滩	黄土沟底坡麓	Ⅰ-B-2-14	部位：沟底坡麓，母质：黄土
		河滩阶地	Ⅰ-B-2-15	部位：河滩阶地，土层>30cm
		河滩砾石沙土	Ⅰ-B-2-16	部位：河滩，土壤：含石砾或沙化

第五章　吕梁山东侧黄土丘陵立地区

一、概述

吕梁山东侧黄土丘陵立地区位于吕梁山脉东侧，是中南部盆地西侧边缘的浅山丘陵地区。南北狭长，西与吕梁山土石山立地区相接，东与中南部盆地立地区为界，本立地区地貌以黄土丘陵为主，其中在吉县、乡宁一带则为遭受侵蚀较轻的黄土残垣沟壑。全区南北狭长，从黄土残垣沟壑开始，沿吕梁山东侧山脚向北，蜿蜒至娄繁、静乐一带，均为黄土丘陵间有小块石质山地交错的地貌类型。海拔一般为 700～1300m 或 1400m，气候为处于盆地半干旱气候与吕梁山地半湿润气候的过渡性气候类型，南部一带为轻半干旱至半湿润气候，年均气温 9.5～10.5℃，年降水量 550～600mm，由此向北进入半干旱气候区，而到北段静乐县一带又进入半湿润气候区，但气温较低，年均气温在 4.5～7.5℃，年降水量 430～550mm。土壤以褐土性土为主，楔入黄土丘陵区的石质山地则多为石灰性褐土、石质土、或粗骨土，土壤肥力较低。区域内自然植被稀少，只在与山地交接地带分布有小片天然林、天然灌丛或灌草丛，树木种类主要有油松、白皮松、侧柏、鹅耳枥、辽东栎、沙棘、酸枣、荆条、鼠李等。

与西部黄河东侧的黄土丘陵区相比，较少受到西北寒流和风沙侵袭，气候条件略为好一些，但是水土流失一样严重。因此，营造以水土保持林为主的防护林仍是林业建设的重点任务；同时也要积极发展红枣、花椒、核桃、柿子、苹果、梨等经济林。

吕梁山东侧黄土丘陵立地区，依据地貌及南北气候条件的差异，划分为两个立地亚区：C. 吕梁山东侧黄土丘陵立地亚区；D. 乡吉黄土残垣沟壑立地亚区。共计 4 个立地类型小区，14 个立地类型组和 23 个立地类型。

二、吕梁山东侧黄土丘陵立地亚区及立地类型

本区位于吕梁山林区东侧边沿地带，为南北长、东西窄的不规则狭长地带。包括忻府区、静乐、岚县、娄烦、古交、阳曲、尖草坪区、万柏林区、晋源区、小店区、交城、文水、汾阳、孝义、灵石、汾西、交口、洪洞、尧都区的黄土丘陵部分。

本区地貌形势复杂，虽以黄土丘陵地貌为主，但亦有石质山地交错分布。海拔一般为 700m 左右（河津北部）至 1300m 左右（太原市北郊马头水村），境内河水基本属于汾河水系。气候条件南北不一，南端气温较高，降水量也多一些。土壤主要为褐土性土、石灰性褐土及石质土、粗骨土。自然植被稀少，在一些小块山地，分布有油松、辽东栎、侧柏、山杨天然次生林和疏林灌草丛等。

因土壤母质多为黄土，结构疏松，加上自然植被稀少，造成了严重的水土流失，土壤侵蚀模数每年每 km² 最高达 12000t。本区是汾河上游泥沙的主要来源地，直接影响到太原市及中下游地区的生态安全与生产生活用水。因此本区林业建设从三方面着手开展：一是搞好天然林保护；二是在前山搞好以水土保持林为主退耕还林工程；三是在原有经济林的基础上进一步发展以核桃为主的木本粮油林。

吕梁山东侧黄土丘陵立地亚区划分为 2 个立地类型小区，6 立地类型组，10 个立地类型。见表 5-1　C. 吕梁东侧黄土丘陵立地亚区立地类型。

表 5-1　C. 吕梁东侧黄土丘陵立地亚区立地类型

立地类型小区	立地类型组	立 地 类 型	立地类型代码	立 地 特 征
土石山立地类型小区	低中山中山阴坡	低中山中山阴坡薄土	Ⅱ-C-1-1	海拔 1000~2000m，阴坡、阴坡，土层≤30cm
		低中山中山阴坡中厚土	Ⅱ-C-1-2	海拔 1000~2000m，阴坡、半阴坡，土层>30cm
	低中山中山阳坡	低中山中山阳坡薄土	Ⅱ-C-1-3	海拔 1000~2000m，阳坡、半阳坡，土层≤30cm
		低中山中山阳坡中厚土	Ⅱ-C-1-4	海拔 1000~2000m，阳坡、半阳坡，土层>30cm
	沟底	土石山沟底坡麓	Ⅱ-C-1-5	部位：沟底坡麓
黄土丘陵立地类型小区	梁峁顶	梁峁顶	Ⅱ-C-2-6	部位：梁峁顶
	沟坡	沟阴坡	Ⅱ-C-2-7	部位：沟坡，母质：黄土、红黄土
		沟阳坡	Ⅱ-C-2-8	部位：沟坡，母质：黄土、红黄土
	沟底河滩	丘陵沟底坡麓	Ⅱ-C-2-9	部位：沟底坡麓
		河滩阶地	Ⅱ-C-2-10	部位：河滩阶地

三、乡吉黄土残垣沟壑立地亚区及立地类型

乡吉黄土丘陵残垣沟壑区，位于省境西南部，吕梁山南端，西隔黄河与陕西省为邻，包括乡宁、吉县大部分和河津、稷山、新绛、襄汾的黄土沟壑部分。

地貌以黄土残垣沟壑为主，兼有土石山地、黄土丘陵沟壑等三种地貌类型。黄土残源沟壑地貌是黄土高原遭受侵蚀较轻的一个区域，黄土垣面遭受降水冲涮和流水冲蚀切割，已经变成与侵蚀沟相间的长条状或鸡爪状。垣面较为平缓，适宜人居和种植；侵蚀沟沟窄坡陡，沟底呈"V"字形，沟坡塌陷和沟头溯源侵蚀严重。本区平均海拔 900m 左右，东北部边沿山地海拔可达 1800m 左右；西部黄河岸畔的师家滩最低，海拔仅 385m。黄河自北而南流经西部边缘，鄂河、清水河自东向西注入黄河，豁都峪、马匹峪、瓜峪等季节性河流均由北向南汇入汾河。乡、吉地区属暖温带气候，处于吕梁山半湿润气候与晋南半干旱气候过渡地

带，气候条件较好，四季分明，光照充足（年平均日照 2563.8h），年均温 10℃，年均降水量 550～600mm。土壤类型以褐土性土、石灰性褐土为主，边沿山地有少量石质土分布，土壤保水性能差，加上水土流失，致使肥力很低。本亚区除边沿山地有少量天然疏林、灌丛外，自然植被也很稀少，经过多年植树造林，森林植被大量增加，水土流失程度有所减轻。目前植被种类：农作物有小麦、玉米、谷子、豆类作物、油料作物、甜菜、麻类等；乔木树种有油松、侧柏、刺槐、杨树、柳树、白榆、臭椿、泡桐、红枣、山楂、山杏、核桃、柿子、翅果油树以及苹果、梨等多种水果；灌草有锦鸡儿、酸枣、杠柳、河朔荛花等以及白羊草、阿尔泰紫菀、蒿类等。

　　本亚区自然植被稀少，水土流失严重，林业建设应以生态建设为主，搞好以水土保持林为主的生态防护林建设，在垣边沟坡营造防护林，固坡护垣。同时，通过退耕还林，充分利用土地资源，改变传统落后的农业生产结构，农、林、牧、副、工、贸协调发展，尽快改善生态环境，造富社会与当地人民。

　　乡吉黄土丘陵残垣沟壑立地亚区划分为 2 个立地类型小区，8 个立地类型组，13 个立地类型。见表 5-2　D. 乡吉黄土残恒沟壑立地亚区立地类型表。

表 5-2　D. 乡吉黄土残垣沟壑立地亚区立地类型表

立地类型小区	立地类型组	立地类型	立地类型代码	立地特征
土石山立地类型小区	低中山中山阴坡	低中山中山阴坡薄土	Ⅱ-D-1-1	海拔 1000～2000m，阴坡、半阴坡，土层≤30cm
		低中山中山阴坡中厚土	Ⅱ-D-1-2	海拔 1000～2000m，阴坡、半阴坡，土层>30cm
	低中山中山阳坡	低中山中山阳坡薄土	Ⅱ-D-1-3	海拔 1000～2000m，阳坡、半阳坡，土层≤30cm
		低中山中山阳坡中厚土	Ⅱ-D-1-4	海拔 1000～2000m，阳坡、半阳坡，土层>30cm
	沟底	土石山沟底坡麓	Ⅱ-D-1-5	部位：沟底坡麓
残垣沟壑立地类型小区	残塬	残塬面	Ⅱ-D-4-6	部位：残塬面
	梁峁顶	梁峁顶	Ⅱ-D-4-7	部位：梁峁顶
	沟阴坡	阴坡黄土	Ⅱ-D-4-8	部位：沟坡，阴坡、半阴坡，母质：黄土
		阴坡红黄土	Ⅱ-D-4-9	部位：沟坡，阴坡、半阴坡，母质：红黄土
	沟阳坡	阳坡黄土	Ⅱ-D-4-10	部位：沟坡，阳坡、半阳坡，母质：黄土
		阳坡红黄土	Ⅱ-D-4-11	部位：沟坡，阳坡、半阳坡，母质：红黄土
	沟底河滩	丘陵沟底	Ⅱ-D-4-12	部位：沟底
		河滩阶地	Ⅱ-D-4-13	部位：河滩

第六章　吕梁山土石山立地区

一、概述

吕梁山土石山立地区位于山西省西部黄土丘陵区中间,吕梁山脉主脊两侧,北起宁武,南至吉县、乡宁一带,纵跨 26 个县(市)的边缘地区,包括管涔山、黑茶山、关帝山、吕梁山 4 个省直国有林区,是山西西部主要的天然林区。其西北与西北部黄土丘陵立地区相连,东与吕梁山东侧黄土丘陵立地区相接。

本立地区地貌以山地为主,大部分地区为土石山地,偶有黄土丘陵分布其间,另外在边缘与黄土丘陵区接壤地带还有石质山地分布。海拔一般高 1000~1800m,一些山地高出 2000m,如孝文山海拔 2831m,芦芽山海拔 2772m。吕梁山全区主要为半湿润暖温带气候,但因山地海拔升高,很多山头气温降低,芦芽山、孝文山一带年均气温只有 2~7℃;但降水量较多,主要山地年降水量可达 650~700mm,不过边沿低山地带偏少,只有 430~450mm。山地土壤肥力较高,高中山以及部分中山地带以棕壤、淋溶褐土、山地草甸土、亚高山草甸土为主,表层土有机质可达 4%~8% 或更高;中山及边沿低山多为褐土性土(以前称山地褐土),西坡还有栗褐土分布。吕梁山地自然植被相对较多,是山西省一个主要的天然林区。自然植被除亚高山草甸、山地草甸外,有寒温性白杆、青杆、华北落叶松针叶林;温性油松林、白皮松林、侧柏林;还有辽东栎林、山杨林、白桦林等阔叶林;以及各类针阔混交林等。此外还分布有各种天然灌丛、灌草丛和草地。

吕梁山地是汾河、桑干河以及黄河北干流东侧众多一级支流的发源地,也是阻挡西北寒流风沙对中部盆地侵袭的自然屏障。因此,要利用有利的自然条件,保护已有森林资源,结合封山育林,大力造林,建立多树种、水源涵养林为主体的森林生态防护林体系。

吕梁山土石山立地区划分为:E. 管涔山、关帝山山地立地亚区和 F. 吕梁山南部山地立地亚区两个立地亚区,共计 4 个立地类型小区,19 个立地类型组,39 个立地类型。

二、管涔山、关帝山山地立地亚区及立地类型

管涔山、关帝山山地立地亚区包括管涔山、关帝山、黑茶山三个省直林区,按行政区划包括代县、宁武、五寨、岢岚、兴县、岚县、原平、娄烦、古交、忻府区、方山、离石区、交城、文水、汾阳、中阳、交口、孝义的山地部分。

本区为汾河、桑干河及西侧黄河小支流三川河、朱家川河的发源地,属土石山地貌,偶有黄土丘陵分布。属暖温带大陆性气候,气候冬寒夏凉,年平均气温 2.0~7.0℃,年平均

降水量 430 ~ 700mm，无霜期 80 ~ 135d。土壤主要为棕壤、淋溶褐土，褐土性土（山地褐土）和少数亚高山草甸土、山地草甸土，比较肥厚。自然植被茂盛，天然林主要有华北落叶松林、白杆林、青杆林、油松林、辽东栎林、山杨林、白桦林、侧柏林等，天然灌丛有沙棘、酸枣、黄刺枚、鼠李、胡枝子、金露梅等灌丛、灌草丛。本区边沿地带海拔约 1000m 左右，一些山地可达 2500m 以上，由于海拔高度变化大，气候、土壤、植被都随着海拔高低而不同，据有关资料，管涔山北坡海拔 1400 ~ 1750m，年降水量 460 ~ 550mm，而海拔 1750m 以上的年降水量则高达 550 ~ 700mm；土壤也随高度变化，关帝山赫赫岩东坡，海拔 1650m 以下为褐土性土（山地褐土），1650 ~ 2000m 主要分布着淋溶褐土，2000 ~ 2500m 为棕壤，再高为山地草甸土。自然条件的变化也影响天然林的分布，海拔 1600m 左右是个分界线，以下主要为油松、辽东栎等温性针阔叶林，以上山地则多有白杆、青杆、华北落叶松寒温性针叶林分布。

　　本区还是褐马鸡和林麝等国家一级保护动物的栖息地，分布在芦芽山、庞泉沟 2 个国家自然保护区。动植物资源也较丰富，野生动物有 152 种，其中兽类 36 种，鸟类 116 种，栖息着褐马鸿、金钱豹、梅花鹿、金雕等国家一类保护动物；野生绿色食品资源有林麝、蕨菜、木耳、蘑菇等。

　　本区是山西省重要的天然林区，林业建设首先是搞好天然林保护，加强科学研究，在封山育林的同时，大力营造具有较强水源涵养功能的针阔混交林，培养可持续发展的森林生态体系，为全省生态建设作贡献。

　　管涔山、关帝山山地立地亚区划分为 2 个立地类型小区，10 立地类型组，21 个立地类型。见表 6-1　E. 管涔山、关帝山山地立地亚区立地类型。

表 6-1　E. 管涔山、关帝山山地立地亚区立地类型

立地类型小区	立地类型组	立 地 类 型	立地类型代码	立 地 特 征
土石山立地类型小区	高中山阴坡	高中山阴坡薄土	Ⅲ-E-1-1	海拔 2000m 以上，阴坡、半阴坡，土层 ≤30cm
		高中山阴坡中厚土	Ⅲ-E-1-2	海拔 2000m 以上，阴坡、半阴坡，土层 >30cm
	高中山阳坡	高中山阳坡薄土	Ⅲ-E-1-3	海拔 2000m 以上，阳坡、半阳坡，土层 ≤30cm
		高中山阳坡中厚土	Ⅲ-E-1-4	海拔 2000m 以上，阳坡、半阳坡，土层 >30cm
	中山阴坡	中山阴急坡	Ⅲ-E-1-5	海拔 1600 ~ 2000m，阴坡、半阴坡，坡度 36° ~ 45°
		中山阴缓斜陡坡薄土	Ⅲ-E-1-6	海拔 1600 ~ 2000m，阴坡、半阴坡，坡度 ≤35°，土层 ≤30cm
		中山阴缓斜陡坡中厚土	Ⅲ-E-1-7	海拔 1600 ~ 2000m，阴坡、半阴坡，坡度 ≤35°，土层 >30cm
	中山阳坡	中山阳急坡	Ⅲ-E-1-8	海拔 1600 ~ 2000m，阳坡、半阳坡，坡度 36° ~ 45°

续表

立地类型小区	立地类型组	立地类型	立地类型代码	立地特征
土石山立地类型小区	中山阳坡	中山阳缓斜陡坡薄土	Ⅲ-E-1-9	海拔1600~2000m，阳坡、半阳坡，坡度≤35°，土层≤30cm
		中山阳缓斜陡坡中厚土	Ⅲ-E-1-10	海拔1600~2000m，阳坡、半阳坡，坡度≤35°，土层>30cm
	低中山阴坡	低中山阴急坡	Ⅲ-E-1-11	海拔1000~1600m，阴坡、半阴坡，坡度36°~45°
		低中山阴缓斜陡坡薄土	Ⅲ-E-1-12	海拔1000~1600m，阴坡、半阴坡，坡度≤35°，土层≤30cm
		低中山阴缓斜陡坡中厚土	Ⅲ-E-1-13	海拔1000~1600m，阴坡、半阴坡，坡度≤35°，土层>30cm
	低中山阳坡	低中山阳急坡	Ⅲ-E-1-14	海拔1000~1600m，阳坡、半阳坡，坡度36°~45°
		低中山阳缓斜陡坡薄土	Ⅲ-E-1-15	海拔1000~1600m，阳坡、半阳坡，坡度≤35°土层≤30cm。
		低中山阳缓斜陡坡中厚土	Ⅲ-E-1-16	海拔1000~1600m，阳坡，坡度≤35°，土层>30cm。
	沟底河滩	土石山河底河滩	Ⅲ-E-1-17	部位：沟底河滩
黄土丘陵立地类型小区	梁峁顶	梁峁顶	Ⅲ-E-2-18	部位：梁峁顶
	沟坡	沟阴坡	Ⅲ-E-2-19	部位：沟坡，阴坡、半阴坡，母质：黄土、红黄土
		沟阳坡	Ⅲ-E-2-20	部位：沟坡阴坡、半阴坡，母质：黄土、红黄土
	沟底	丘陵沟底坡麓	Ⅲ-E-2-21	部位：沟底坡麓

三、吕梁山南部山地立地亚区及立地类型

吕梁山南部山地立地亚区位于吕梁山南段，包括石楼、交口、隰县、汾西、蒲县、乡宁、吉县、尧都区的山地部分，是省直吕梁山林区森林主要分布区域。

本立地亚区地貌以山地为主，间有黄土丘陵。山地虽多为土石山地，但周边却分布有不少石质山地。海拔高度一般在700~1600m，最高的五鹿山海拔1945m。境内较大河流为西部的昕水河、清水河、鄂河，直接汇入黄河，东部皆为汾河小支流。该区属暖温带半湿润气候，四季分明，春季干旱多风，气温回升快，昼夜温差较大，雨量集中；秋季温凉，多东南风和阴雨天气；冬季寒冷干燥，多西北风。全年平均气温6.0~9.0℃，≥10℃年积温为2600~3200℃，无霜期年均130~150d，年平均降水量为550~650mm。雨量多集中在6~9月，占全年降水量的82%，且年际变化较大。土壤自海拔较低山地而上到较高山地，分别为粗骨土（或石质土）、褐土性土（山地褐土）、淋溶褐土。

主要植被，天然林主要有：油松林，山杨、辽东栎、鹅耳枥等阔叶杂木林以及零星的白皮松、侧柏疏林等。灌丛有：连翘、黄刺玫、黄栌、胡枝子、虎榛子、荆条、酸枣、多花胡枝子等灌丛。草丛有糙隐子、披针苔草、茭蒿、狗尾草、白莲蒿、博落回、荩草等。

本立地亚区与北部山地相比，虽然自然条件较差，天然林以阔叶杂木林为主，但对涵养水源、保持水土、改善区域生态环境同样有着不可替代的作用。因此，今后要全力保护已有森林资源，积极封山育林，大力造林，在经营森林的过程中，改造与提高低质低效林，建立可持续发展的森林生态体系，为山西省社会经济发展持续地发挥生态效益为主的综合效益。

吕梁山南部山地立地亚区划分为 2 个立地类型小区，9 个立地类型组，18 个立地类型。见表 6-2 F. 吕梁山南部山地立地亚区立地类型。

表 6-2 F. 吕梁山南部山地立地亚区立地类型

立地类型小区	立地类型组	立 地 类 型	立地类型代码	立 地 特 征
土石山立地类型小区	中山阴坡	中山阴急坡	Ⅲ-F-1-1	海拔 1600～2000m，阴坡、半阴坡，坡度 36°～45°
		中山阴缓斜陡坡薄土	Ⅲ-F-1-2	海拔 1600～2000m，阴坡、半阴坡，坡度≤35°，土层≤30cm
		中山阴缓斜陡坡中厚土	Ⅲ-F-1-3	海拔 1600～2000m，阴坡、半阴坡，坡度≤35°，土层>30cm
	中山阳坡	中山阳急坡	Ⅲ-F-1-4	海拔 1600～2000m，阳坡、半阳坡，坡度 36°～45°
		中山阳缓斜陡坡薄土	Ⅲ-F-1-5	海拔 1600～2000m，阳坡、半阳坡，坡度≤35°，土层≤30cm
		中山阳缓斜陡坡中厚土	Ⅲ-F-1-6	海拔 1600～2000m，阳坡、半阳坡，坡度≤35°，土层>30cm
	低中山阴坡	低中山阴急坡	Ⅲ-F-1-7	海拔 1000～1600m，阴坡、半阴坡，坡度 36°～45°
		低中山阴缓斜陡坡薄土	Ⅲ-F-1-8	海拔 1000～1600m，阴坡、半阴坡，坡度≤35°，土层≤30cm
		低中山阴缓斜陡坡中厚土	Ⅲ-F-1-9	海拔 1000～1600m，阴坡、半阴坡，坡度≤35°，土层>30cm
	低中山阳坡	低中山阳急坡	Ⅲ-F-1-10	海拔 1000～1600m，阳坡、半阳坡，坡度 36°～45°
		低中山阳缓斜陡坡薄土	Ⅲ-F-1-11	海拔 1000～1600m，阳坡、半阳坡，坡度≤35°，土层≤30cm
		低中山阳缓斜陡坡中厚土	Ⅲ-F-1-12	海拔 1000～1600m，阳坡、半阳坡，坡度≤35°，土层>30cm
	沟底河滩	土石山沟底河滩	Ⅲ-F-1-13	部位：沟底河滩

续表

立地类型小区	立地类型组	立 地 类 型	立地类型代码	立 地 特 征
黄 土 丘 陵（丘陵沟壑）立地类型小区	残塬	黄土残垣面	Ⅲ-F-2-14	部位：黄土残垣面，坡度：15°以下
	梁峁顶	梁峁顶	Ⅲ-F-2-15	部位：梁峁顶
	沟坡	沟阴坡	Ⅲ-F-2-16	部位：沟坡，阴坡、半阴坡，母质：黄土
		沟阳坡	Ⅲ-F-2-17	部位：沟坡，阴坡、半阴坡，母质：黄土
	沟底	丘陵沟底河滩	Ⅲ-F-2-18	部位：沟底、河滩

第七章　中南部盆地立地区

一、概述

本区位于东部太行山系即五台山至中条山以西，吕梁山脉以东，北接内长城，南临黄河。包括汾河中下游，涑水河流域和滹沱河上游的几个盆地，即忻定、太原、临汾、运城四个盆地。

本亚区原为整体隆起高地上的一个大断陷沉降带，由于受横向断裂的控制，形成了断续相连的四个盆地。海拔一般 400～1000m，个别孤山可达 1410m（孤峰山）～1493m（塔儿山）。其中忻定盆地海拔 900m，滹沱河蜿蜒通过；太原盆地海拔 700～800m，汾河贯穿盆地中部，沿岸有二级堆积阶地；临汾盆地海拔 400～600m，由于中部汾河的侵蚀、堆积作用，河床两侧同样形成多级阶地，阶地上有明显的冲沟发育，而且在盆地东西两侧山麓还发育有洪积扇；运城盆地位于汾河下游和涑水河流域，西、南临黄河，东北靠中条山，海拔 350～500m。全区属暖温带半干旱气候；土壤主要为耕作褐土性土，河流两侧多有潮土分布；自然植被稀少，以人工植被为主，主要是农作物、人工林及城乡四旁园林绿化树木、花、草。

本区是山西省的政治经济文化中心，又是粮棉重要产区，林业建设要坚持生态建设为主的方针，通过植树造林，改善生态环境，提高人居环境质量。目前，全省经济林多数分布在这一地区；通道绿化工程形成了以高速公路和一、二级公路为主的防护林网主框架；城、乡园林绿化工程改善了人居环境。今后，要使河流护岸林、农田防护林为主的林业生态建设工程与身边增绿工程、林果富民工程有机结合，建设成具有良好生态安全保障的中部生态园林化的高度发展的盆地平川经济、文化区。

中南部盆地立地区划分为两个立地亚区：G. 忻太盆地立地亚区；H. 晋南盆地立地亚区。共计 4 个立地类型小区，14 个立地类型组和 22 个立地类型。

二、忻太盆地立地亚区及立地类型

忻太盆地立地亚区包括忻定盆地、太原盆地，行政区包括忻州市的代县、原平、忻府区、五台、定襄等县、区；太原市的阳曲县、尖草坪区、杏花岭区、小店区、迎泽区、清徐等县、区；晋中市的榆次区、祁县、太谷、平遥、介休、灵石等县、市、区；吕梁市的交城、文水、汾阳、孝义等县、市。

本区为以盆地为主，间有黄土丘陵台地、小片山地的地貌类型。忻定盆地有滹沱河，太原盆地有汾河从盆地中心区流过，河流两侧有河漫滩、阶地分布。本区北部与温带重半干旱气候带相接，区内为暖温带大陆性季风半干旱气候，年平气温 8 ~ 10.5℃，极端最低气温为 -28.5℃，极端最高气温为 38.0 ~ 39.5℃。年降水量 400 ~ 500mm 左右，多集中在 7 ~ 8 月。日照充足，热量南高北低，≥10℃积温 3100 ~ 3600℃，无霜期 145 ~ 165d。本区土壤主要有褐土性土、潮土，在盆地边沿有石灰性褐土，河流两侧及附近低地有盐化潮土分布。本亚区自然植被稀少，现有植被主要为人工栽培植被：农作物以小麦、玉米、谷子、高粱，豆类、马铃薯、蔬菜为主；人工林及四旁树木种类有杨树、柳树、国槐、泡桐、刺槐、榆树、楸树、紫穗槐、油松、侧柏、华北落叶松、白皮松、雪松、银杏等；经济林树种有红枣、核桃、苹果、梨、桃、杏、柿子、葡萄等。边缘山地有少量天然疏林和灌草丛，主要树种有油松、侧柏、山杨、栎类、酸枣、荆条等。

忻太盆地立地亚区共划分出 2 个立地类型小区，7 立地类型组，11 个立地类型。

见表 7-1 G. 忻太盆地立地亚区立地类型。

表 7-1 G. 忻太盆地立地亚区立地类型

立地类型小区	立地类型组	立地类型	立地类型代码	立地特征
黄土丘陵立地类型小区	梁峁顶	梁峁顶	IV-G-2-1	部位：梁峁顶
	沟坡	沟阴坡	IV-G-2-2	部位：沟坡，阴坡、半阴坡，母质：黄土、红黄土
		沟阳坡	IV-G-2-3	部位：沟坡，阳坡、半阳坡，母质：黄土、红黄土
	石质坡	石质坡地	IV-G-2-4	部位：裸露石质坡，土层≤30cm
	沟底	丘陵沟底坡麓	IV-G-2-5	部位：沟底坡麓
河滩阶地立地类型小区	丘陵缓坡	丘陵缓地	IV-G-5-6	部位：丘陵缓坡，坡度≤15°
	河岸阶地	河岸阶地壤土	IV-G-5-7	部位：河岸阶地，土壤：中壤土或砂壤土
		河岸阶地沙土	IV-G-5-8	部位：河岸阶地，土壤：沙土
	河漫滩	河漫滩含砾砂土	IV-G-5-9	部位：河漫滩，土壤：含石砾砂土
		河漫滩轻盐碱化土	IV-G-5-10	部位：河漫滩，土壤含盐量：0.2% ~ 0.4%
		河漫滩中盐碱化土	IV-G-5-11	部位：河漫滩，土壤含盐量：0.4% ~ 0.7%

三、晋南盆地立地亚区及立地类型

本区位于太岳山、中条山等山地以西，吕梁山脉以东，包括汾河下游临汾、运城 2 个盆地，行政区包括盐汾西、霍州、洪洞、尧都区、浮山、襄汾、翼城、绛县、曲沃、侯马、闻喜、夏县、稷山、河津、新绛、临猗、盐湖区、万荣、永济、芮城的全部或盆地部分。

本区是个大断裂谷，北与太原盆地相接，南连渭河地堑，由相连的 2 个盆地组成。西北与吕梁山地及黄土丘陵相接，东连太岳山、中条山，南部隔黄河与渭河地堑相邻。临汾盆地有汾河流过，年平均气温 12.0~12.5℃，年平均降水量 500~530mm，全年无霜期 185~195d；运城盆地主要为涑水河流域，年平均气温 12.0~13.7℃，平均降水量 500~570mm，无霜期 190~200d 左右。热量南高北低，≥10℃积温相差 400℃。土壤以褐土性土和石灰性褐土为主，河流两侧有潮土分布，盐湖区分布着成片盐化潮土。本区主要为人工栽培植被，农作物有小麦、棉花、油菜、谷子、豆类、蔬菜等；人工林及四旁树木有油松、侧柏、杨树、榆树、柳树、楸树、泡桐、刺槐、槐树、臭椿等，还有引进的雪松、悬铃木、女贞以及毛竹、青竹等竹类；经济林树种有红枣、花椒、苹果、柿子、桃、李、梨、杏、石榴等，灌草有酸枣、杠柳、紫穗槐、狗尾草、铁杆蒿等。

晋南盆地立地亚区划分为 2 个立地类型小区，7 立地类型组，11 个立地类型。

见表 7-2 H. 晋南盆地立地亚区立地类型。

表 7-2 H. 晋南盆地立地亚区立地类型

立地类型小区	立地类型组	立地类型	立地类型代码	立地特征
黄土丘陵区立地类型小区	梁峁顶	梁峁顶	Ⅳ-H-2-1	部位：梁峁顶
	沟坡	沟阴坡	Ⅳ-H-2-2	部位：沟坡，阴坡、半阴坡，母质：黄土、红黄土
		沟阳坡	Ⅳ-H-2-3	部位：沟坡，阳坡、半阳坡，母质：黄土、红黄土
	石质坡	石质坡	Ⅳ-H-2-4	部位：裸露石质坡，土层≤30cm
	沟底	丘陵沟底坡麓	Ⅳ-H-2-5	部位：沟底坡麓
河滩阶地立地类型小区	丘陵缓坡	丘陵缓地	Ⅳ-H-5-6	部位：丘陵缓坡，坡度≤15°
	河岸阶地	河岸阶地壤土	Ⅳ-H-5-7	部位：河岸阶地，土壤：中壤土或砂壤土
		河岸阶地沙土	Ⅳ-H-5-8	部位：河岸阶地，土壤：沙土
	河漫滩	河漫滩砾砂土	Ⅳ-H-5-9	部位：河漫滩，土壤：含石砾砂土
		河漫滩轻盐碱	Ⅳ-H-5-10	部位：河漫滩，土壤含盐量：0.2%~0.4%
		河漫滩中盐碱	Ⅳ-H-5-11	部位：河漫滩，土壤含盐量：0.4%~0.7%

第八章　东部土石山立地区

一、概述

东部土石山立地区位于山西省东部，区域东部、东南部与河北、河南两省相邻，西部与山西省中部五大盆地为界。全立地区地域辽阔，其面积占全省总面积的40%以上，包括晋城市、长治市、阳泉市全部和运城、临汾、晋中、太原、忻州、大同、朔州等市的东部山地。其中还包括省直五台山林区、太行山林区、太岳山林区、中条山林区。

全立地区地貌以山地为主，从北到南都是连绵不断的高山峻岭，一些山岭之间分布着黄土丘陵、冲积河谷或山间盆地，其中长治盆地最大。海拔高一般为1000～1400m，而主要山峰都较高，北部的恒山（六棱山）海拔2375m，五台山主峰海拔3061m，太岳山主峰海拔2551m，南部的中条山（舜王坪）高2321m。本区河流属海河、黄河两大水系，是海河流域的滹沱河、漳河及黄河流域的沁河、涑水河的发源地，也是华北平原和京津地区的重要水源区。

全区为暖温带气候，南北气温差别很大，北段与温带气候区接壤，除五台山主峰周围山地降水较多外，属于暖温带北部轻半干旱气候区，而中、南部则属于暖温带半湿润气候区。

太行山区除大面积沉积黄土以外，岩石主要有太古界和元古界的片麻岩、花岗岩，震旦系或寒武—奥陶系的石灰岩和砂页岩，以及石炭、二叠系的砂页岩、石灰岩和煤层。在恒山地带有零星玄武岩分布。根据资料统计，黄土、花岗片麻岩类、砂页岩类和石灰岩类的分布面积大体相当。其中黄土主要分布在太行山区西侧，形成不少黄土丘陵地带，厚度可达数十米。在基岩风化物和黄土母质上发育的土壤，从土壤水平分布看，大部地区为褐土类，唯北端恒山一带及其以北为栗钙土地带。在山间盆地，黄土丘陵和一些河谷阶地上，多为在黄土母质（或河流冲积物）上发育的褐土性土及河流两侧低洼地上的潮土。在山地（土石山或石质山）上，一般海拔较低处为褐土性土（前称山地褐土）或石灰性褐土，海拔较高山地则为淋溶褐土、棕壤等，以上土类多呈复域分布。海拔2000m以上山头分布有山地草甸土、亚高山草甸土。边沿低山有石质土、粗骨土分布。此外，恒山地区则为山地栗钙土和栗钙土性土。

本立地区是山西省天然植被比较多的一个地区，中北部为暖温带北部油松、辽东栎、槲栎林区，山地分布着温性油松林、侧柏林以及辽东栎、槲栎、白桦、山杨等阔叶林；南部为暖温带南部油松、栓皮栎、锐齿槲栎林区，除油松林、栓皮栎林、锐齿槲栎林外，还分布有华山松林、辽东栎林、山杨林、白桦林、橿子栎林等。在五台山等海拔较高山地还分布有白杆、青杆、华北落叶松等寒温性针叶林。此外，天然灌草丛也较多，主要有沙棘、酸枣、荆条、鼠李等灌丛、灌草丛。

本立地区对森林生长发育，发展森林资源来说，具有较好的自然条件。由于本区地处山西省东部，特别是中南部，相对接近东南暖湿气候区，因而降水量偏多，对干旱多风的山西来讲，是个造林较易成活的区域。又由于自然植被特别是天然林和疏林灌丛多，也为封山育林创造了有利的客观条件。

东部土石山立地区是一个重要的河流水源区，对于保持水土，涵养水源，维护山西省中部盆地、京津所在的华北平原和黄河下游地区生态安全，具有极为重要意义。所以今后要认真保护森林，积极封山育林，大力造林，建立可持续发展的森林生态体系，发挥森林生态效益为主，兼顾经济、社会效益在内的综合效益。

东部土石山立地区划分为 3 个立地亚区：I. 太行山北段山地立地亚区；J. 晋东土石山立地亚区；K. 中条山土石山立地亚区。共计 9 个立地类型小区，51 个立地类型组和 95 个立地类型。

二、太行山北段山地立地亚区及立地类型

本立地亚区包括恒山山地、五台山地全部，按行政区包括广灵、灵丘、繁峙的全部，阳高、大同县、浑源、应县、代县、五台、定襄的山地部分。

本区地貌以山地为主，间有黄土丘陵和山间盆地。总体讲，地势较高，高差较大，海拔从 1000m 至 3061m（五台山主峰），五台山、恒山都是全国闻名的古迹和风景区。气候偏冷，是山西省东部山区降水较少的区域，年均气温从恒山的 2.0 ~ 6.5℃，到繁峙、灵丘的 5.5 ~ 7.0℃，再到五台山顶，降到 -4.0℃；年降水量从恒山的 480 ~ 550mm，到灵丘、繁峙的 370 ~ 400mm，再到五台山区则增加到 460 ~ 900mm。土壤在较低山地、黄土丘陵、山间盆地主要为褐土性土（山地褐土）、石灰性褐土，较高山地分布有淋溶褐土、棕壤、亚高山草甸土和山地草甸土，土壤比较肥沃，水土流失较轻，土壤侵蚀模数为 1390t/（年·km^2）。自然植被较好，除较高山地的华北落叶松、白杆、青杆等寒温性针叶林外，其余为油松、白桦、山杨、辽东栎、青杨等针叶林、阔叶林或针阔混交林；天然灌草丛除沙棘、虎榛子、绣线菊等灌丛，还有大片苔草、珠芽蓼等组成的山地草甸。

太行山北段山地立地亚区划分为 3 个立地类型小区，19 个立地类型组，33 个立地类型。见表 8-1　I. 太行山北段山地立地亚区立地类型。

表 8-1　I. 太行山北段山地立地亚区立地类型

立地类型小区	立地类型组	立 地 类 型	立地类型代码	立 地 特 征
土石山立地类型小区	山顶平缓坡	山顶平缓地	V-I-1-1	高山顶部，受风袭严重，土壤：潮土、亚高山草甸土
	高中山阴坡	高中山阴缓斜陡坡	V-I-1-2	海拔 2000m 以上，阴坡、半阴坡，坡度≤35°
		高中山阴急坡	V-I-1-3	海拔 2000m 以上，阴坡、半阴坡，坡度 36° ~ 45°

立地类型小区	立地类型组	立 地 类 型	立地类型代码	立 地 特 征
土石山立地类型小区	高中山阳坡	高中山阳急坡	V-I-1-4	海拔 2000m 以上，阳破、半阳坡，坡度 36°~45°，
		高中山阳缓斜陡坡中厚土	V-I-1-5	海拔 2000m 以上，阳坡、半阳坡，坡度≤35°，土层 >30cm
		高中山阳缓斜陡坡薄土	V-I-1-6	海拔 2000m 以上，阳坡、半阳坡，坡度≤35°，土层≤30cm
	中山阴坡	中山阴缓斜陡坡	V-I-1-7	海拔 1500~2000m，阴坡、半阴坡，坡度≤35°
		中山阴急坡	V-I-1-8	海拔 1500~2000m，阴坡、半阴坡，坡度 36°~45°
	中山阳坡	中山阳急坡	V-I-1-9	海拔 1500~2000m，阳坡、半阳坡，坡度 36°~45°
		中山阳缓斜陡坡中厚土	V-I-1-10	海拔 1500~2000m，阳坡、半阳坡，坡度≤35°，土层 >30cm
		中山阳缓斜陡坡薄土	V-I-1-11	海拔 1500~2000m，阳坡、半阳坡，坡度≤35°，土层≤30cm
	低中山阴坡	低中山阴急坡	V-I-1-12	海拔 1000~1500m，阴坡、半阴坡，坡度 36°~45°
		低中山阴缓斜陡坡	V-I-1-13	海拔 1000~1500m，阴坡、半阴坡，坡度≤35°
	低中山阳坡	低中山阳急坡	V-I-1-14	海拔 1000~1500m，阳坡、半阳坡，坡度 36°~45°
		低中山阳缓斜陡坡中厚土	V-I-1-15	海拔 1000~1500m，阳坡、半阳坡，坡度≤35°，土层 >30cm
		低中山阳缓斜陡坡薄土	V-I-1-16	海拔 1000~1500m，阳坡、半阳坡，坡度≤35°，土层≤30cm
	低山阴坡	低山阴坡中厚土	V-I-1-17	海拔 1000m 以下，阴坡、半阴坡，土层 >30cm
		低山阴坡薄土	V-I-1-18	海拔 1000m 以下，阴坡、半阴坡，土层≤30cm
	低山阳坡	低山阳坡中厚土	V-I-1-19	海拔 1000m 以下，阳坡、半阳坡，土层≥30cm
		低山阳坡中薄土	V-I-1-20	海拔 1000m 以下，阳坡、半阳坡，土层≤30cm
	坡麓沟滩	坡麓沟滩（底）	V-I-1-21	部位：坡麓、沟底、河滩

续表

立地类型小区	立地类型组	立地类型	立地类型代码	立地特征
黄土丘陵立地类型小区	梁峁顶	梁峁顶	V-I-2-22	部位：梁峁顶
	沟阴坡	阴急坡	V-I-2-23	部位：沟坡，阴坡、半阴坡，坡度36°~45°
		阴缓斜陡坡	V-I-2-24	部位：沟坡，阴坡、半阴坡，坡度≤35°
	沟阳坡	阳急坡	V-I-2-25	部位：沟坡，阳坡、半阳坡，坡度36°~45°
		阳缓斜陡坡	V-I-2-26	部位：沟坡，阳坡、半阳坡
	沟底坡麓	沟底坡麓	V-I-2-27	部位：沟底坡麓
	残垣面	黄土残垣面	V-I-2-28	部位：黄土残垣面
	阶地	河侧阶地	V-I-2-29	部位：河谷两侧阶地
山间盆地立地类型小区	高阶地	高阶地	V-I-6-30	部位：黄土高阶地
	河漫滩	石砾质河漫滩	V-I-6-31	部位：河漫滩，土壤：冲击母质上形成的石砾土石砾含量≥40%
		砂土质河漫滩	V-I-6-32	部位：河漫滩，土壤：冲击母质沙壤质土石砾含量≤40%
	河沟谷阶地	河沟谷阶地	V-I-6-33	部位：河沟谷阶地，土层＞30cm，土壤：潮土或耕作土

三、晋东土石山立地亚区及立地类型

晋东土石山立地亚区位于山西东部太行山区中段，东与冀西山区接壤，南与河南省相邻，包括太行山、太岳山及长治盆地。按行政区包括盂县、寿阳、阳泉城区、郊区、矿区、平定、昔阳、和顺、左权、榆社、武乡、沁县、沁源、黎城、襄垣、古县、安泽、屯留、潞城、长治市区、长子、平顺、长治县、壶关、高平、陵川、晋城城区、泽州的全部，阳曲、榆次区、太谷、祁县、平遥、介休、灵石、霍州、洪洞等县市的山地部分。

本立地亚区地处山西黄土高原东部，地貌系由土石山、黄土丘陵和山间盆地组成的间有少量石质山的复合土石山地。本亚区由于地质构造形成了以隆起的山地为主，间有向斜盆地的地貌特点，加上大量的黄土沉积和流水冲刷，使地貌格局更为复杂。本区东部为黄河支流沁河、海河支流浊漳河、清漳河及西部汾河多个小支流的发源地。因此在大面积山地中分布有不少河谷阶地和山间盆地，其中长治盆地最大。气候属暖温带半湿润气候，年均气温一般为6.0~10.0℃，太岳山4.0~7.0℃；年降水量一般为550~650mm，个别山地可达670~750mm。土壤以褐土性土（包括以前的山地褐土）分布面积最大，其次有山地草甸土、棕壤、淋溶褐土，土壤还比较肥沃，但在一些山地特别是周边石质山地，还分布有瘠薄的石质土、粗骨土等。自然植被比较茂盛，主要植被，天然林以温性油松林为主，分布较为普遍，其次分布较多的是辽东栎天然林，常见的天然林还有白桦、山杨、五角枫、鹅耳枥等阔叶林

等。在太岳山高海拔山地见有少量华北落叶松天然林分布，边沿低山有侧柏、白皮松天然林或疏林生长。天然灌草丛有：沙棘、虎榛子、山柳、荆条、山桃等灌丛，或与山菊、白羊草、蒿类、针茅、苔草等混生的灌草丛。

晋东土石山立地亚区划分为3个立地类型小区，15个立地类型组，31个立地类型。具体见表8-2《J晋东土石山立地亚区立地类型表》。

表8-2　J晋东土石山立地亚区立地类型表

立地类型小区	立地类型组	立 地 类 型	立地类型代码	立 地 特 征
土石山立地类型小区	高中山阴坡	高中山阴坡中厚土	V-J-1-1	海拔2000m以上，阴坡、半阴坡，土层>30cm
		高中山阴坡薄土	V-J-1-2	海拔2000m以上，阴坡、半阴坡，土层≤30cm
	高中山阳坡	高中山阳坡	V-J-1-3	海拔2000m以上，阳坡、半阳坡
	中山阴坡	中山阴急坡	V-J-1-4	海拔1600~2000m，阴坡、半阴坡，坡度36°~45°
		中山阴缓斜陡坡中厚土	V-J-1-5	海拔1600~2000m，阴坡、半阴坡，坡度≤35°，土层>30cm
		中山阴缓斜陡坡薄土	V-J-1-6	海拔1600~2000m，阴坡、半阴坡，坡度≤35°，土层≤30cm
	中山阳坡	中山阳急坡	V-J-1-7	海拔1600~2000m，阳坡、半阳坡，坡度36°~45°
		中山阳缓斜陡坡中厚土	V-J-1-8	海拔1600~2000m，阳坡、半阳坡，坡度≤35°，土层>30cm
		中山阳缓斜陡坡薄土	V-J-1-9	海拔1600~2000m，阳坡、半阳坡，坡度≤35°，土层≤30cm
	低中山阴坡	低中山阴急坡	V-J-1-10	海拔1000~1600m，阴坡、半阴坡，坡度36°~45°
		低中山阴缓斜陡坡薄土	V-J-1-11	海拔1000~1600m，阴坡、半阴坡，坡度≤35°，土层≤30cm
		低中山阴缓斜陡坡中厚土	V-J-1-12	海拔1000~1600m，阴坡、半阴坡，坡度≤35°，土层>30cm
	低中山阳坡	低中山阳急坡	V-J-1-13	海拔1000~1600m，阳坡、半阳坡，坡度36°~45°
		低中山阳缓斜陡坡中厚土	V-J-1-14	海拔1000~1600m，阳坡、半阳坡，坡度≤35°，土层>30cm
		低中山阳缓斜陡坡薄土	V-J-1-15	海拔1000~1600m，阳坡、半阳坡，坡度≤35°，土层≤30cm
	沟底坡麓	低中山沟底坡麓	V-J-1-16	海拔1000~1600m，部位：沟底坡麓
	低山阴坡	低山阴坡	V-J-1-17	海拔1000m以下，阴坡、半阴坡
	低山阳坡	低山阳坡	V-J-1-18	海拔1000m以下，阳坡、半阳坡

续表

立地类型小区	立地类型组	立 地 类 型	立地类型代码	立 地 特 征
	梁峁顶	梁峁顶	V-J-2-19	部位：梁峁顶
	沟阴坡	沟阴急坡黄土	V-J-2-20	部位：沟坡，阴坡、半阴坡，坡度36°～45°，母质：黄土
		沟阴急坡红黄土	V-J-2-21	部位：沟坡，阴坡、半阴坡，坡度36°～45°，母质：红黄土
		沟阴缓斜陡坡黄土	V-J-2-22	部位：沟坡，阴坡、半阴坡，坡度≤35°，母质：黄土
黄土丘陵立地类型小区		沟阴缓斜陡坡红黄土	V-J-2-23	部位：沟坡，阴坡、半阴坡，坡度≤35°，母质：红黄土
		沟阳急坡黄土	V-J-2-24	部位：沟坡，阳坡、半阳坡，坡度36°～45°，母质：黄土
		沟阳急坡红黄土	V-J-2-25	部位：沟坡，阳坡、半阳坡，坡度36°～45°，母质：红黄土
		沟阳缓斜陡坡黄土	V-J-2-26	部位：沟坡，阳坡、半阳坡，坡度≤35°，母质：黄土
		沟阳缓斜陡坡红黄土	V-J-2-27	部位：沟坡，阳坡、半阳坡，坡度≤35°，母质：红黄土
	沟底坡麓	沟底坡麓	V-J-2-28	部位：沟底坡麓，坡度≤15°，多为褐土性土
山间盆地立地类型小区	河漫滩	石砾质河漫滩	V-J-6-29	部位：河漫滩，土壤：冲击母质上形成的石砾土，石砾含量＞40%
		砂土质河漫滩	V-J-6-30	部位：河漫滩，土壤：冲击母质沙壤质土，石砾含量≤40%
	河（沟）谷阶地	河（沟）谷阶地	V-J-6-31	部位：河沟谷阶地，土壤：沙土或沙壤土

四、中条山土石山立地亚区及立地类型

中条山土石山立地亚区处于太行山脉南段，位于山西省南部，运城盆地东部，其南部与河南省交界。包括垣曲、阳城、沁水、平陆等县的全部，芮城、夏县、闻喜、绛县、翼城、浮山等县的山地部分。

立地亚区地貌以山地为主，间有河谷阶地与山间盆地。一般讲，山地地势险峻，虽有不少地势较缓的山坡和较平的山间盆地和河谷阶地，但也有很多坡陡谷深的急险山坡与峭壁悬崖。在地质构造上属中条背斜，出露岩层有太古界片麻岩、元古界石英岩、白云岩及火山岩系；南坡且有下古生界石灰岩。中条山依山势可分为3段：东段称历山，以舜王坪最高，海拔2321m，山顶呈平台状，其间有垣曲断陷盆地；西段称中条山，兀立于运城盆地与黄河谷地之间，主峰雪花山，海拔1994m，中段山势较缓，呈阶台状，张店附近分水岭鞍部有三趾马红土和黄土覆盖的宽谷，乃唐县期宽谷经隆起而成。中条山区北有涑水，南有黄河，有多条溪流发源，分别注入涑水河和黄河。

本区气候温和，属暖温带南部半湿润气候，由于山体较高，气候垂直变化大，小区域气

候复杂，低山及河谷气温高，降水量较少，海拔较高山地则相反。一般说，中条山区年均气温 3～11℃，年降水量从 500～580mm 到 600～720mm。中条山区的土壤以褐土性土（包括以前的山地褐土）分布较多，森林植被较多的山地以比较肥沃的淋溶褐土为主，边沿石质山地土壤主要为极度瘠薄的石质土和粗骨土。

中条山是山西树木种类最多的林区，自然植被繁茂，森林覆盖率约达 40% 左右。自然植被以暖温带南部植被类型为主，主要有温性油松林、华山松林、白皮松林、侧柏林等；以辽东栎、栓皮栎、锐齿槲栎、鹅耳枥、橿子栎等栎类为主的落叶阔叶杂木林及山杨林、白桦林等。并有珍贵的黑椋子、山茱萸、猕猴桃、漆树等小片林或疏林。此外，还有天然分布的稀有、珍贵的亚热带树木如红豆杉、南方红豆杉、领春木、连香树、匙叶栎等。动物有稀有动物猕猴、大鲵等。灌草有：虎榛子、山柳、沙棘、山杏、山桃、山楂、酸枣、灰枸子、连翘等灌丛，以及与山菊、百里香、锦鸡儿、针茅、白头翁、蒿类、苔草等混生的灌草丛。

中条山土石山立地亚区划分为 3 个立地类型小区，17 立地类型组，31 个立地类型。见表 8-3 K. 中条山土石山立地亚区立地类型。

表 8-3　K. 中条山土石山立地亚区立地类型

立地类型小区	立地类型组	立 地 类 型	立地类型代码	立 地 特 征
土石山立地类型小区	高中山阴坡	高中山阴坡中厚土	V -K-1-1	海拔 2000m 以上，阴坡、半阴坡，土壤：亚高山草甸土，土层≥30cm
		高中山阴坡薄土	V -K-1-2	海拔 2000m 以上，阴坡、半阴坡，土壤：亚高山草甸，土层＜30cm
	高中山阳坡	高中山阳坡	V -K-1-3	海拔 2000m 以上，阳坡、半阳坡
	中山阴坡	中山阴急坡	V -K-1-4	海拔 1600～2000m，阴坡、半阴坡，坡度 36°～45°
		中山阴缓斜陡坡中厚土	V -K-1-5	海拔 1600～2000m，阴坡、半阴坡，坡度≤35°，土层＞30cm
		中山阴缓斜陡坡薄土	V -K-1-6	海拔 1600～2000m，阴坡、半阴坡，坡度≤35°，土层＜30cm
	中山阳坡	中山阳急坡	V -K-1-7	海拔 1600～2000m，阳坡、半阳坡，坡度 36°～45°
		中山阳缓斜陡坡中厚土	V -K-1-8	海拔 1600～2000m，阳坡、半阳坡，坡度≤35°，土层＞30cm
		中山阳缓斜陡坡薄土	V -K-1-9	海拔 1600～2000m，阳坡、半阳坡，坡度≤35°，土层≤30cm
	低中山阴坡	低中山阴急坡	V -K-1-10	海拔 1000～1600m，阴坡、半阴坡，坡度 36°～45°
		低中山阴缓斜陡坡中厚土	V -K-1-11	海拔 1000～1600m，阴坡、半阴坡，坡度≤35°，土层＞30cm
		低中山阴缓斜陡坡薄土	V -K-1-12	海拔 1000～1600m，阴坡、半阴坡，坡度≤35°，土层≤30cm

立地类型小区	立地类型组	立 地 类 型	立地类型代码	立 地 特 征
土石山立地类型小区	低中山阳坡	低中山阳急坡	V-K-1-13	海拔 1000~1600m，阳坡、半阳坡，坡度 36°~45°
		低中山阳缓斜陡坡中厚土	V-K-1-14	海拔 1000~1600m，阳坡、半阳坡，坡度≤35°，土层>30cm
		低中山阳缓斜陡坡薄土	V-K-1-15	海拔 1000~1600m，阳坡、半阳坡，坡度≤35°，土层≤30cm
	低山阴坡	低山阴坡中厚土	V-K-1-16	海拔 1000m 以下，阴坡、半阴坡，土层>30cm
		低山阴坡薄土	V-K-1-17	海拔 1000m 以下，阴坡、半阴坡，土层≤30cm
	低山阳坡	低山阳坡中厚土	V-K-1-18	海拔 1000m 以下，阳坡、半阳坡，土层>30cm
		低山阳坡薄土	V-K-1-19	海拔 1000m 以下，阳坡、半阳坡，土层≤30cm
	沟谷阶地	低山沟谷阶地	V-K-1-20	部位：低山沟谷阶地，土层：一般>30cm
	沟底坡麓	低山沟底坡麓	V-K-1-21	部位：低山沟底坡麓，土层：一般>30cm
黄土丘陵立地类型小区	梁峁顶	梁峁顶	V-K-2-22	部位：梁峁顶
	阴坡	沟阴坡黄土	V-K-2-23	部位：沟坡，阴坡、半阴坡，母质：黄土
		沟阴坡红黄土	V-K-2-24	部位：沟坡，阴坡、半阴坡，母质：红黄土
	阳坡	沟阳坡黄土	V-K-2-25	部位：沟坡，阳坡、半阳坡，母质：黄土
		沟阳坡红黄土	V-K-2-26	部位：沟坡，阳坡、半阳坡，母质：红黄土
	沟底坡麓	黄土丘陵沟底坡麓	V-K-2-27	部位：黄土沟底坡麓，土层：一般>80cm，母质：黄土或红黄土
	垣面阶地	黄土丘陵垣面阶地	V-K-2-28	部位：黄土残垣面及附近阶地，母质：黄土
山间盆地立地类型小区	河漫滩	石砾质河漫滩	V-K-6-29	部位：河漫滩，土壤：冲击母质上形成的石砾土石砾含量≥40%
		沙土质河漫滩	V-K-6-30	部位：河漫滩，土壤：冲击母质沙壤质土石砾含量≤40%
	河（沟）谷阶地	河（沟）谷阶地	V-K-6-31	部位：谷坡或沟谷地，土地平坦，土层较厚

山西省造林模式研究

第九章　山西省造林模式研究概论

一、造林模式概述

（一）造林模式的内容

什么是"造林模式"？尚未见到权威的文字说明。

直到我国社会经济改革开放初期，也只有"造林典型设计"，在有关林业技术规程中也未见"造林模式"的内容。甚至到1986年，林业部《林业专业调查主要技术规定（试行）》中也只列有"造林典型设计"项目。提出，"造林典型设计要在充分调查自然条件的基础上，划分立地类型，分别立地类型进行编制。……造林作业设计包括林地清理、整地、树种、树种混交方式、种苗规格及每亩用种（苗）量、造林季节和方式方法、造林密度、幼林抚育管理等。"1996年印发的《全国造林技术规程》（林业部造林绿化和森林经营司编），在"造林施工设计的主要内容"中也未提到"造林模式"。

因此，在山西省林业调查设计实践中，也是一直在搞造林典型设计，没有造林模式设计内容。如为了太行山绿化工程建设的需要，山西省林业勘测设计院于1985年完成了太行山区的《造林典型设计》，共有180例造林典型（模式）设计。每例典型设计内容包括：造林地条件，（造林）图式，混交树种及方法（表列林种、树种、混交方式及比例、造林方法、株行距、密度、苗龄、用苗量），造林技术措施，备注。1984年完成的《壶关县绿化规划方案》中也有造林典型设计，每个造林典型设计内容有：造林立地条件、（造林）配置图式、混交树种及方法、造林技术措施、每亩用工用费。

1997年山西省林业勘测设计院为主在原榆次市（今榆次区）完成的《榆次市林业生态示范工程总体规划》中，对造林工程规划设计采用了表、图结合的设计方式，即"榆次市主要树种造林类型表"（内容有林种、树种类别名称、整地及栽植点配置、株行距及密度、混交方式及比例、主要造林技术、单位面积概算）及图（主要造林树种模式图、整地方法图、栽植点配置图、混交方式图）。

直到2001年，《全国生态公益林建设标准（一）》（国家林业局植树造林司编，中国标准出版社出版）在《中华人民共和国国家标准生态公益林建设规划设计通则》"附录A（标准的附录）生态公益林建设主要项目技术设计类目表A1"（39页）中，明确提出，人工造林的"主要设计内容"有："林种、树种、整地、造林方法、造林季节、造林模式（密度、树种配置等）、种子和苗木、抚育管护、机械工业、……"。在这里，"造林模式"只是人工造林设计的一个内容，"造林模式"包括造林密度、树种配置等。该书的"生态公益林建设技术规程"（44~45页）在生态公益林营造中，对各种防护林营造分项提出要求，项目包括树种选择、营造方式、营造模式、种苗、营造技术等。其中，"营造模式"第一项是"模式设计"，要求"采用混交造林模式"，包括混交类型、混交方法、混交比例；第二项是"模式配置"，要求"以小班为单位配置造林模式"。

根据以上情况，可以这样概括，造林模式是造林规划设计内容的一部分，内容包括密度、树种配置等。其中树种配置包括选用造林树种、树种营造模式（一个树种营造单纯林和两个以上树种配置营造混交林）、造林树种在造林地的配置即包括株行距在内的种植点配置。综合起来可以说，在必不可少有的内容——造林模式的适宜立地、适用林种的前提下，造林模式的内容主要有：

1. 造林树种：包括单纯林造林树种的选择，混交造林主栽树种（主要树种）和伴生树种（次要树种、混交树种）的选择。

2. 营造模式：包括单纯林造林模式、混交林造林模式。

（"在地形破碎的山地提倡局部造林法，形成人工林与天然林块状镶嵌的混交林分。"）

3. 造林密度：包括单纯林和混交林造林密度。

4. 种植点配置：包括株行距配置。

此外，要"以小班为单位配置造林模式"，并要说明造林模式适用的林种以及适生的立地条件，以备造林时，按林种、按小班立地类型（立地条件）配置造林模式。

造林模式内容以文字和图式相结合的方式表达。

造林模式是造林规划设计的一项主要内容，按设计的造林模式造林，会营造出与设计的造林模式类似的人工林类型；按不同的造林模式造林，便会营造出不同类型的人工林。但是，对造林作业设计（施工设计）来说，仅设计出造林模式还不够，还要设计造林技术措施（苗木规格、造林季节、整地方式方法、造林方法、幼林管护）以及用工、投资、施工设施等。但是，造林技术设计要根据造林模式进行，而用工、投资要根据造林技术设计测算。因此，在造林规划设计中，造林模式设计只是造林总体规划或造林作业设计的一部分内容，虽然是关键的重要部分，但造林模式设计不应概括为造林规划设计。

上述造林模式不同于以往的造林典型设计。造林典型设计类同于造林作业设计，按照1986年《中华人民共和国林业部林业专业调查主要技术规定（试行）》，造林典型设计基本包括了造林规划设计的全部内容，因此其成果可以作为造林作业设计（施工设计）的范本，依据造林典型设计参照当地实际情况，进行造林作业设计；如与造林地立地类型、林种等情况符合，造林典型设计成果也可当做造林作业设计，根据设计的适合立地类型（立地条件）落实到造林地小班，直接指导造林施工。而造林模式设计在造林规划设计中只是一个部分。因此，按上述造林模式内容来讲，不能简单的认同于通常讲的"造林典型设计"。

但是，如果把造林典型设计成果作为造林作业设计和造林施工的典型范例，从广义来讲，也可以认同为广义的"造林模式"，予以推广应用。2007年孙拖焕主编的《山西主要造林绿化模式》中的造林绿化模式内容就和造林典型设计内容类似，包括了造林技术措施。如"模式1　侧柏＋刺槐混交林模式"设计内容有：适生立地、技术思路、造林模型（树种、配置、整地、栽植）、抚育管理、投工预算等。

总起来讲，造林模式内容不是固定不变的，根据造林目的、造林规划设计和造林施工的需要，造林模式内容可有多、有少，但在有适宜立地、适用林种的前提下，造林树种、营造模式、造林密度、树种种植点配置等内容必不可少。为此，可以将造林模式分为，狭义的造林模式和广义的造林模式两类：狭义的造林模式，只包括造林模式的基本内容即：造林树种、营造模式、造林密度与树种种植点配置等；如再包括造林技术措施、用工等内容，则属于广义的造林模式。

也有的把一个区域造林中各种造林林种、树种布局叫作区域造林模式，这个造林工程布局模式与造林设计中的造林模式不是一码事。迂有这类情况，应清楚的了解各种"造林模式"的不同含义及其意义，以免引起误解。

（二）造林模式设计（编制）与推广的重要意义

下面根据狭义的造林模式来讲，

1. 造林模式设计在造林设计中有着决定性作用和积极意义

在造林设计中，在已定的造林方向指导下，确定造林林种后，就是设计造林模式。有了造林模式，才能根据造林模式，设计造林技术、种苗、幼林管护、相关设施以及用工与投资等。举例来说，造林模式为油松单纯林，株行距 1m×3m，每亩 222 株，就可以按每亩 222 株和油松造林面积计算油松苗木用量和苗木规格；如造林模式设计为油松为主栽树种，辽东栎为伴生树种，双、单行混交，混交比 2∶1，株行距 1m×2m，就要按每亩 222 株油松苗和 111 株辽东栎苗的标准及造林面积，设计两个树种的用苗量和苗木规格，同时也可以估算苗木投资。

造林模式设计在很大程度上决定造林设计的质量和造林的成败。首先来讲设计质量问题，一个好的造林设计，不仅能指导营造出适地适树、成活率高，而且幼林生长发育良好，能够发挥应有效益，就必须搞好造林模式设计。因为在造林模式设计中要设计造林树种、造林树种种植模式（单纯林模式、混交林模式）、造林密度和株行距配置，其中造林树种选择不当，或造林树种配置模式有问题，或株行距配置欠妥，都会影响造林设计质量，甚至会影响造林后幼林的生长和效益的发挥。其次再说，造林模式设计质量如能保证，就为整个造林设计奠定了一个良好的基础，有了好的造林设计指导造林施工，就为造林成活和幼林生长及效益的发挥创造了前提与基础。

以上说明造林模式设计在造林设计中有着关键作用，是造林设计的基础。因此，搞好造林模式设计对提高造林设计质量，甚至对促进造林施工质量都有积极意义。

2. 推广科学的造林模式对提高造林规划设计和造林质量有积极意义

鉴于造林模式设计在造林设计和造林施工中的作用和意义，在造林学和生态学理论指导下，总结各地多年造林经验，设计适合各种立地类型的造林模式，推广应用于造林规划设计与造林实践中，会有良好的积极意义。

在造林工程的总体规划中，在造林技术措施设计中，根据工程区造林指导方针和林种，按立地类型分别引用适当的造林模式，不仅可以控制、指导造林设计与施工，而且对造林总体规划的种苗规划、用工与投资测算都有裨益。

在造林作业设计（施工设计）中，按立地类型引用适合的造林模式，作为造林作业设计依据，可以提高造林设计质量，也有益于造林施工。

编制全省适于不同区域各种立地类型的科学实用的造林模式，还可以为造林工程立项、可行性研究以及有关教学、科研提供参考。

(三) 造林模式设计应遵守的原则

总体来讲，造林模式设计必须遵守与坚持科学、实用的原则。具体原则主要有：

1. 适地原则

造林模式不能无目标、无目的的设计，造林模式设计要有目的。在造林工程规划设计中，造林模式设计是为造林工程区造林服务的，造林模式要在造林工程区应用。设计的造林模式必须能适用于造林工程区，也就是要适合造林工程区自然条件，造林模式设计的造林树种能在造林工程区正常发育生长，设计的造林树种混交类型和株行距配置，可以在造林工程区造林地上实施，否则，设计的造林模式就是无用的，胡乱应用还会是有害的。

因此，造林模式设计必须坚持"适地"的原则，就是造林模式一定要根据造林工程区自然条件进行设计，也就是根据造林地立地类型进行设计，按照造林地不同的立地类型，设计与之相适应的造林模式。在一个造林工程总体规划中，应根据造林工程区造林地立地类型分别设计造林模式，为造林工程下一步造林作业设计（施工设计）提供依据。一般情况下，一个地区或全省也有必要设计造林模式，为一个区域或全省造林或造林规划设计提供依据，但是也要坚持"适地"原则，按立地类型（立地条件）设计造林模式，以便因地制宜的应用。

2. 适树原则

造林模式按立地类型设计，就是要按不同的立地类型选用适生的造林树种，做到"适地适树"。类似的道理，造林模式设计既要做到"适地"，也要做到"适树"。

不同的造林树种有着不同的生态特性和生物学特性，不能所有的造林树种都采用一个造林模式，也不能所有的造林模式就只是一个或两个造林树种。当选定造林树种后，就要按每个造林树种的特性，设计适合造林地立地条件的造林模式。

道理不是绝对的。也可能有两个或多个造林树种设计一样的造林模式，并依此模式造林。如目前已有的同密度、同株行距的油松单纯林或侧柏单纯林等，而且今后也还会有这类清况。

但是，我们今后要实行科学造林，造林树种要多样化，造林模式也要多样化，要营造出更多更好的类型多样化的人工林，满足社会经济发展和人民生活多方面的需要。因此，在造林模式设计中，要坚持"适树"原则，按选用的造林树种设计造林模式。就以单纯林造林模式来说，油松树冠扩展快，同密度，造林后比侧柏郁闭早，油松造林密度可稀一些，而侧柏造林密度则应大一些。又如设计混交造林模式，选择油松为主栽（要）树种，刺槐为伴生树种，二者均为喜光树种，且刺槐生长大大快于油松，为保证油松主要树种地位，不宜设计株间混交或单行混交造林模式，最好是双行混交或带状混交造林模式；如果是油松与沙棘或山桃混交，就可以设计单行混交造林模式。

3. 适用原则

所谓适用原则，就是设计的造林模式能够在造林规划设计和造林实践中应用，并能达到预期的目的，也就是说造林模式一定要根据造林目的，在适地、适树的原则指导下进行设计。更具体的讲，就是造林模式要根据林种设计。

林种体现了林业发展方向，在很达程度上体现了造林的目的和造林后人工林的用途。例如，营造用材林的目的就是以生产木材为主，获取经济效益；营造防护林的目的则以发挥森林的生态效益为主，生产木材获取经济效益为次。因此，在设计造林模式之前，必须首先明确造林的目的和造林的林种，然后按林种设计造林模式。

林种不同，造林模式也应有不同的特点。用材林要选用立地质量高的造林地和树杆通直且材质好的造林主栽乔木树种，设计单纯林造林模式或主栽乔木与伴生乔木混交林造林模式；主栽树种是慢生针叶树或欲中间生产小材的，造林密度可大一些，否则，造林密度要小一些。如果黄土丘陵营造水土保持防护林，可选用适生的各种乔、灌木树种，尽量设计各类乔灌木混交林造林模式，也可是乔木或灌木单纯林造林模式，且造林密度应大一些。经济林造林模式的特点应是单纯林模式为主，且造林密度要小得多，至于农林复合经营的经济林模式，树间或树下种农作物、种草、种药，是一种特殊的经营模式，不能与混交造林模式相提并论。

从以上所说的情况可以这样结论，造林模式的设计必须在明确林业发展方向、方针和造林目的的情况下，坚持"适用"的原则，根据林种不同，进行造林模式设计。

二、造林模式的树种选择

造林模式设计首先必须选定造林树种。

选择造林树种是一项具有关键性的内容，也是历来要求重视并认真做好的一个工作。一个区域林业的发展、一个造林工程项目，首先必须做好造林树种选择的工作。造林模式设计是为了造林工程项目能科学的实施，造林模式的造林树种就是造林工程施工使用的树种，造林模式的造林树种质量，直接影响造林工程施工的质量或成败。因此，在研究造林模式时，必须探讨造林树种选择问题。现在就以下问题提点参考意见：

（一）造林树种选择的原则

造林树种选择必须遵守科学实用的基本原则，保证造林的成活和造林后人工林效益的正常发挥。具体讲：

1. 适地适树的原则

所有的树木都有自己的生态特性和生物学特性，每种树木都有其相适应的生态环境，在其适生的生态环境里能正常生长发育，反之，不适生的生态环境里，树木会生长发育不正常甚至死亡。除了人人皆知的内长城以南的很多树种如红枣、泡桐、核桃等不能在雁北正长生长外，如山西省自然分布于气候温凉湿润的海拔1600m以上中山、高中山的寒温性树种白杆，到了海拔1000m以下地带则生长不良；而海拔2000m以下山地广泛分布的油松，种植到海拔2000m以上的山地，同样不能正常生长。又如，属暖温带南部气候的中条山山地天然分布的栓皮栎、橿子栎，不要说温带气候的雁北不能生长，就是和顺至临县一线以北的山地也没有天然分布。再举一例，2005年在五台山考察，发现1987~1990年山地草甸上人工栽植的华北落叶松林，在海拔2010m山地生长很好，林分高9m左右；而在海拔2500m左右的山地，因为已接近华北落叶松天然分布上线，林分高只有2~3m。

以上情况只是要说明，每个树木都有自己适生的生态环境，造林时，要按造林树种的生态特性，选择它适生的造林地。反过来，造林模式设计和造林一定要根据造林地立地条件（或立地类型）选择适生的造林树种。这就是坚持"适地适树"原则。

　　2. 乡土树种为主的原则

　　乡土树种就是造林工程当地天然分布的树种如油松、白皮松、沙棘等；造林工程当地栽培历史长久的人工种植的树种如核桃、旱柳、国槐、桃、梨等，也可算是一类乡土树种。需要说明一点，山西省天然分布的树种和栽培历史长久的人工种植树种如油松、辽东栎、侧柏以及红枣、国槐、核桃等，可以说是山西的乡土树种，特别是油松，分布普遍，多把山西称为"油松之乡"，但是，山西的乡土树种不等于是山西境内所有区域的乡土树种。

　　乡土树种的一大特点是，适应其天然分布区或传统栽培区的自然环境即生态环境，能够正常繁育、生长。所以选择乡土树种造林容易成活，造林成活率相对较高，造林成活后，幼林生长发育正常，能够较好的发挥应有效益。特别是乡土树种具有天然更新能力，造林后，人工林到成熟期多能天然更新，持续演进与发挥应有效益。引进的外来树种则是另一种情况，用外来树种造林，因为这些树种不适应造林地生态环境，往往成活率不理想，即使勉强成活，成活后的幼树生长发育也不正常。过去我们引种了不少优种杨树，也兴旺了若干年，由于树种单一特别是盆地、丘陵到处是杨树为主，病虫害猖獗，加上生命周期太短，目前已很少有保存。雁北引进的樟子松是比较成功的，但是不能正常结实与天然更新。很多引进树种因不太适应山西省自然条件，需要特殊的呵护，用于城乡园林绿化尚可，大规模造林则不宜选用。

　　因此，在造林模式设计中，选择造林树种一定要坚持"乡土树种为主"的原则。不过，同时也要因地制宜的适当引用一些外地树种，做到造林树种多样化。

　　3. 造林树种多样化的原则

　　造林树种多样化能够构造树种多样化的森林，树种多样化的森林能够形成生物多样性的相对稳定的森林生态系统。多树种混交林，有利于森林防火和森林病虫害的防治；树种多样化的森林，有利于改良土壤，提高林地生产力促进森林生长；多树种组成的森林，有利于养护生物多样性；森林树种多样化，一般具有多层次的垂直结构，有利于涵养水源，保持水土，更好的发挥生态效益；多样性树种的森林，能发挥多种效益，满足社会经济发展和人民生活对森林的多种需要。

　　造林树种多样化能够适应造林地立地类型复杂多样的客观现实。

　　山西省地貌地形复杂多样，气候条件多变，区域性气候差异很大，加上土壤类型和土层厚薄、质地、肥力地域间的变化，使地区间甚至造林地块间立地条件有很大的差别。如果不按各地生态环境不同和造林地立地条件的差别，一律选用一个或两个树种造林，就不能有效的做到"适地适树"，影响幼林生长发育；而且会出现大范围的单纯林特别是针叶纯林，会给护林防火、防治病虫害造成潜在危害。因此，面对山西省复杂多变的自然条件，也必须推行造林树种多样化。

　　实现森林树种多样化，首先是保护与维护天然林，其次是通过多样化树种造林，营建树种多样化的人工林生态体系。其中一个关键是使用多树种造林。而做到多树种造林，除在林业发展宏观决策上重视造林树种多样化和提高人们科学造林认识外，就是在造林规划设计中体现，即在设计造林模式中，坚持"造林树种多样化"原则。

　　其一，在造林区域，以造林地小班为单元，设计树种多样化的造林模式；

　　其二，在造林模式设计上，特别是生态公益林，一定要坚持混交造林模式为主的原则。

4. 实用为主的原则

在造林工程管理与实施中，造林规划设计是一个重要环节。在依靠科技进步促进林业发展的新世纪，特别是推行造林工程按总体规划安排年度任务与进行施工设计，按造林施工设计进行造林施工与验收的造林科学管理后，造林规划设计更显得重要。而在造林规划设计中，造林模式设计特别重要，造林模式包括造林树种选择和树种营造模式，是造林规划设计的核心内容，也是造林成败、造林后人工林能否正常生长发育和正常发挥效益的关键。

为此，造林模式设计不仅要科学，要按自然规律和树木特性选择造林树种，还要根据造林目的选择造林树种。如果选用的造林树种，适地适树，成活率高，生长正常，但不适用，不能算合格的造林树种。例如，要营造用材林，就要选择落叶松、栓皮栎、青杨等用材树，而不能选用桃、杏等经济树种设计造林模式去指导造林。就是说，要根据造林目的确定的造林林种，选择造林树种。

在坚持"实用"原则上，还有一层意思，就是当地造林生产上实用。所谓"实用"，不仅所选造林树种适合造林目的，而且所选造林树种，在造林技术上成熟，容易施工，方便应用，造林后幼林也便于管护与经营。例如，在晋西黄土丘陵区选用刺槐营造水土保持林，因为刺槐育苗、栽植技术成熟，造林和造林后管护当无难题；在山地选用油松营造用材林，当地农民都能直播或栽植造林，也无困难。刺槐、油松可以称为在造林生产中具有现实可用价值的造林树种。反之，选用一些现时既无采种、育苗、栽植等成熟技术可用，也无造林实践经验的天然树种，作为设计造林模式的树种。这些树种，适地适树，无可非议，但在当前造林技术水平和经验不足的条件下，一时很难用于造林生产。不过从开发乡土树种用于造林这一观点出发，设计一些未用于造林实践的乡土树种的造林模式，也是必要的。特别是有些树种如五角枫、茶条槭、白桦、荆条等，有类似的翅果树种元宝枫、榆树等育苗、造林成功技术或有外地经验可供生产中应用，选择这类树种用于造林模式设计，也是有研究与实用意义的。

因此，造林模式设计选用造林树种时，应该以现实应用为主，同时应具有前瞻性。即以已有育苗、造林成功技术的造林树种为主，也可以将一些造林形势需要，现时尚未解决育苗、造林技术问题，但短期内能解决或有外地经验可供借鉴的树种，也可在造林模式设计中选为造林树种。

（二）山西省现有主要造林树种资源

现有主要造林树种资源，是指已用于造林（不包括四旁植树和城乡园林绿化）的主要树种。可以选用这些树种，在适地适树原则下，设计造林模式，用于指导造林规划设计和施工。

据《山西树木志》资料查阅统计，山西省已用于并可用于造林的主要造林树种如下：

1. 生态林主要造林树种

生态林包括各种防护林、自然保护区森林、生态型森林公园森林等。用于生态林的主要造林树种有：

白杆、青杆、华北落叶松、日本落叶松、长白落叶松、兴安落叶松、油松、樟子松、白皮松、华山松、侧柏、圆柏、杜松；

毛白杨、新疆杨、银白杨、河北杨、小叶杨、小青杨、青杨、北京杨、加拿大杨、小黑杨、沙兰杨、健杨、辽杨；

旱柳、漳河旱柳、栓皮栎、辽东栎、白榆、桑树、刺槐、臭椿、漆树、泡桐、黄檗（黄波罗）、元宝枫；

山桃、山杏、西北利亚杏、火炬树、紫穗槐、柠条锦鸡儿、中国沙棘、柽柳、连翘、黄刺枚、沙枣、酸枣、花棒等。

以上已用于并可用于生态林造林的主要树种，共计 51 种。

2. 用材林主要造林树种

白杆、青杆、华北落叶松、日本落叶松、长白落叶松、兴安落叶松、油松、白皮松、华山松、侧柏、园柏；

毛白杨、新疆杨、银白杨、河北杨、小叶杨、小青杨、青杨、北京杨、加拿大杨、小黑杨、沙兰杨、健杨、辽杨；

旱柳、漳河旱柳、栓皮栎、辽东栎、白榆、刺槐、国槐、楸树、臭椿、漆树、泡桐、元宝枫等。

以上已用并可用于营造用材林的主要树种，共计 35 种。

3. 经济林主要造林树种

红枣、核桃、花椒、梨、苹果、桃、杏、葡萄、仁用杏、李、板栗、山楂、柿子、君迁子、翅果油树、山茱萸、毛梾、吴茱萸、青麸杨、西府海棠、海棠果、石榴、欧李、枸杞、香椿、皂荚、扁核木等。

以上已用并可用于经济林造林的主要树种，共计 27 种。

4. 风景林的主要造林树种

城乡园林绿化工程与一般的造林工程有很大差别，其营建模式也与普通造林模式不同，因此，在这里不涉及园林绿化营造模式。现在仅对成片风景林造林树种作简单探讨。山西省现有园林绿化树种很多，其中露天生长的乔木树种多数都可用来营造风景林。为此，按照适地适树、有益环境、景观宜人、生命较长的 4 个原则，在现有造林树种资源中，介绍一些主要风景林造林乔木或小乔木树种如下：

白杆、青杆、油松、华山松、樟子松、白皮松、雪松、侧柏、圆柏、塔桧、南方红豆杉、水杉、银杏、新疆杨、青杨、旱柳、悬铃木、国槐、刺槐、元宝枫、复叶槭、白蜡、火炬树、合欢、楝树、楸树、桃、杏、梨、山楂、西府海棠、红叶李、紫叶桃、黄栌等，共计 34 个

（三）建议开发利用的造林树种

目前，山西省造林树种数量不少，但面对复杂多样的自然条件和社会经济发展及人民生活对森林多种效益需求的日益增长，必须推行造林树种多样化，营造多功能树种多样化的人工林。为此，应该在现有造林树种资源基础上，积极开发乡土树种资源。下面以生态林建设为主，推荐开发利用的主要乡土造林树种有：

臭冷杉、鹅耳枥、橿子栎、白桦、辽东栎（重提）、麻栎、五角枫、茶条槭、北京花楸、椴树、山荆子、杜梨、黄连木、青麸杨（重提）、流苏树、中国黄花柳、北京丁香、榛、金露梅、野皂荚、胡枝子、白刺花（狼牙刺）、荆条、京山梅花、土庄绣线菊、忍冬、陕西荚蒾、蚂蚱腿子、山合欢、文冠果、四翅滨藜等 31 种。

三、造林模式的混交造林研究

在造林模式设计中，最重要的是营造模式的设计。营造模式分：

单纯林造林模式，即由一个主栽树种造林，造林后形成人工纯林；

混交林造林模式，即由主栽树种＋伴生树种，用两个以上树种造林，造林后形成人工混交林。

在造林中是否采取混交林造林模式，应根据造林目的、造林地立地条件和所选造林树种，经研究而定。

经济林、速生丰产用材林、某些特殊用途的森林等，适宜营造单纯林；树干通直、生长迅速的喜光树种如落叶松等营造用材林时，也宜营造单纯林。单纯林造林模式设计与施工都较简单，只要选好造林树种就可以。

水源涵养林、水土保持林、防风固沙林、自然保护区森林等生态林，宜造混交林；某些树干通直、树冠大，自然整枝差，生长较缓慢的大乔木树种如油松等，在营造用材林时，也宜营造混交林。

混交造林模式设计与施工均较复杂，因此需要重点进行一些探讨。

（一）营造人工混交林的意义

要研究营造人工混交林的意义，须先了解混交林的特点。撇开经济林、特用林、速生用材林不谈，混交林与单纯林相比，有以下优点：

1. 混交林生态效益比较高

第一、多种生态特性和生物学特性的树种混交，地下根系可多层次伸展，能充分利用土壤营养，同时能更好的固结土壤，保护土壤，防止流失。如乔灌木混交林，乔木根深，固结深层土，灌木根系多在浅层土分布，则可保护表土免被侵蚀，更有利于保持水土。第二、混交林具有多层次的树冠层，即大乔木树冠层、小乔木树冠层、灌木层，再加草本植物层和多树种的枯枝落叶层，组成复层即垂直结构，有利于截留降水和涵养水源。第三、乔木和小乔木或灌木组成的防风林，其效率比乔木纯林或灌木林要高得多。

2. 混交林能提高森林抗御自然灾害能力

多树种组成的森林有利于防火、防止病虫危害。如针阔叶树混交林，可防止树冠火的蔓延；不同树种的混交林也可以有效的防止森林病虫害的传播与扩散。

3. 混交林有利于改良土壤

多个树种的"混交林常比纯林积累数量较多，成分较复杂的森林枯落物，这些枯落物分解后，有改良土壤的结构和理化性质，调节水分，提高土壤肥力的明显作用。"

4. 混交林有利于养护生物多养性

混交林不仅改变了纯林树种单一化，使森林树种多样化。多样化的树种，改善了森林动物生存环境，为有益昆虫、鸟类、食草小兽类增添了食物种类，有益森林动物的繁衍，所以能够促进森林生态系统的生物多样化。

5. 发展人工混交林，对社会经济发展和人民生活能提供更多样化的林产品。

6. 人工混交林的森林树木群落与生态环境更协调，自我更新能力较强，能够演变为像天然林一样稳定的综合效益更高的森林生态系统。

因此，从生态、经济、社会三个效益综合分析，营造人工混交林，都有很大的积极意义。

（二）营造人工混交林的原则

在人工混交林设计与营造中应遵守以下原则：

1. 因地制宜的原则；

2. 主栽树种为主的原则，在混交林中，主栽树种数量所占比例：乔木树混交林不低于50%，乔、灌木混交林不低于70%；

3. 针、阔叶乔木混交林为主的原则，即在营造混交林中，针叶乔木为主栽树种，阔叶乔木为伴生树种的混交林应为主要混交林类型；

4. 主栽树种与伴生树种合理搭配的原则，包括针叶乔木树种与阔叶乔木树种、喜光乔木树种与耐荫乔木树种、速生乔木树种与慢生乔木树种、乔木树种与灌木树种等方面的合理搭配；

5. 最大效益原则，即设计与营造的混交林模式，将会获得最大的综合效益或造林目的的最大效益；

6. 可行性原则，即设计的混交造林模式在育苗、造林技术和投资上是可行的。

（三）人工混交林的混交类型

混交类型是指不同树种混交形成不同的混交林类型。在设计混交林类型时，不仅要选择造林树种，从中确定主栽树种与伴生树种，而且要使二者按一定方法混交，以期形成相对稳定的人工混交林生态系统。

1. 主栽树种的确定

混交林的主栽树种也叫主要树种，是造林的目的树种，是造林后人工林分的优势树种，影响着森林演进方向和功能的发挥，应该慎重确定。因此，一般在确定主栽树种时，应该注意的是，

其一，一定要根据造林目的即所定林种来确定混交林主栽树种。如营造用材林，就要选择树干通直的高大乔木作为主栽树种；如营造经济林，自然选用红枣、花椒等果树类或其他经济树木作主栽树种；水土保持林要选择抗干旱，根系发达，能固土蓄水的乔灌木树种。

其二，主栽树种必须坚持"适地适树"原则，选择适于造林地区或造林工程区生态环境的树种，最好是乡土树种，如选用外地树种，必须是已引种多年，证明适于造林地生长发育的树种。

其三，营造生态混交林，为了造林后人工林分稳定，长期发挥效益特别是生态效益，多选用寿命长的，能发挥生态效益也能生产木材的树种如油松、侧柏、辽东栎、栓皮栎等高大乔木树种，作为主栽树种。同时相比之下，应多选用油松、侧柏等针叶乔木树种为主栽树种。

通常，针叶乔木与阔叶乔木混交造林，多选用针叶树为主栽树种；乔木树种与灌木树种混交造林，则以乔木树种为主栽树种。

2. 伴生树种的选择

主栽树种与伴生树种结合才能组成混交林，因此在营造混交林时，要为已经确定的主栽树种选择适宜的伴生树种。

　　伴生树种也称次要树种或混交树种，一般是指在林分中起辅助、护土和改良土壤作用的次要树种，包括乔木树种和灌木树种。选择适宜的伴生树种，是调节人工林种间关系、增强林分稳定性，提高森林效益特别是生态效益的重要措施。如果伴生树种选择不当，伴生树种与主栽树种相互排挤，甚至会出现伴生树种压抑或替代主栽树种的现象，使造林目的落空。举例来说，某地 20 世纪 70 年代末，在黄土丘陵梁峁弃耕梯田上，营造的油松与刺槐混交林，单行混交，造林密度每亩 444 穴。2005 年调查，林分郁闭度 0.9，因为油松、刺槐都是喜光树种，刺槐速生冠大，发育正常，平均高 13m 左右，平均胸径 14cm 左右；而油松受到压制，生长很差，平均高 4m 左右，平均胸径 5cm 左右，干形不直，且树顶多已枯死。

　　选择伴生树种，除灌木树种外，在选择乔木树种作为伴生树种时，原则上是要尽量使其与主栽树种在生长特性和生态特性要求等方面协调一致，趋利避害，合理混交。同时选择的伴生树种也须与主栽树种一样适于造林地立地条件，保证达到混交造林的预期目的。总体来讲，选择伴生树种（乔木）一般可考虑以下条件：

　　其一、伴生树种对主栽树种有良好的辅助作用，能保护林地免遭水、风侵蚀，改良土壤，保护森林生物多样性、促进森林稳定、正常生长。

　　其二、伴生树种最好在生长等生物特性上与主栽树种矛盾不大，如主栽树种为喜光树种，最好选择耐荫树种为伴生树种；主栽树种是深根性的，则选用浅根性树种。

　　其三、伴生树种与主栽树种没有共同的病虫害，并能减轻主栽树种遭受自然灾害的程度。如主栽树种为常绿针叶树，则选阔叶树为伴生树种，既可减轻病虫害传播，也有利于防止森林火灾。

　　其四、在同等条件下，尽量选用经济价值大的伴生树种。

　　其五、在营造生态混交林时，尽可能的选用天然更新能力强包括萌芽力强、有育苗造林经验的伴生树种，以便林分达到成熟期能多途径更新，维护森林生态系统可持续发展与发挥应有效益。

　　总之，在确定主栽树种以后，要根据营造混交林的目的与要求，参照已有混交林营造经验，研究造林树种生态特性和生物学特性，分析它们与主栽树种之间的关系，慎重地选定伴生树种。

　　必须指出，任何一个树种是否适宜作伴生树种都是相对的，特别是在造林树种资源不多的情况下，选择一个与主栽树种在生态特性和生物学特性上相协调，且又适于造林地立地条件的伴生树种，组成完美的混交林，不是一件易事。但是，不能为此而不造混交林，一方面在现有造林树种中分析研究选择伴生树种，另一方面也要积极开发新的造林树种，打开营造混交林的新局面。

　　还有一种情况需要讲清，就是人工栽植树木与天然树木混交造林的树种问题。人工栽植树木应当为主栽树种，一般可以根据造林地立地条件和已有或可能发生的天然树木种类、分布、数量等情况，确定主栽树种。但是作为伴生树种的天然树木，很难预先具体人为地选定树种。即使与已有天然树木混交，也只能面对已有天然树种的现实，无从选择。

　　3. 人工混交林类型

　　造林树种混交类型也称为造林树种混交模式。

在设计与营造混交林中，因主栽树种与伴生树种的不同而组成多种多样的混交林类型。总括起来，可分为两大类：

其一，人工混交林；

其二，人工种植树木与天然树木混交林。

此外，还有在防风固沙林、水土保持林、经济林等类造林中，种植树木与种草、种药材、种农作物相结合的经营模式。虽在实际生产中常有出现，成为常见的一种造林经营模式。但从林学理论上讲，不应属于人工混交林。

（1）人工混交林类型

人工混交林又可分为：

乔木混交林，包括针阔叶树混交林、针叶树混交林、阔叶树混交林；

乔灌木混交林，包括针叶树与灌木混交林、阔叶树与灌木混交林、针阔叶树与灌木混交林；灌木混交林。

（2）人工种植树木与天然树木混交林类型

这一类混交林又分为：

人工乔木与天然乔木（常含灌木）混交林，包括人工针叶树与天然阔叶树混交林、人工阔叶树与天然针叶树混交林、人工针、阔叶树与天然针阔叶树混交林。

人工乔木与天然灌木混交林，包括人工针叶树与天然灌木混交林、人工阔叶树与天然灌木混交林、人工针阔叶树与天然灌木混交林；

营造混交林树种混交类型具体见表9-1。

表9-1　混交林树种混交类型（模式）

混交林树种混交类型	人工混交林	乔木混交林	针阔叶树混交林
			针叶树混交林
			阔叶树混交林
		乔灌木混交林	针叶树与灌木混交林
			阔叶树与灌木混交林
			针阔叶树与灌木混交林
		灌木混交林	灌木混交林
	人工种植树木与天然树木混交林	人工乔木与天然乔木（含灌木）混交林	人工针叶树与天然阔叶树混交林
			人工阔叶树与天然针叶树混交林
			人工针阔叶树与天然针阔叶树混交林
		人工乔木与天然灌木混交林	人工针叶树与天然灌木混交林
			人工阔叶树与天然灌木混交林
			人工针阔叶树与天然灌木混交林

（四）人工混交林树种混交方法（方式）

营造混交林要达到预期目的，不仅要有主栽树种与伴生树种的科学搭配，而且还必须在造林地上很好的配置，也就是主栽树种与伴生树种必须以科学的混交方法（方式）搭配种植，组合成有一定景观的混交林。这就是说，选好主栽树种和伴生树种，还必须用科学的混交方法，才能营造起符合造林目的的理想的混交林。

人工混交林的混交方法（方式）有株间混交、行间混交、带状混交、块状混交等。

1. 株间混交

这种混交方法是在植树行内，由主栽树种与伴生树种隔株实行 1：1 或 2：1 种植。

由于单行混交与株间混交形成的人工混交林景观颇为相似，例如单行混交纵向看为行间混交，横向看便近似株间混交。而且株间混交施工操作比行间混交繁琐，因此多不采用。但在特殊情况下也有株间混交造林。如目前平顺县在山地侧柏栽植造林中，按造林密度要求每亩应栽植 220 穴，但因资金不足，只能按每亩 110 穴栽植侧柏，另在穴间即隔株直播一穴山桃，以使造林密度达到要求标准。这种主栽树种植苗与伴生树种穴播实行株间混交，特别是针叶乔木与灌木混交的方法，在山地和黄土丘陵造林中也有一定推广价值。

2. 行间混交

行间混交有：单行混交、双行混交、双行与单行混交等方法。在山地，应实行水平行间混交。

单行混交是主栽树种与伴生树种隔行混交。如遇慢生主栽树种与速生大冠阔叶伴生树种混交，为防止伴生树种压抑主栽树种生长，可以实行双行混交，即每两行主栽树种与两行伴生树种混交种植。为了增加主栽树种比重，还可以实行两行主栽树种与一行伴生树种的混交种植方法。因此，行间混交以双行混交或双行与单行混交的方法较有利于混交林的生长发育。特别是针、阔叶乔木树种混交，在护林防火方面更为有利。

3. 带状混交

"一个树种连续种植三行以上构成带"，带状混交就是由 3 行以上主栽树种与 3 行以上伴生树种混交造林。带状混交有等带混交、宽带与窄带混交、带与单行或双行混交等三种方法。在山地应为水平带状混交。

带状混交相对来说，在造林实践中较易实施。尤其是在营造慢生针叶主栽树种与速生阔叶树种混交林时，不仅不会减少防病虫害、防止森林火灾的效益，针叶树带和阔叶树带可以错开成熟期进行采伐与更新，也不会过大影响森林的生态效益

带状混交是人工种植树木与天然树木混交的一种好方法。例如，天然阔叶次残林，水平带状隔带皆伐，即保留一带、皆伐一带。采伐带的迹地人工更新针叶主栽树种，幼树稍大一些时，再皆伐保留带，保留带迹地利用天然更新起天然幼林，形成人工栽植的针叶主栽树种与天然更新的阔叶伴生树种的带状混交林。

4. 块状混交

不同树种的块状林混交，构成块状混交林。块状混交分：

（1）规则的块状混交或几何形混交，适用于平地或坡面规整的山地。造林时将林地划分为正方形或长方形的地块，分别营造不同的树种，形成块状混交林。这种混交方法在山西省山地、黄土丘陵难以应用。

（2）不规则的块状混交，适宜于小地形变化大的山地、黄土丘陵沟壑应用。造林时按造林地小地形起伏状况分割成块，相邻地块种植不同树种，形成不同形状的块状混交林。这

种不规则的混交方法特别适用山西省造林应用，既能达到不同树种混交的目的，又能因地制宜的按排造林树种，做到适地适树，同时在造林中也便于实施。

不规则的块状混交，也很适用于营造人工种植树木与天然树木混交林。例如，在土壤瘠薄且有岩裸地的石质山地造林，可在土壤层较厚的地块人工营造块状针叶林，然后全面封山育林，天然更新起来的乔、灌木与人工针叶树组合成不规则的块状混交林。又如，在天然阔叶疏林、灌丛地带，在其中无林木和少灌丛的地块上人工营造针叶林，认真封山育林后，可以形成不规则的块状人工种植树木与天然树木结合的针、阔叶乔木和灌木混交林。

在退耕还林区域，不规则的块状混交方法特别有用。每一块退耕地营造一个树种，即可形成不规则的块状混交林。

在低产低效天然阔叶林改造中，采伐枯立木、病腐木、成过熟木、风倒木、虫害木、被压无头木等，清除灌木，在造成的林间空地块上人工营造针叶林，也可以形成人工针叶树与保留的天然阔叶树的不规则的块状混交林。

要讨论的问题是，块状混交的地块应该多大？《造林学》（北京林学院主编）讲，规则的块状混交中的地块面积"一般可为 $25 \sim 50m^2$。地块面积过大，就成了片林，混交的意义也就不大了。"但是，$25 \sim 50m^2$ 大的地块，在平坦地造林尚可用，在地形复杂的山地营造不规则的混交林，既不实用，也不实际。这里的意见是：不规则的混交林地块面积以 $2hm^2$ 以下（$1 \sim 30$ 亩）为宜。营造混交林的混交方法见表9-2。

表9-2　混交林树种混交方法（方式）

混交林树种混交方法	株间混交	株间混交
	行间混交	单行混交
		双行混交
		双行与单行混交
	带状混交	等带混交
		宽带与窄带混交
		带与单行或双行混交
	块状混交	规则的块状混交
		不规则的块状混交

（五）混交林树种混交比例

在混交林中各树种所占比例叫做混交比例，混交比例一般可用百分比表示。混交比例直接影响混交林中每个树种的生长发育和发展方向，也决定着混交林的组成、稳定性和森林各种效益的发挥。当在研究确定混交方法时，也要结合考虑各树种的混交比例，因为混交方法决定着混交比例。例如，采用单行混交方法，便会是主栽树种与伴生树种 1 : 1 的隔行种植，混交比例各为 50%。如要使主栽树种占优势，就要采用单、双行混交方法，栽种 2 行主栽树种，相邻栽种 1 行伴生树种，形成 2 : 1 即 67% 比 33% 的比例；或主栽树种栽种 3 行，相邻栽种伴生树种 2 行，形成 3 : 2 即 60% 比 40% 的比例。因此，设计一个造林模式，混交方法与混交比例要同时研究，根据混交比例决定混交方法。在决定树种混交比例时应考虑以下原则：

1. 主栽树种占优势的原则

主栽树种是造林的目的树种，在造林后的林分中作为林分优势树种，在很大程度上左右着林分的特性、发展方向和效益的发挥。只有保证主栽树种在混交林中占据数量优势，才能发挥应有的作用，实现造林的原有目的。所以在营造混交林的原则中特别强调，主栽树种在混交林的比例不得低于 50%。

2. 因地制宜的原则

造林地立地条件比较好的情况下，即使伴生树种不采用灌木，而使用乔木树种作伴生树种，伴生树种也不宜偏大，即主栽树种比例应适当增加。反之，立地条件差的造林地，少用乔木伴生树种，尽量使用灌木作为伴生树种，而且灌木种植比例可以适当增加。

3. 因树制宜的原则

混交林的主栽树种与伴生树种有变化，二者的比例也应有所差异。例如营造油松为主栽树种的用材林，如用速生大冠阔叶树为伴生树种，为油松不被压制，伴生树种比例宜小；如用慢生的硬阔叶树如辽东栎为伴生树种，则辽东栎种植比例可适当加大。

总之，在研究与设计混交林树种比例时，要根据造林地立地条件、造林目的（林种）、混交树种等情况，综合分析后确定。但主栽树种为主的原则不能违背，其比例不能低于 50%，以维持主栽树种在混交林的优势地位。

这里需要说明两个问题：

第一个问题：人工种植树木与天然树木混交林树种混交比例问题。这类混交造林，主栽树种应为人工栽植树种，天然树木为伴生树种。人工主栽树种数量可以人为掌握，天然树木数量人难控制，因而混交比例难以预先确定。举例来说，在天然灌木地人工栽植侧柏，每亩110 穴，天然灌木散生于林地。人工主栽树种侧柏与天然灌木的混交比例如何计算？如果在一块白桦、山杨、辽东栎等树种组成的天然阔叶混交林皆伐后，等带人工更新油松，并与相邻迹地天然更新的阔叶树，形成人工油松与天然阔叶树带状混交林，能不能说成油松与天然阔叶树所占面积为 1：1 的比例？还是要说成油松与白桦、山杨、辽东栎林株数的比例？看来，人工栽植树木与天然树木混交比例确定尚有困难，暂不作定论，在造林模式设计中，事先也不必强调人工栽植树木与天然树木混交比例。

第二个问题：块状混交树种比例问题。在规则的块状混交方法中，混交地块很小（25～50m²），尚可控制树种混交比例。但在地形复杂的地区造林，事先不大可能在造林模式设计中确定其比例。不过，在造林模式设计中，事先可提出概括的树种混交比例要求，以指导造林施工。

四、造林模式的造林密度与种植点配置

造林密度与株行距配置是一个问题的两个方面，造林密度是确定种植点配置的依据，种植点配置是造林密度的体现。就是说，在造林模式设计时，必须首先设计造林密度，根据造林密度，再设计种植点的配置。举例来说，油松造林初植密度每亩333 株（穴），据此，种植点呈品字形排列，株行距为 1m×2m；如初植密度为每亩222 株（穴），则株行距应为

1.5m×2m，即种植点株行距是按造林密度配置的。例子说明，造林不能按造林密度一个笼统数字施工，则要按造林种植点株行距配置造林，即按造林模式提供的株行距数据或图式施工。明白了造林密度与造林种植点株行距配置的关系，下来就是研究造林密度与种植点株行距配置。这方面在一般造林学中都有详细论述，这里，仅对要点分别叙述如下：

（一）造林密度

造林密度通常是指造林初植密度，并以单位面积造林初植株数或穴数来计算。造林密度在造林工程中十分重要，一定要慎重研究后确定。

1. 造林密度的作用与意义

造林密度在造林中是一个关键指标，意义重大，不仅对造林后人工林的生长有很大影响，也涉及到人工林效益的发挥，同时影响造林投资与施工。

造林密度对人工林生长的影响表现在各个方面。造林密度过大，对林木高生长有促进作用，林分高生长加快，但影响了林木直径生长，树高杆细，整枝情况好，树冠狭小，树体质地较差；造林密度过稀，林木直径生长加快，高生长差，树枝发育好，树冠大，树体削度大。

造林密度对造林后人工林生长的作用，直接影响人工林效益的发挥。从培育用材林角度出发，造林密度过大，林木杆细冠小，出材率高，但成材期推迟，林内被压木增多，森林抚育成本加高；造林密度过小，不能充分利用地力，林木直径生长加快，成材早，但出材率低，材质差。对生态林来说，造林密度大，人工林可以及早郁闭，覆盖土地，能较快发挥防护作用；造林密度太低，造林后林木稀疏，不能及早郁闭，森林的防护能力低，不能及时充分的发挥森林的生态效益。

造林密度直接影响造林的施工与投资。造林密度大，造林用工多，单位投资大；反之，造林密度小，自然用工少，单位投资小。目前一些地方因为投资不足，多采用降低造林密度的办法，如山地营造侧柏为主栽树种的生态林，造林密度每亩只有110株；又如前面讲的平顺县侧柏栽植造林加直播山桃，就是因为全面栽植侧柏造林投资不足，为了达到每亩222株（穴）的造林密度，才采用了栽植侧柏与直播山桃混交造林的办法。

从上面所讲的情况来分析，造林密度直接影响人工林生长、森林效益发挥和造林成本。因此，科学的设计与确定造林密度，对提高人工林质量、效益，以及控制造林成本，具有很大的积极意义。

2. 确定造林密度的原则与依据

首先，造林工程的设计与实施必须按照国家有关造林技术规程、造林调查设计规程办事，尤其是国家重点造林工程的造林密度，应该根据有关技术规程要求，根据造林地立地条件，事实求是的确定。在此基础上，提几点参考意见。

（1）根据造林目的确定造林密度

根据造林目的也就是根据林种确定造林密度。造林林种不同，造林密度也应相应变动。从生态防护林来说，造林密度一般应该大一些，以便及早郁闭，发挥防护效益，尤其是水土保持林、水源涵养林更是如此；但如农田防护林要求疏透型林带结构则不宜过密。用材林的营造密度要求复杂，速生丰产用材林宜稀，培育大径材的用材林宜稀或先密后稀；培育小径材的用材林宜密。薪炭林宜密。总之，造林目的不同，造林密度也应调整。

（2）根据造林树种确定造林密度

不同的造林树种应有不同的造林密度，一般说，慢生树种造林，密度宜大；速生树种造林，密度宜小。全国有关造林技术规程提出的造林密度也都是这样，例如 2001 年国家林业局植树造林司编写出版的《全国生态公益林建设标准（一）》提出的生态公益林造林主要树种初植密度：在北方，侧柏（慢生）每公顷 3000～3500 株，刺槐（速生）每公顷为 2000～2500 株。

乔木和灌木的造林密度也应不同。一般讲，灌木造林与乔木造林比，密度要大。树冠大的树种造林与窄冠树种相比，造林密度相对应小一些。例如油松与侧柏相比，如欲早郁闭。侧柏就要密度大一点。在营造用材林时，枝杈多又天然整枝不好的树种如辽东栎等，造林时应适当密一些。此外，喜光树种与耐荫树种相比，造林密度应小一些。

（3）根据造林地立地条件确定造林密度

一般情况下，立地条件好的造林地林木生长较快，如土壤肥厚且坡度不急不陡的山地阴坡，造林初植密度可以小一些；立地条件差的造林地林木生长较慢，如土壤瘠薄，自然植被稀少，又有水土流失的山地阳坡，造林密度应该大一点。

（4）根据经营条件和造林技术确定造林密度

造林技术成熟，经营管理设施和条件跟的上，能够保证造林成活成林，造林密度可以小一些，以减少森林抚育间伐次数；反之，造林密度要大点，以保证幼林及时郁闭，发挥应有效益。

总之，确定造林密度一定要全面分析各种情况和客观条件，在有关技术规程指导下进行，要根据造林目的（林种）、造林树种、造林地立地条件、造林技术以及管理设施与投资等，综合分析研究后确定。

（二）造林树种种植点配置

种植点是指造林地上植苗或播种的地点，种植点配置是指种植点在造林地排列分布的形式。种植点配置也是造林树种配置，尤其是混交造林，可以显示各树种在造林地上混交配置模式（方式）。

造林种植点配置是造林密度的体现，就是造林树种种植点配置包括株行距是根据确定的造林密度来配置，而不是撇开已定造林密度另来一套。造林种植点配置包括株行距的确定，现在我们可分两个部分或两个步骤进行说明：

1. 确定株行距

首先，确定造林株距与行距的比例，一般行距大于株距，山地造林其比例多见有 1：2，1.5：2，2：3 等，偶见二者相等比例如 2：2。而特殊造林则不在此例。包括速生丰产林、经济林如大树冠的核桃经济林间种农作物时，株行距特大。如 1996～1999 年汾阳栽植的农林间作核桃丰产林株行距为 6m×7m 或 6m×9m。也有采用宽行密植间种农作物的，如临猗县上庙乡红枣经济林间作小麦，定植密度：株距 1.5m，行距 6m。

其次，在确定造林密度即单位面积造林初植株（穴、丛）数的基础上，计算每株（穴）所占面积（平方米），如油松山地造林密度定为每公顷 3330 株（穴），即每亩 222 株（穴），计算每株占地（10000÷3330≈）3m^2。

再次，在每株（穴）占地面积（平方米）的基础上，确定株行距。如按造林密度计算，每株（穴）占地 3m²，又定行距大于株距，则株行距有 1m×3m 和 1.5m×2m 两种配置模式可用。但通常选用 1.5m×2m 的配置模式。

2. 种植点（穴）的配置

株行距的确定基本决定了种植点（穴）配置的大框架，即大体上决定了种植点（穴）之间的距离，但还不够明确。因此，在确定造林初植株行距以后，就是设计种植点（穴）的布局。所谓种植点（穴）布局，是指，相邻植树行之间的种植点（穴）是十字交叉布局还是错开种植，便形成了常见的几种配置形式：

（1）正方形

株行距相等，行间相邻植树点连直线与植树行成直角相交，行间株间各植树点呈正方形。如株行距为 2m×2m，则呈各植树点为顶角边长 2m 的正方形。

正方形配置模式由于株行距相等，树木之间距离均匀，有利于树冠均匀生长，适于营造经济林、用材林。

（2）长方形

行距大于株距，行间相邻植树点连直线与植树行成直角相交，行间株间各植树点呈长方形。如株行距为 1m×2m，则呈各植树点为顶角两对边各为 1m 及 2m 的长方形。

这种配置模式由于行距较大，行间透光强度大，增加了林木侧方受光，有利于林下亚乔木、灌木及草类生长，对培育森林垂直结构有利。适于营造防护林，提高防护效益，也适于林农间作和林草间作的林农、林牧复合经营模式。

（3）品字形（三角形）

品字形配置要求相邻行的植树点彼此错开，行间相邻植树点成品字形，连线则呈等腰三角形。

品字形（三角形）是目前造林常用的种植点配置模式，特别是正品字形（正三角形）配置，使树木之间距离更为均匀，能够更充分地利用林地与空间。不过正品字形（正三角形）配置实施困难，所以多用长品字形（等腰三角形）配置模式。

以上 3 种种植点配置模式，各有特点。可以根据造林目的、造林树种和造林地立地条件等主客观因素，因地制宜的采用。

五、小结

以上叙述只是在已有经验的基础上，对造林模式理论进行了浅层式的探索，目的是为科学造林研究和造林规划设计特别是造林模式设计提供参考。下面，最后再对几个问题予以总结式的探讨。

（一）关于造林模式设计内容问题

在一般情况下，造林模式内容有不同的理解，造林模式设计的内容也有多有少。

例如，过去的"造林典型设计"，按有关规程规定其内容包括"林地清理、整地、树种、树种混交方式及配置图式、种苗规格及每亩用种（苗）量、造林季节和方式方法、造林密度、幼林抚育管理等。"甚至还包括单位面积投工和投资，每一个造林典型设计就是一个广义的"造林模式"。

还有如，《山西主要造林绿化模式》"模式 5 侧柏＋天然灌木混交模式"内容有适生立地、技术思路、造林模型（树种及品种、配置、整地、栽植、抚育管理、投工概算）、成效及目标、适宜推广地区，设计内容也比较多。

但该书有的造林模式设计内容要少一些，如"模式6　侧柏＋沙棘混交模式"只有，模型适用的立地、造林模型（树种的造林密度、苗木规格及用量、整地、栽植、幼林抚育、造林用工及苗木、材料用量）。

2001年出版的《全国生态公益林建设标准（一）》在39页，将造林模式与造林方法、造林季节、种子和苗木、劳力安排等，都分别作为造林规划设计的一个独立内容。即造林模式（密度、树种配置等）不包括造林方法、造林季节、劳力安排等。因此，造林模式内容是在确定林种的基础上，包括造林树种、造林树种的营造模式、密度和种植点配置4项。

根据以上情况，造林模式设计内容可以分为两类。

1. 造林模式基本内容

就是按有关规程要求，造林模式设计必不可少的基本内容，包括：

（1）造林树种。

（2）营造模式——单纯林造林模式；

　　　　　　　——混交造林模式——混交类型、混交方法、混交比例。

（3）造林密度。

（4）种植点配置（树种配置）。

按照上述内容，可以组合出各种各样的造林模式。例如营造模式为油松单纯林时，由于造林密度和种植点配置的不同，可以有密度每亩330株（穴）的种植点长方形配置的造林模式、密度220株（穴）的种植点品字形配置的造林模式；如营造模式为油松与阔叶树混交林时，则有不同混交类型、不同混交方法、不同混交比例的各种混交造林模式。

2. 造林模式基本内容加造林技术措施等内容

不同的造林模式造林，会营造出不同类型的森林。也就是说，设计出什么样的造林模式，按设计造林，就会造出什么样类型的人工林。

但是，设计出的造林模式，还要有科学可行的造林技术措施，通过现地实施，才能生长出各种类型的森林。造林技术措施包括造林季节、整地、种苗、造林方式方法、幼林管护等。造林技术措施多种多样，如整地方式方法有穴状整地、鱼鳞坑整地、水平沟整地等等；造林方式方法有直播造林、植苗造林等等。它们互相组合，可以组合设计出很多很多套造林技术措施。把不同的造林模式基本内容与很多很多套造林技术措施组合，便会组成一个个"造林典型设计"式的，也可以说是包括造林技术措施在内的"造林模式"。

3. 评议

以上两类造林模式设计内容，设计出的造林模式各有特点。

造林模式要因地制宜的应用，造林技术措施也要因地制宜，如黄土丘陵造林多用水平沟整地，在山地则多用穴状或鱼鳞坑整地。因此，在一个小区域造林，造林树种单纯，采取的造林技术措施也比较单一，可以把造林模式基本内容和造林技术措施一齐组合，设计"造林典型设计"式的也就是加入造林技术措施的造林模式。其特点是，在立地条件适宜又符合造林目的（林种）的情况下，可直接指导并用于造林施工设计和造林生产。

在较大范围甚至一个省域，自然条件复杂，立地类型多种多样的情况下，如果根据立地类型适用性和造林目的，用各式各样造林模式基本内容和不同的造林技术措施组合，会设计出很多很多个"造林典型设计"式的，即包括造林技术措施的造林模式。设计的多了，繁琐；若设计的少了，又会出现树种混交模式和种植配置适用，与造林技术措施是不适用的现象，或者相反，因而只能满足生产的部分需要。面对上述问题，也可以简化设计内容，不涉及造林技术措施，只将造林树种、营造模式、造林密度、种植点配置等相互组合，按照造林目的——林种的需要和立地类型的适宜性，设计不包括造林技术措施的造林模式。各地根据造林目的和当地自然条件，在造林总体规划和造林施工设计中应用，也可以在生产中，根据造林地立地类型选用造林模式，并因地制宜的采取造林技术措施进行造林。

在很多情况下，造林模式不是直接指导造林施工，而是作为科学性指导性范本或范例，作为造林规划设计依据或样本。例如一个造林工程的总体规划，需要根据造林目的设计编制适于各种立地类型的造林模式，可以包括造林技术措施，也可不包括造林技术措施，另外再提出造林技术措施。

造林模式应用有两方面的意义：其一，指导造林工程按照这些造林模式营造出符合造林目的的森林类型；其二，为造林规划设计提供科学依据。如在造林施工设计中，可按每个造林地小班立地类型，选用适宜的造林模式，并按小班立地类型现地引用设计的造林技术措施，或另行设计出每个小班的造林技术措施。如果两个小班选用一个造林模式，一个土层厚，一个岩石裸露，可以分别设计两种造林技术措施。

（二）关于人工种植树木与天然树木混交林问题

1. 发展人工种植树木与天然树木混交林的理论和客观基础

营造人工种植树木与天然树木混交林，是一个既合乎自然规律，又切实可行的造林模式。

从理论上讲，它符合"近自然林业理论"，使新的森林"能够进行接近生态的自然发生，达到森林生物群落的动态平衡，并在人工辅助下，使天然物质得到复苏。"

从客观实际看，山西省不仅有大面积的天然次生林和分布有疏林灌丛的荒山荒地等可天然更新成林的客观条件，而且事实证明依靠天然恢复森林是可行的。解放以来已经天然更新起新的天然林1000多万亩，是原有天然林的近两倍，就是很好的说明。

从实践经验看，在天然次生低产林改造和人工造林中已经营造出不少人工种植树木与天然树木混交林，也已积累了不少丰富经验。

2. 人工种植树木与天然树木混交造林的特点

人工种植树木与天然树木混交造林，不是完全由人工种植树木形成森林，也不是全部依靠天然更新形成森林，而是由人工种植树木结合已有天然树木或依靠天然更新的幼树形成森林。这种混交造林的特点是，人工能够控制与难以控制这对矛盾的统一。具体是，

人工种植的树木种类可以控制，与之混交的天然树木种类难以控制；

人工种植树木的造林密度可以控制，天然树木的密度难以控制；

人工种植树木的株行距即种植点配置可以控制，与之混交的天然树木的株行距无定形，难以控制。

也就是说人工树木与天然树木混交造林，是由人工有规划的控制下种植树木与天然生长的树木，组合形成混交森林。这与全部由人工控制有规划有次序营造的混交林相比，有很大的不同。而且形成的混交林，与一般人工林不同，具有树种多样化，林冠层次不齐的天然林特点。

3. 营造人工种植树木与天然树木混交林的意义

其一、提高造林更新成效，加快全省绿化步伐。例如，一些有天然疏林、灌丛的荒山，单纯依靠天然更新，荒废时日，若加上人工补植式的种植树木，可以很快成林。又如，人工造林与封山育林结合，既省却一部分经费，又可加快封山育林成林进度。

其二、促进人工林天然化，构建稳定的森林生态系统，提高森林综合效益。人工种植树木与天然树木组合的森林，是天然化的森林，具有与生境协调，演进稳定等天然林特点，综合效益也较高。

其三、充分利用资源，节约造林经费，这是显而易见的事情。用以往天然次生阔叶林改造来说，一块天然阔叶林皆伐后，带状人工营造针叶树，相邻带天然更新阔叶树，既形成理想的针阔混交林，又节省一半的人工造林更新经费。

4. 设计与推广人工种植树木与天然树木混交造林模式的积极作用

人工种植树木与天然树木混交造林模式已见于生产实践，但未有系统总结与推广。1985年山西省林业勘测设计院编印的《山西省太行山造林典型设计》有在天然灌木林割灌人工种植油松的混交造林典型设计、人工种植油松与天然萌芽山杨混交造林典型设计；2005年王国祥执笔编写的《太行山绿化工程造林树种多样性考察研究阶段报告（初稿）》提出6个"人工栽植树木与天然树木混交林"营造模式；也有文章提出"在山杨、白桦等次生林中营造人工树木"的人工种植树木与天然树木混交造林模式。这些文章和资料，都是在把"人工种植树木与天然树木混交造林模式"推向林业调查设计与造林实践。作为一类造林模式，希望引起林业界的广泛重视，并能有计划的实施。

为了能有计划的在有天然森林、天然灌丛分布区域，推行人工种植树木与天然树木混交造林模式，当然要大力宣传。但是最重要的是设计出不同区域各类立地类型适生适用的人工种植树木与天然树木混交造林模式，特别是在造林工程规划设计中，设计出可以实际操作的造林模式，指导造林施工。应该说，通过造林模式设计指导造林施工，是推广人工种植树木与天然树木混交造林最积极最有效的一种方式方法。

5. 加强对"人工种植树木与天然树木混交造林模式"的研究

人工种植树木与天然树木混交造林是一类很好的造林模式，但因为天然树木存在许多不可控制性，在设计和施工中还存在不少难点。举例来讲，人工种植油松与天然萌生山杨混交造林模式，设计为带状混交，带距 3～5m，带内株行距 1m×1.5m，人工种植的油松带可以实施，山杨天然萌带带很难会按 1m×1.5m 株行距品字形配置成林；又如，在山杨、白桦等次生林里人工种植油松，设计油松与山杨单行混交，株行距 1.5m×3m，种植点品字形配置，人工种植油松可由人控制按设计施工，山杨则很难按设计的种植点天然更新成林。遇有类似情况，应该如何设计？目前还没有什么设计方式能具体显示天然树木自然更新、生长和分布的客观规律。

因此，需要开展这方面的研究：

首先，要研究的是人工种植树木与天然树木混交造林的混交类型、混交方法及混交比例（株数或面积计算）；

其次，是研究可控的人工种植树木与不可控的天然树木混交造林模式如何设计？如何用文字和图式表达？

再次，研究每个人工种植树木与天然树木混交造林模式，实施途径与技术措施。

（三）关于人工造林种植树木与人工种草、人工农作物结合问题

人工种植树木与种植农作物间作，在农区种植经济林，间作农作物已有长久的历史。人工种植树木结合种草，在"三北"防护林建设工程启动以后得到特别得重视，提出"乔、灌、草相结合"的建设方针。营造防护林特别是水土保持林、防风固沙林，强调"乔、灌、草相结合"，可以加快造林绿化步伐。

在现实，人工种植树木与种草、种农作物的复合经营模式，特别是在经济林造林方面很是普遍。如临猗县红枣密植与小麦间作的复合经营模式，黎城县在梯田埝根种植核桃与农作物间作的复合经营模式等等。

人工种植树木与种草、种农作物结合，进行复合经营，应不应该是一类造林模式？这是以往"造林学"上没有涉及到的问题。

人工种植树木与种草、种农作物结合，是现实存在又现实需要，必须面对。当然，营造"油松＋元宝枫"混交林，可以称为针、阔混交造林模式。而"红枣＋小麦"间作造林，就不能称为枣、麦混交林，因为小麦不是树木，不能成为森林树木的组成部分，这一点是肯定的。现在称为"复合经营模式"或"绿化模式"，可以不与"油松＋元宝枫"混交造林等造林模式并提归类，是有道理的。不过，这个问题可以不作定论，留待以后，作为一个课题进行专门的研究。

（四）造林模式设计成果表达方式

多年来，在林业科学研究领域和林业规划设计中，包括造林典型设计在内，造林模式设计成果内容与表达方式有不少类别。总结以往经验，可以大致综合提出以下几种；

1. 主要以图式表达

用文字说明造林模式适生立地和适用林种。

用图式表达：造林树种；营造模式（单纯林或混交林）；混交林的混交类型、混交方法、混交比例；造林密度；树种种植点包括株行距配置。

2. 主要以图式表达，并配以简单的文表说明

用文字说明造林模式适生立地和适用林种。

用图式表达：造林树种；营造模式；混交类型、方法、比例；造林密度；种植点配置。

再用文字或表式将造林树种，营造模式，混交类型、方法、比例，造林密度，种植点配置等作简要说明。

3. 以文字表达为主，并配以图式

用文字说明造林模式适生立地和适用林种。

用文字配合表式说明造林模式内容，包括造林树种，营造模式（单纯林或混交林），混

交林的混交类型、方法、比例，造林密度，植树点配置，造林季节，整地，造林方式方法，苗木规格及用量，幼林抚育管理以及用工等。

用图式进一步形象说明造林树种；树种配置包括树种营造模式（单纯林或混交林及混交林类型、方法、比例），树种种植点（含密度、株行距）配置。

4. 单纯用文字或表式表达

这种表达方式有时将"造林模式"称为"造林类型"。特点是，只有文表说明，没有图式。

第十章　山西造林模式的编制（设计）

造林规划设计是造林工程建设和施工的基础与依据。1996 年中国标准出版社出版的《全国造林技术规程》（林业部造林绿化和森林经营司编）13 条讲，"国有林场造林、集体造林、合作造林、重点工程造林和具有一定规模的其他形式的造林，应按国家基本建设程序进行造林规划设计和施工设计。"2001 年《全国生态公益林建设标准（一）》在《生态公益林建设规划设计通则》39 页中提出，人工造林主要设计内容为"林种、树种、整地、造林方法、造林季节、造林模式（密度、树种配置等）、种子和苗木、抚育管护、机械……"。

因此，根据造林管理科学化和有关技术规程要求，造林模式的研究和编制，不仅是造林规划设计的重要内容，也是造林生产的基础工作。编制科学合理的造林模式，用于指导造林规划设计和造林生产，不仅可以有效提高造林规划设计水平，指导与提高造林质量和成效，而且有望营造起能提高林地生产能力，增强森林群落的稳定性和防灾、抗病能力的新一代森林生态系统。

山西省编制造林模式（包括造林典型设计）的工作，由来已久，而有系统有规模的应为 1985 年山西林勘院完成的太行山区造林典型设计。全省造林模式的研究工作始于 20 世纪 80 年代后期，当时结合森林立地分类外业调查，选定了每个立地类型的适生树种，并且在《山西森林立地类型表》中作为最后一栏列出，为编制造林模式、适地适树的造林奠定了基础。

2007 年，省林业厅组织专业技术人员，在实地调查和分析研究已有资料的基础上，根据山西省当前林业生态建设的重点和林业生产的需求，结合森林立地分类成果，在全省分别不同立地亚区、立地类型小区，经过研究编制（设计）了不同的造林模式，不仅为造林规划设计和生产提供了科学依据，也可因地制宜的在造林施工中应用。现将山西省造林模式编制（设计）情况简述如下：

一、编制造林模式的目的和意义

造林模式是在某一区域，分别不同的立地类型，按其适生造林树种及造林技术规程，编制的适用于一定经营目的、立地类型和栽植树种的造林技术设计成果，具体内容可以包括文字说明、图式及表格。其目的意义前文已有说明，这里再补充一点。

编制造林模式的目的是为林业生态生态建设工程规划设计或造林施工、选择树种、采用技术措施等，提供样板和依据，具有典型推广作用。这里要强调说明的是，我们是分别立地亚区对照立地类型特点编制造林模式的，其重要意义在于：一个立地类型的林业生态工程造林模式，适用于同一类型的所有造林地段（小班）。在林业生态建设工程设计或施工时，只要确定了立地类型，就可选定造林模式，这对于提高林业生态建设工程设计质量、加快设计进度具有重要意义。造林模式具有条理化、标准化、直观明了，易懂，易推行的特点，尤其在林业生态建设工程设计人员不足，林业生态工程建设任务繁重的情况下，具有重要的使用价值和意义。

二、编制造林模式的原则

本造林模式研究与编制工作，除前文已说的适地、适树、适用大原则外，重点要坚持以下原则：

（一）符合国家有关政策要求

造林模式的设计与编制一定要符合国家关于林业生态建设的有关技术规程规定，达到国家有关规程设计标准的基本要求。例如，《全国造林技术规程》提出，"应因地制宜地营造混交林"，"提倡针叶树与阔叶树混交、乔木与灌木混交"。我们在设计造林模式中特别注意针叶树与阔叶树混交、乔木与灌木混交两个造林模式的设计。在山地造林中，油松等针叶主栽树种缺乏阔叶伴生树种，除现有伴生树种外，我们还将近期可以开发利用的五角枫等作为混交树种设计针、阔混交造林模式。

（二）适合造林地区立地条件

造林模式的设计要坚持科学性，必须充分体现因地制宜的原则，既符合树种的生物学特性，又满足林业生态建设的需要。具体讲，造林模式设计首先要根据造林地立地条件，选用造林模式的造林树种；然后再按造林地的立地条件和造林树种生物学特性选择营造模式，设计种植点包括株行距在内的配置形式。为了达到这一目的，山西林勘院在编制全省立地类型表时，通过外业调查，在表中列出了每个立地类型的适生造林树种。而造林模式则根据立地类型设计。采用这一流程设计造林模式既做到因地制宜，又能适地适树。

（三）体现生态经济可持续性

造林模式的编制要在生态学上合理、可行，经济学上高效，保持生态效益的稳定性和经济可持续性。同时要吸纳生产实践中成功的经验和模式，做到生态、社会、经济效益相统一，实现较高的生态和经济目标。

为此，在总体上，我们在每一适生区域设计了多类造林模式，有生态林造林模式，也有用材林造林模式，还有经济林造林模式，以适应生态经济发展的需求；同时在生态林造林模式中，注意选用适于营造生态林又可通过抚育间伐和更新采伐生产木材的树种如落叶松、樟子松、油松等作为主栽树种，以求在发挥生态效益的同时，又可产生经济效益。从这一原则出发，我们在造林模式设计中，尽量使造林模式多样化，以适应造林林种多样化，生态效益为主，生态、经济、社会三个协调发挥的社会需求。

（四）适地适树，乡土树种为主

"适地适树"是造林要遵循的一个主要原则，也是造林技术规程一再强调的。因为，每个树种都有其独特的生物学特性和生态特性，因而有其适生的生态环境。如果离开适生区域，不仅造林成活困难，而且即使成活后，也不能正常生长发育，不会充分发挥效益。所以，多年来一直提倡使用乡土树种造林。

设计造林模式是为了指导造林施工的，因此，造林模式设计所选择和应用的树种，一定要适合造林地的立地条件。这样，造林树种才更具有抗逆性，不仅可以提高造林成活率，而且幼林也会正常生长发育，同时也能够较好的发挥水土保持、防风固沙等生态效益。

从这一原则出发，在编制山西省造林模式中，坚持以优良乡土树种为主，包括山西省已用于造林的天然树种如油松、华北落叶松、侧柏等，以及红枣、核桃、刺槐等栽培史久长的树种。同时以引进树种为辅，如引进种植造林后生长正常的樟子松、新疆杨等。

（五）造林模式多样化

造林模式多样化，才能在适地适树基础上实现造林树种多样化和森林类型多样化，才能满足社会经济发展和人民生活对森林多样化的要求。因为山西省地貌多样，地形复杂，形成各式各样的立地类型，不同的立地类型适生不同的造林树种，不同的立地类型及其适生的不同造林树种需要不同的造林模式，营造不同类型的人工林，才能使不同立地条件下人工林接近生态的自然发生，形成天然林一样相对稳定的森林生态系统，持续的发挥综合效益。

为此，在造林模式设计中避免树种单一化，采用尽量多的造林树种设计不同的造林模式；同一主要造林树种设计多样化的营造模式，其中多设计各种混交类型的混交林模式，坚持针叶树与阔叶树混交、乔木与灌木混交为主的方针，为实现造林树种多样化、人工林类型多样化创造基础。

（六）便于操作、推广

造林模式强调简便适用，在生产中易于推广应用，注重可参考性，因此只提出主要模式，不强求划一，由各地结合本地实际在本模式框架内自主选择应用。

三、编制造林模式的技术思路

（一）造林模式要在立地类型和林种的基础上进行设计与编制

国家相关林业调查技术规程要求"根据造林林种和树种的不同，立地类型的特点，提出相应的造林典型设计（即造林模式）。"为了做到适地适树，每个造林模式都要有适生的立地类型和适用的林种。

山西造林模式的设计与编制，重点对象是生态林造林模式，包括水土保持林、水源涵养林、防风固沙林在内的防护林、自然保护区森林、生态型风景林等；同时也考虑到具有生态功能，且具有经济价值，对于山区农民增收致富具有不可低估作用的经济林、用材林等造林模式的设计。所以在本研究中造林模式的选择上，以防护林（水土保持林、水源涵养林、防风固沙林）为主，兼有用材林、经济林、特用林等造林模式，其中许多模式已经成功地应用于生产实践，而且效果良好。

各种造林模式的设计都要同时考虑造林模式适生地区的气候、土壤和自然植被状况等自然因素。实际就是，分别立地类型小区和立地类型，按其自然特点设计与编制造林模式。其中部分模式设计实际是模仿了全省普遍存在而且生长稳定，效果良好的一些天然森林树种组合结构。而且本研究中确定的造林模式也几乎包括了全省林业生产中实际应用的模式。为了便于应用，我们分别山西省立地亚区按每个适用造林模式，列出适生立地类型；反过来，又列出每个立地类型适用造林模式。具体见附件1。

（二）造林树种选择与配置

对于造林树种的选择，重点考虑的是树种的适应性，也就是坚持适地适树的原则。在一个立地亚区内，造林树种必须适应当地的气候条件，保证能够正常成活和生长。在不同的立地条件下，还要具体考虑树种的生物学特性，如树种的阴阳性、耐瘠薄性、自然分布海拔高度、对土壤含盐量、pH 值及水分要求等等。在此基础上，考虑造林树种多样化，即尽可能多的设计适合不同区域、不同立地类型造林工程需要的各个造林树种的造林模式。

造林树种配置包括混交林树种的配置和造林树种种植点的配置。

在选择配置混交树种时，要考虑主栽树种与伴生树种的自身生物学及生态特性，它们之间的相互适应性，以期组合后能提高森林对改良土壤、抵抗灾害、充分利用营养空间等方面的能力。如阴性树种和喜光树种混交，在生长过程中能起到相互提供有利条件的作用；其他树种和豆科树种混交，可以改善土壤条件，增加养分，加快树木生长；针叶树种与阔叶树种混交，可以增强树木抗病虫害能力，还可以起到防火作用，增强森林群落的稳定性；乔木与灌木混交，则可以最大限度地利用营养空间，增强防护效能。因此，我们尽量设计针叶树与阔叶树乔木混交林、乔木与灌木混交林等造林模式。

在造林地上树种种植点配置方面，首先是根据国家造林技术规程规定的各树种造林密度要求，结合造林适生立地类型特点确定造林密度。再按密度设计株行距，采用品字形配置种植点。

（三）关于树木与农作物、牧草、药材间作模式的设计问题

在《造林学》中，种非木本植物不算造林，树木与农作物间作，也不能称作混交林。但树木与农作物间作，却是种植历史长久的一种农林种植与经营模式，时至今日，仍然是农民种植经济林的主要经营模式。此外，造林与种草结合也是营造水土保持林、防风固沙林的重要指导方针。

基于以上原因，具体到每一种立地条件下造林模式的选择，当然重点要考虑其适宜性，同时也要考虑其效益的发挥，以及不同地区农民的种植习惯，如各种林农间作、林牧（草）间作、林药间作等经济林经营模式。因此，在设计与编制造林模式中，不能缺少树木与农作物、牧草等间作的复合经营模式。但是有一点要说明，其中经济树木与农作物等间作是当前经济林的主要经营模式。

（四）关于人工种植树木与天然树木混交造林模式

山西山区不仅分布有大面积天然林，还有很多天然疏林和天然灌木林或灌丛，它们常与宜林荒山荒地交错分布，再加上迹地造林更新，造林就面临着人工种植树木与天然树木（乔木或灌木）混交问题。面对这一现实，研究人工种植树木与已有天然树木或天然更新幼树混交问题，设计人工种植树木与天然树木混交造林模式，已成必行之势。但很多人工种植树木如飞播造林长起来的树木与天然更新长起来的树木形成的混交林，目前事先尚无法设计出它的造林模式；又如封山育林后人工补植造林形成的人工种植树木与天然更新树木形成的混交林，事先也无法编制造林模式。

虽然不可能将各种人工种植树木与天然树木混交造林模式全部编制出来，但为了表示重视与推广人工种种种植树木与天然树木混交造林模式，我们也设计了少数模式如人工油松与天然灌木混交造林模式等。

四、造林模式的设计与编制

一个造林工程或一个小地域可以在造林工程区或一个小区域设计与编制一套统一的造林模式。

一个自然条件复杂的大区域设计与编制造林模式，为了做到因地制宜，须分区进行，即编制各分区适用的造林模式。

在编制山西造林模式时，我们是事先通过森林立地分类将全省划为 5 个立地区、11 个立地亚区；然后，再根据各立地亚区不同的立地类型特点，按上述步骤设计与编制多种类型的造林模式；在本书《附件》中列表说明每个造林模式适用的立地亚区和立地类型的同时，还设计了每个造林模式适用的造林技术措施，包括整地、造林方法、苗木规格及幼林管护要点等。

关于山西造林模式的设计与编制，有一个过程。

早在 20 世纪 80 年代，山西省林业勘测设计院就组织专门队伍在太行山区，通过外业调查编制了太行山造林典型设计即造林模式，接着组织专业组在全省结合立地分类外业调查开展了造林模式设计（当时称造林典型设计）外业调查，并提出了各立地类型适生造林树种。这些工作和成果为现在编制全省造林模式奠定了基础。

在上述基础上，我们总结了历年各林业系统、各地编制造林模式的成功经验，研究提出了一套可供各地在一个小地域或一个造林工程区，编制与设计造林模式的基本方法与步骤：

第一步确定造林目的即规划造林林种；

第二步查清造林工程区或造林地域自然条件，划分造林地立地类型；

第三步根据林种、立地类型选择造林树种；

第四步根据林种、立地类型（自然条件）设计造林模式（造林密度、树种配置等），包括设计造林密度、营造模式（单纯林或混交林造林模式）、株行距在内的树种种植点配置（多为品字形）等，如为混交林尚须设计混交类型、方法、比例，用图式显示或再加文表说明；

第五步如需要，可根据每个造林模式，再设计造林模式实施的造林技术措施如造林季节、整地、造林方式方法、种苗规格及用量、幼林管护及用工等。

此外，每个造林模式需说明适生立地（类型）和适用林种。

同时，根据这种方法，借鉴以往有关编制造林模式的经验与成果，我们设计与编制了山西省主要造林模式 158 例。

五、造林模式的应用

（一）概述

造林模式设计与编制的目的与应用范围不同，造林模式的内容详细程度和应用途径也不同。

例如造林工程的总体规划中造林模式的设计，其目的，是为下一步设计造林技术措施，测算工程用工、投资提供依据，也是为了用于控制与指导造林施工设计。为此，这类造林模式，按有关林业规划设计技术规程，可不包括造林技术措施，只设计造林树种，营造模式

（单纯林或混交林），混交林的类型、方法、比例，造林密度，树种种植点配置（包括株行距）等。

指导施工的即造林施工设计中的造林模式，除上述内容外，还必须包含详细实用的造林技术措施。反过来讲，造林模式用于指导造林施工，必须按造林地立地类型和确定的林种，详细全面的设计，才能作为造林施工样板和施工验收依据。

但是，任何造林模式设计中，必须要有造林树种、营造模式（单纯林或混交林）、混交类型与方法、造林密度、树种种植点配置等内容，其他内容可根据需要设计，不必限定。

（二）山西主要造林模式的应用

山西造林（绿化）模式是一个大区域性的造林模式，既不是根据一个特定的造林工程设计的，也不是根据山西省某一特定区域编制的，更不是为某一造林工程施工制作的。它是既具有普遍的应用性，又可指导造林施工的通用类成套的主要造林模式。据此，

山西主要造林模式可以在造林工程总体规划、区域性造林绿化规划中编制造林模式时应用。在应用时，可以根据当地自然条件和造林目的，选择适用的模式直接使用，不足部分再自己补充设计；也可以选择适用的造林模式作为依据样本，结合当地实际设计所需造林模式。

山西省主要造林模式也可用于指导造林施工设计。一是，根据造林目的，按当地造林地立地类型选出适用的造林模式，作为样本，编制造林地块的施工设计，还可根据当地条件作出相应补充与修正；或者，也可套用部分内容，如造林树种、营造模式（单纯林或混交林）、造林密度、树种种植点配置（包括株行距）等，参照进行造林施工设计。但绝不能盲目生搬硬套的用于指导造林施工。

山西主要造林模式还能在造林科学研究中充当参考资料。

为了方便山西省主要造林模式的应用，本书在《下篇　山西立地类型与造林模式应用系统研究》的附件 2 中，列出了造林模式适宜立地类型检索表，在表中还设计了每个造林模式适用的造林技术措施。因此在应用时，第一步，在第十一章中，先选出适用的"造林模式"并记其编号；

第二步，在附件 2 中，按选中的"造林模式"编号，可以查出该"造林模式"的适宜立地类型和相应的造林技术措施。

如果已知造林地立地类型，则可以根据立地类型编号在附件 1 中按号找出适宜可用的造林模式。

第十一章　山西主要造林模式

一、简要说明

1. 全省共设计与编制了主要造林模式 158 例。包括人工造林模式，人工种植树木与天然树木混交造林模式，人工种植树木与人工种植农作物、草、药间作复合经营模式。此外还有农田防护林网和行道树营造模式。

2. 造林模式的主要内容及显示

造林模式，以图式显示为主，内容包括造林树种、营造模式（单纯林或混交林）、造林密度（从图上标示的株行距可以计算出单位面积的种植点数）、包括株行距的种植点配置，同时从图中还可了解树种混交方法（行间混交或 3 行以上的带状混交）及混交比例。

此外，以文字简要说明树种配置及整地。

3. 造林模式的适用林种

每个造林模式，都以"建设目标"列出了适用林种。

4. 造林模式的适生立地

每个造林模式的适生立地是具体的立地类型。因为涉及到适生的立地亚区及众多立地类型，为避免重复，减少繁琐，单另编制了一个《造林模式适宜立地类型检索表》（附件 2）。按造林模式编号，即可在附件 2 表中找到相应的适生立地亚区及立地类型。

5. 造林模式的造林技术措施

造林模式除上述主要内容、适生立地及适用林种以外，还有另一部分内容，即实施造林模式的技术措施。这一部分内容与造林模式一样，按造林模式编号可在附件 2 表中找到。

二、山西主要造林（绿化）模式（158 例）

每个造林（绿化）模式内容包括：

1. 造林（绿化）模式编号及名称；

2. 配置形式，包括树种混交、林农（牧、药）间作、树种种植点配置等；

3. 整地，包括整地方式方法及规格；

4. 建设目标，即适用林种；

5. 图式，包括造林树种，营造模式（单纯林或混交林），混交类型、方法，林农、林牧、林药间作形式，造林密度（株行距显示），树种种植点配置。

此外，每个造林模式适生立地（类型）没有列出，可按造林模式编号，在附件 2 表中找到。

NO 1、华北落叶松造林模式

配置形式：华北落叶松片林，株行距 1m×4m，品字形排列。

整地方式：鱼鳞坑整地 80cm×60cm×40cm 或穴状整地 60cm×60cm×60cm。

建设目标：用材林。

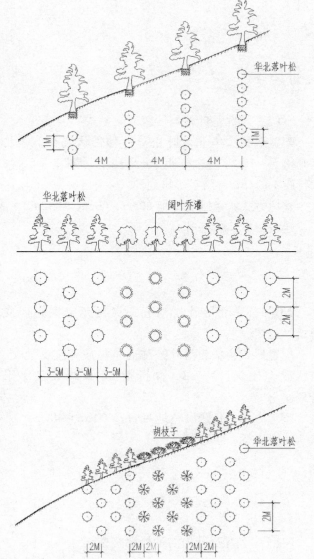

NO 2、华北落叶松与阔叶乔灌树种混交模式

配置形式：华北落叶松与阔叶乔灌树种带状或块状混交造林，株行距 2m×（3~5）m，品字形排列。

整地方式：坡地鱼鳞坑整地 80cm×60cm×40cm；平地穴状整地 60cm×60cm×60cm。

建设目标：生态林。

NO 3、华北落叶松与胡枝子混交模式

配置形式：华北落叶松与胡枝子混交，带状混交 4 行一带，株行距 2m×（2~3）m，品字形排列。

整地方式：鱼鳞坑整地 80cm×60cm×40cm，品字形排列。

建设目标：生态林。

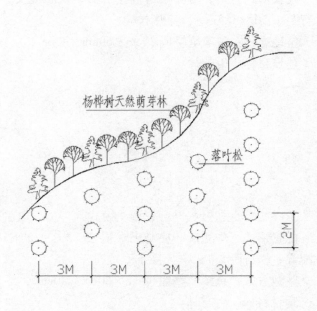

NO 4、华北落叶松与桦树（山杨）混交模式

配置形式：华北落叶松与桦树或山杨（天然萌生苗）混交，人工与天然自然配置，株行距 2m×3m，品字形排列。

整地方式：鱼鳞坑整地 80cm×60cm×40cm。

建设目标：生态林。

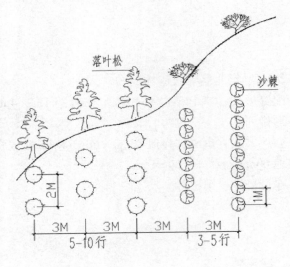

NO 5、华北落叶松与沙棘混交模式

配置形式：华北落叶松与沙棘带状混交，华北落叶松 5～10 行，株行距 2m×3m；沙棘 3～5 行，株行距 1m×3m，品字形排列。

整地方式：鱼鳞坑整地 80cm×60cm×40cm。

建设目标：生态林。

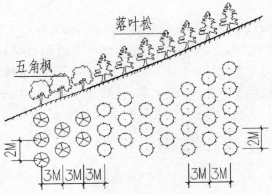

NO 6、华北落叶松与五角枫（元宝枫）混交模式

配置形式：华北落叶松与五角枫或元宝枫混交，带状混交比例：7：3，株行距 2m×3m，品字形排列。

整地方式：鱼鳞坑整地 80cm×60cm×40cm。

建设目标：生态林。

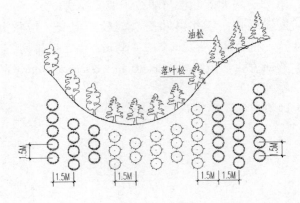

NO 7、华北落叶松与油松混交模式

配置形式：华北落叶松与油松混交，块状混交，株行距 1.5m×1.5m，品字形排列。

整地方式：鱼鳞坑整地 80cm×60cm×40cm。

建设目标：生态林。

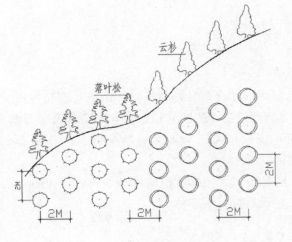

NO 8、华北落叶松与云杉混交模式

配置形式：华北落叶松与云杉混交，1：1 的比例混栽，株行距 2m×2m，品字形排列。

整地方式：鱼鳞坑整地 80cm×60cm×40cm。

建设目标：生态林。

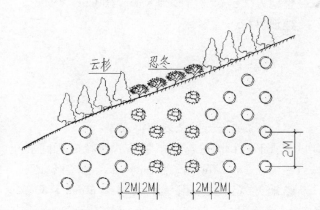

NO 9、日本落叶松造林模式

配置形式：营造日本落叶松片林，株行距2m×3m，品字形排列。

整地方式：鱼鳞坑整地80cm×60cm×40cm。

建设目标：用材林。

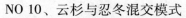

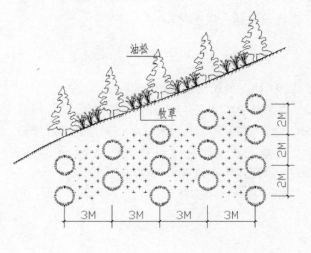

NO 10、云杉与忍冬混交模式

配置形式：营造云杉与忍冬乔灌混交林，带状混交4行一带，株行距2m×2m，品字形排列。

整地方式：鱼鳞坑整地80cm×60cm×40cm。

建设目标：生态林。

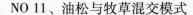

NO 11、油松与牧草混交模式

配置形式：油松与豆科牧草行间混交，油松株行距2m×3m。

整地方式：坡地用鱼鳞坑整地80cm×60cm×40cm；梯田用穴状整地，60cm×60cm×40cm。

建设目标：生态林。

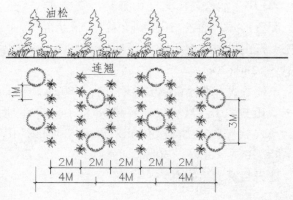

NO 12、油松与连翘混交模式

配置形式：油松与连翘带状混交，1行油松株行距3m×4m，2行连翘株行距1m×2m。

整地方式：坡地鱼鳞坑整地，油松80cm×60cm×40cm，连翘50cm×40cm×30cm；垣地穴状、小穴状整地，油松50cm×50cm×40cm，连翘30cm×30cm×30cm。

建设目标：生态林。

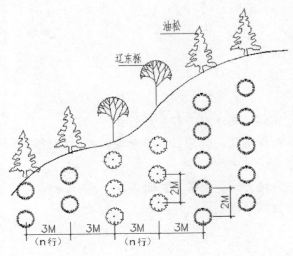

NO 13、油松与辽东栎（白桦）混交模式

配置形式：油松与辽东栎或白桦混交，带状、块状或混交，2m×3m，品字形排列。

整地方式：鱼鳞坑整地 80cm×60cm×40cm。

建设目标：生态林。

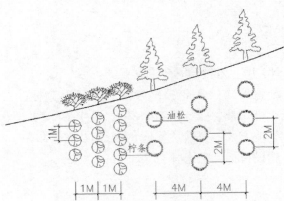

NO 14、油松与柠条混交模式

配置形式：油松与柠条带状、块状或行间混交，株行距油松 2m×4m；柠条 1m×1m，品字形排列。

整地方式：油松用鱼鳞坑整地 80cm×60cm×40cm；柠条用小穴状 20cm×20cm×20cm。

建设目标：生态林。

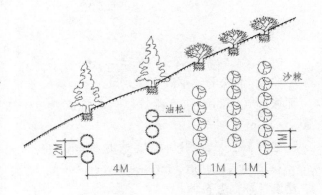

NO 15、油松与沙棘混交模式

配置形式：油松与沙棘带状、块状或行间混交，株行距油松 2m×4m；沙棘 1m×1m，品字形排列。

整地方式：油松用鱼鳞坑整地 80cm×60cm×40m，沙棘穴状整地 40cm×40cm×30cm。

建设目标：生态林。

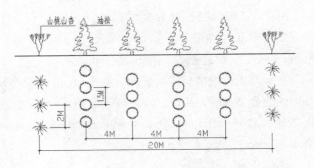

NO 16、油松与山桃（山杏）混交模式

配置形式：油松与山桃（山杏）带状混交，4 行油松 1 行山桃或山杏，株行距油松 1.5m×4m，山桃（山杏）2m×20m。

整地方式：坡地鱼鳞坑整地，油松 80cm×60cm×40cm，山桃（山杏）50cm×40cm×30cm；垣地穴状、小穴状整地，油松 50cm×50cm×40cm，山桃（山杏）30cm×30cm×30cm。

建设目标：生态林。

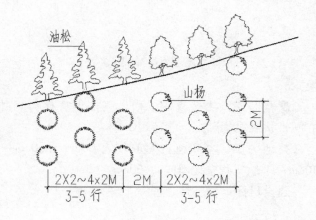

NO 17、油松与山杨混交模式

配置形式：油松与山杨带状或块状混交，每带3~5行一带，株行距2m×2m或4m×2m，品字形排列。

整地方式：鱼鳞坑整地80cm×60cm×40cm。

建设目标：生态林。

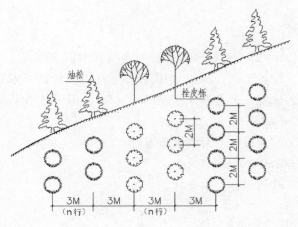

NO 18、油松与栓皮栎混交模式

配置形式：油松与栓皮栎带状、块状或行间混交，株行距2m×3m，品字形排列。

整地方式：鱼鳞坑整地，油松80cm×60cm×40cm，栓皮栎直播穴径25cm。

建设目标：生态林。

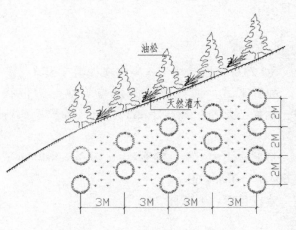

NO 19、油松与天然灌木混交模式

配置形式：油松与天然灌木混交，3m内坡面保留天然灌木树种，油松2m×3m，品字形排列。

整地方式：鱼鳞坑整地80cm×60cm×40cm。

建设目标：生态林。

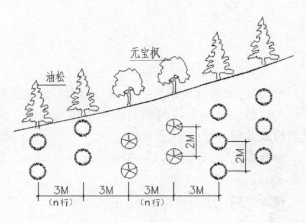

NO 20、油松与元宝枫混交模式

配置形式：油松与元宝枫带状、块状或行间混交，株行距2m×3m。

整地方式：鱼鳞坑整地80cm×60cm×40cm。

建设目标：生态林。

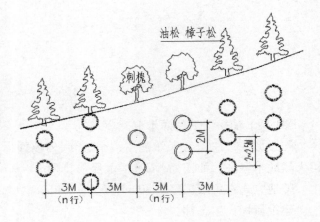

NO 21、油松（樟子松、侧柏）与阔叶乔灌混交模式

配置形式：油松或樟子松、侧柏小片林与阔叶乔灌带状或块状混交，株行距2m×(3~4)m。

整地方式：坡地鱼鳞坑整地80cm×60cm×40cm；平地穴状整地60cm×60cm×60cm。

建设目标：生态林。

NO 22、油松（樟子松）与五角枫混交模式

配置形式：油松或樟子松与五角枫针阔带状混交，油松、五角枫株行距2m×3m，樟子松株行距2.5m×3m。

整地方式：鱼鳞坑整地80cm×60cm×40cm或穴状60cm×60cm×60cm。

建设目标：生态林。

NO 23、油松（樟子松）与刺槐混交模式

配置形式：油松或樟子松与刺槐针阔带状混交，油松、刺槐，株行距2m×6m，樟子松株行距2.5m×6m。

整地方式：鱼鳞坑整地80cm×60cm×40cm或穴状60cm×60cm×60cm。

建设目标：生态林。

NO 24、油松（侧柏）与山桃（山杏）混交模式

配置形式：油松或侧柏与山桃或山杏带状、块状或行间混交，株行距2m×3m。

整地方式：鱼鳞坑整地80cm×60cm×40cm，品字形排列。

建设目标：生态林。

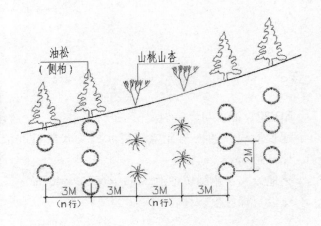

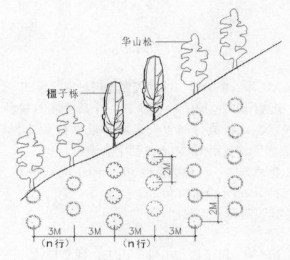

NO 25、华山松与橿子栎混交模式

配置形式：华山松与橿子栎带状、块状或行间混交华山松植苗株行距 2m×3m；橿子栎直播 5～6 粒/穴，品字形排列。

整地方式：鱼鳞坑整地 80cm×60cm×40cm。

建设目标：生态林、用材林。

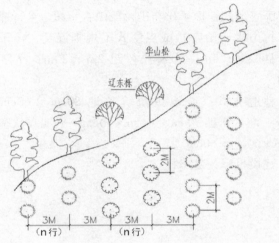

NO 26、华山松与辽东栎混交模式

配置形式：华山松与辽东栎带状、块状或行间混交，株行距 2m×3m，品字形排列。

整地方式：鱼鳞坑整地 80cm×60cm×40cm。

建设目标：生态林、用材林。

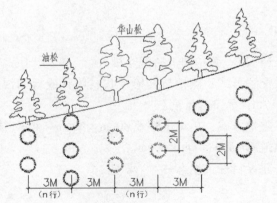

NO 27、华山松与油松混交模式

配置形式：华山松与油松带状、块状或行间混交，株行距 2m×3m，品字形排列。

整地方式：鱼鳞坑整地 80cm×60cm×40cm。

建设目标：生态林、用材林。

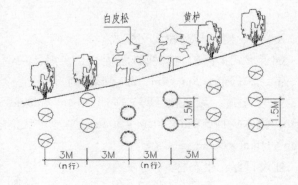

NO 28、白皮松与黄栌混交模式

配置形式：白皮松与黄栌带状、块状或行间混交，株行距 1.5m×3m，品字形排列。

整地方式：鱼鳞坑整地白皮松 80cm×60cm×40cm；黄栌 50cm×40cm×30cm。

建设目标：生态林、用材林、风景林。

NO 29、樟子松与沙棘等灌木树种混交模式

配置形式：樟子松与沙棘、柠条等灌木树种乔灌带状、块状或行间混交，樟子松株行距 2.5m × 6m，灌木株行距 1m×6m，品字形排列。

整地方式：鱼鳞坑整地 80cm×60cm×40cm；灌木树种 50cm×40cm×30cm。

建设目标：生态林。

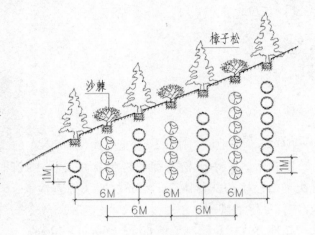

NO 30、樟子松与山桃（山杏）混交模式

配置形式：樟子松与山桃或山杏带状（4 行樟子松 1 行山桃或山杏）或点缀式不规则混交，樟子松株行距 2m × 4m；灌木株行距 2m × 20m，品字形排列。

整地方式：坡地鱼鳞坑整地 80cm × 60cm × 40cm；灌木树种 50cm×40cm×30cm，平地穴状整地 60cm×60cm×60cm。

建设目标：生态林。

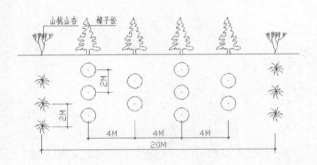

NO 31、侧柏与臭椿混交模式

配置形式：侧柏与臭椿带状、块状或行间混交，2m×2m，品字形排列。

整地方式：鱼鳞坑整地 80cm×60cm×40cm 或穴状整地 60cm×60cm×60cm。

建设目标：生态林。

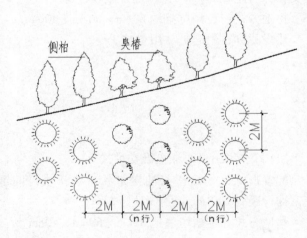

NO 32、侧柏与刺槐混交模式

配置形式：侧柏与刺槐带状混交，一般 2～3 行为一带，株行距 1.5m×4m，品字形排列。

整地方式：坡地鱼鳞坑整地 80cm × 60cm × 40cm；灌木树种 50cm×40cm×30cm，平地穴状整地 60cm×60cm×60cm。

建设目标：生态林。

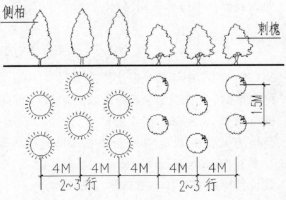

NO 33、侧柏与柠条混交模式

配置形式：侧柏与柠条带状或行间混交，营造水土林保持林，侧柏株行距 1.5m×6m，柠条或沙棘株行距1m×6m，品字形排列。

整地方式：坡地鱼鳞坑整地，侧柏 80cm×60cm×40cm，柠条 50cm×40cm×30cm；垣地穴状、小穴状整地，侧柏 50cm×50cm×40cm，柠条 30cm×30cm×30cm 侧柏用鱼鳞坑整地 80cm×60cm×40cm；柠条穴状整地 40cm×40cm×30cm。

建设目标：生态林。

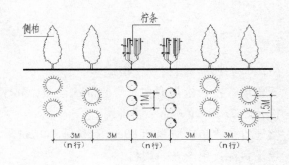

NO 34、侧柏与沙棘混交模式

配置形式：侧柏与沙棘带状或行间混交，株行距1m×3m，品字形排列。

整地方式：侧柏用鱼鳞坑整地 80cm×60cm×40cm；沙棘穴状整地 40cm×40cm×30cm。

建设目标：生态林。

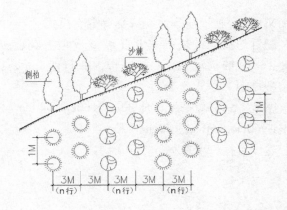

NO 35、侧柏与天然野皂荚（荆条）混交模式

配置形式：侧柏与野皂荚或荆条带状或行间混交，营造水土保持林。侧柏株行距 1.5m×3m，品字形排列。保留自然分布的野皂荚或荆条。

整地方式：鱼鳞坑整地 80cm×60cm×40cm。

建设目标：生态林。

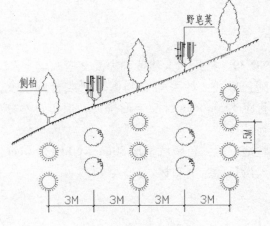

NO 36、侧柏（杜松）与天然灌木混交模式

配置形式：侧柏或杜松与天然灌木自然混交，3m 内坡面保留天然灌木树种，侧柏株行距 2m×3m。

整地方式：鱼鳞坑整地 80cm×60cm×40cm 品字形排列。

建设目标：生态林。

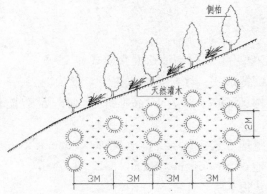

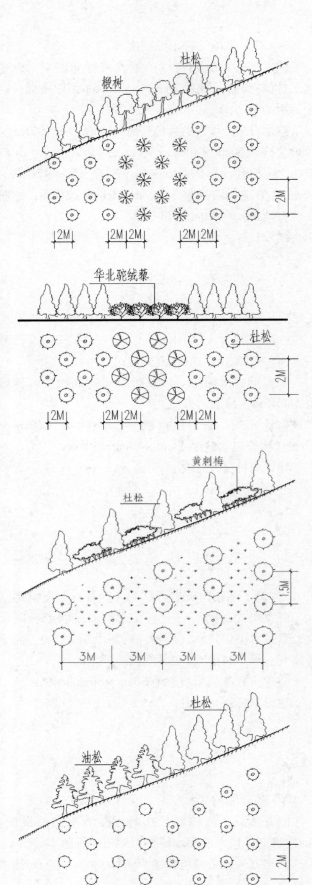

NO 37、杜松与椴树混交模式

配置形式：杜松与椴树 1∶1 带状混栽，4 行一带，株行距 2m×2m，品字型排列。

整地方式：鱼鳞坑整地 80cm×60cm×40cm。

建设目标：生态林、用材林。

NO 38、杜松与华北驼绒藜等混交模式

配置形式：杜松与华北驼绒藜或蒙古莸、四翅滨藜 1∶1 带状混栽，4 行一带，株行距 2m×2m，品字型排列。

整地方式：鱼鳞坑整地 80cm×60cm×40cm 或穴状整地 60cm×60cm×60cm。

建设目标：生态林。

NO 39、杜松与天然黄刺梅混交模式

配置形式：杜松与黄刺梅带状或行间混交，杜松株行距 1.5m×3m，品字形排列，保留自然分布的黄刺梅。

整地方式：鱼鳞坑整地 80cm×60cm×40cm。

建设目标：生态林。

NO 40、杜松与油松混交模式

配置形式：杜松与油松 1∶1 带状混交，4 行一带，株行距 2m×2m，品字形排列，营造防风固沙林。

整地方式：鱼鳞坑整地 80cm×60cm×40cm 或穴状整地 60cm×60cm×60cm。

建设目标：生态林、用材林。

NO 41、圆柏造林模式

配置形式：圆柏造林，株行距 1.5m×2m。

整地方式：穴状整地 50cm×50cm×30cm。

建设目标：生态林、风景林。

NO 42、杨树（柳树）与其他乔木混交模式

配置形式：杨树或柳树片林与其他乔木带状混交，株行距 3m×3m。

整地方式：穴状整地，80cm×80cm×80cm。

建设目标：生态林。

NO 43、杨树（柳树）农田防护林模式

配置形式：杨树或柳树农田防护林，主林带加网格，网格控制面积不大于 200 亩。

整地方式：大坑整地 80cm×80cm×80cm。

建设目标：农田防护林。

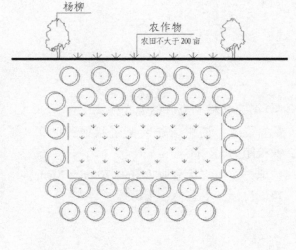

NO 44、杨树（柳树）与沙棘（柠条）混交模式

配置形式：杨树或柳树与沙棘或柠条乔灌带状或行间混交，乔木株行距 3m×6m，灌木株行距 1m×6m。

整地方式：穴状整地，60cm×60cm×60cm。

建设目标：生态林。

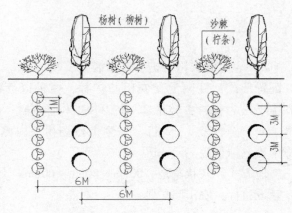

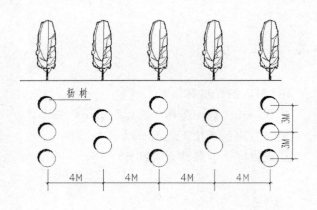

NO 45、杨树造林模式

配置形式：营造杨树片林，树种以三倍体毛白杨、欧美杨、107 杨、中金杨、中林 46 杨、84 杨等，片状或块状配置。

整地方式：大穴状整地，100cm×100cm×80cm。

建设目标：生态林、用材林。

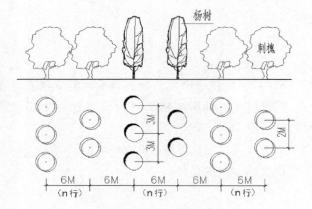

NO 46、杨树与刺槐混交模式

配置形式：杨树与刺槐带状或行间混交，树种以三倍体毛白杨、欧美杨、107 杨、中金杨、中林 46 杨、84 杨、豫刺 83002、84023，鲁刺 1008、鲁刺 45，四倍体刺槐。带状混交，株行距：杨树 3m×6m，刺槐 2m×6m。

整地方式：杨树穴状整地，80cm×80cm×60cm，刺槐穴状整地，50cm×50cm×40cm。

建设目标：生态林、用材林。

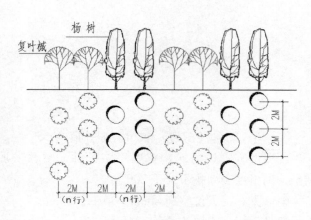

NO 47、杨树与复叶槭混交模式

配置形式：杨树与复叶槭带状或行间 1∶1 混交，株行距 2m×2m。

整地方式：穴状整地 70cm×70cm×70cm。

建设目标：生态林、用材林。

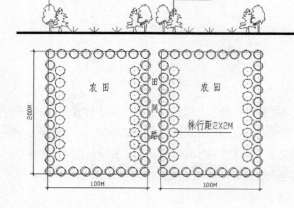

NO 48、晋北农田防护林针阔混交模式

配置形式：针阔混交农田防护林，树种以新疆杨和樟子松为主，主林带 2～3，外侧 2 行杨树，内侧樟子松，副林带 1～2 行，外侧 1 行杨树，内侧 1 行樟子松，株行距 2m×2m。

整地方式：穴状整地，80cm×80cm×60cm。

建设目标：农田防护林。

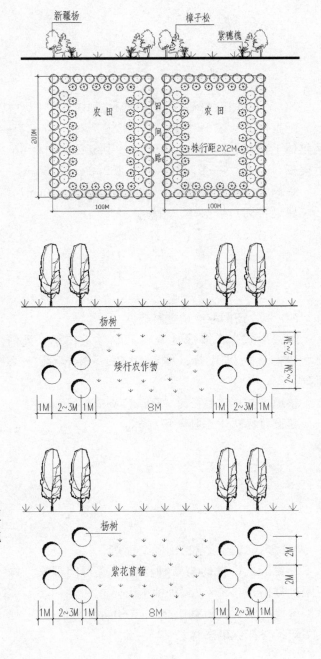

NO 49、晋北农田防护林乔灌混交模式

　　配置形式：乔灌混交晋北地区农田防护林，树种有：新疆杨（合作杨）樟子松柠条（紫穗槐），带状混交，主林带 2～3 行，外侧 1 行杨树，内侧 1 行樟子松、1 行柠条，副林带 2 行，外侧 1 行樟子松，内侧 1 行柠条，株行距 2m×2m，品字形排列。

　　整地方式：穴状整地，80cm×80cm×60cm。

　　建设目标：农田防护林。

NO 50、杨树林农复合经营模式

　　配置形式：杨树林粮间作，树种有：新疆杨、毛白杨、速生杨，杨树两行一带，带间距 8m，株行距 (2～3)m×(2～3)m，品字型排列。带间套种低杆作物。

　　整地方式：穴状整地，80cm×80cm×60cm。

　　建设目标：生态林、用材林。

NO 51、杨树与紫花苜蓿林草复合经营模式

　　配置形式：杨树与紫花苜蓿复合经营，杨树有：新疆杨、毛白杨、速生杨，杨树两行一带，带间距 8m，株行距 2m×2m，品字形排列；带间套种紫花苜蓿。

　　整地方式：杨树穴状整地，60cm×60cm×60cm，紫花苜蓿全面整地。

　　建设目标：生态林、用材林。

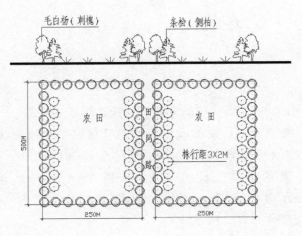

NO 52、中南部农田防护林针阔混交模式

　　配置形式：毛白杨或刺槐与条桧或侧柏带状混交，主林带 2 行，外行毛白杨或刺槐，内行条桧或侧柏，副林带 1 行，毛白杨株行距 3m×2m，品字形排列。

　　整地方式：穴状整地 80cm×80cm×60cm。

　　建设目标：防护林带。

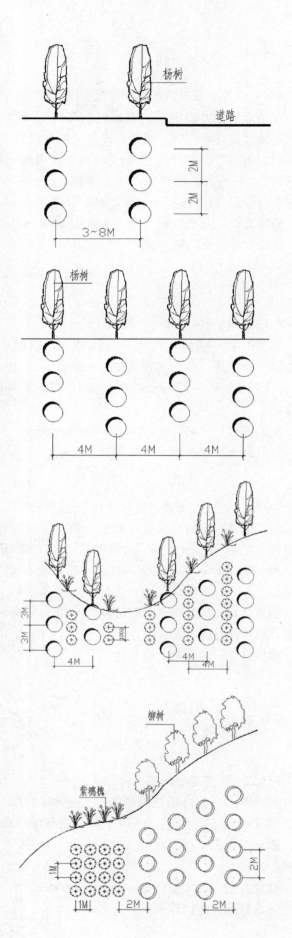

NO 53、农田林网及行道树造林模式

　　配置形式：农田林网及行道树造林，树种有：三倍体毛白杨、欧美杨、107 杨、中金杨、中林46、欧美杨、84 杨。一带两行，株行距2m×（3～8）m。

　　整地方式：穴状整地，100cm×100cm×80cm。

　　建设目标：生态林、用材林。

NO 54、杨柳滩涂地造林模式

　　配置形式：在滩涂地栽植三倍体毛白杨、漳河柳、旱柳、垂柳片林，株行距 2m × 4m，品字形排列。

　　整地方式：穴状整地，60cm×60cm×60cm。

　　建设目标：生态林、用材林。

NO 55、青杨与紫穗槐混交模式

　　配置形式：青杨与紫穗槐带状或行间混交，株行距：青杨 3m×4m，紫穗槐 1m×4m。

　　整地方式：穴状整地 60cm×60cm×50cm。

　　建设目标：生态林。

NO 56、旱柳（漳河柳）与紫穗槐混交模式

　　配置形式：旱柳或漳河柳与紫穗槐带状或块状混交株行距：柳树 2m×2m，紫穗槐 1m×1m。

　　整地方式：穴状整地，柳树 80cm × 80cm × 60cm；紫穗槐 50cm×50cm×40cm。

　　建设目标：生态林。

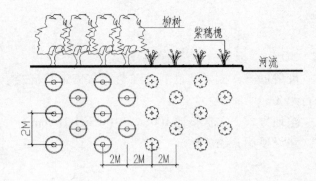

NO 57、垂柳与紫穗槐护岸林模式

配置形式：垂柳与紫穗槐带状混交（4 行：4 行），株行距：柳树 2m×2m，紫穗槐 1m×2m。

整地方式：穴状整地，柳树 80cm × 80cm × 60cm；紫穗槐 50cm×50cm×40cm。

建设目标：生态林。

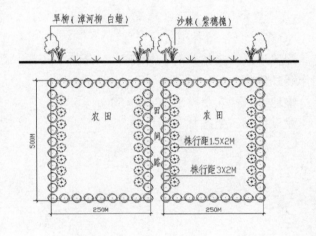

NO 58、中南部农田防护林乔灌混交模式

配置形式：树种有旱柳、漳河柳、白蜡、沙棘、紫穗槐。带状混交，主林带 2 行，外行旱柳，内行紫穗槐；副林带，1 行旱柳，株行距：乔木 3m×2m，灌木 1.5m×2m，品字形排列。

整地方式：穴状整地，乔木 80cm × 80cm × 60cm，灌木 50cm×50cm×40cm。

建设目标：生态林。

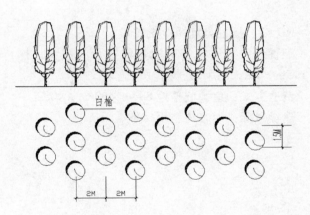

NO 59、白榆造林模式

配置形式：白榆片林，株行距 1.5m×2m，幼林间作矮秆作物。

整地方式：穴状整地，50cm×50cm×50cm。

建设目标：生态林、用材林。

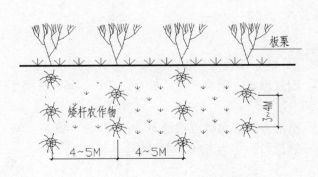

NO 60、板栗片林经营模式

配置形式：板栗片林，株行距（3～4)m×(4～5)m，幼林间作矮秆农作物。

整地方式：穴状整地，100cm×100cm×100cm。

建设目标：经济林。

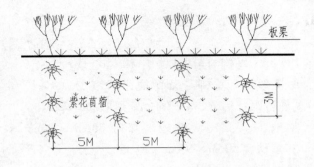

NO 61、板栗林草复合经营模式

配置形式：板栗林草复合经营，与草带状混交，株行距 3m×5m。

整地方式：穴状整地 100cm×100cm×100cm。

建设目标：经济林。

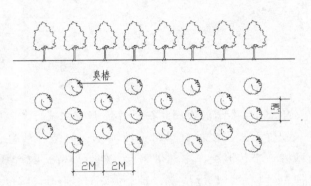

NO 62、臭椿造林模式

配置形式：臭椿片林，株行距 1.5m×2m，幼林间作矮秆作物。

整地方式：穴状整地 50cm×50cm×50cm。

建设目标：生态林、用材林。

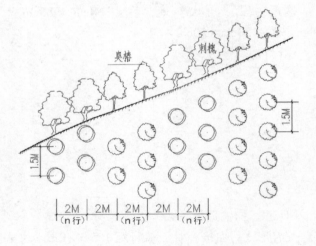

NO 63、臭椿与刺槐混交模式

配置形式：臭椿与刺槐带状或行间混交，株行距 1.5m×2m，品字形排列。

整地方式：鱼鳞坑整地 80cm×60cm×40cm。

建设目标：生态林、用材林。

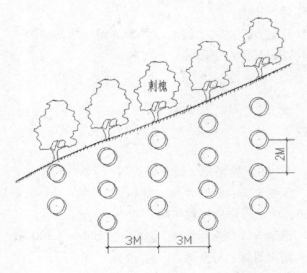

NO 64、刺槐造林模式

配置形式：刺槐片林，株行距 2m×3m，品字形排列。

整地方式：鱼鳞坑整地 80cm×60cm×40m。

建设目标：生态林、用材林。

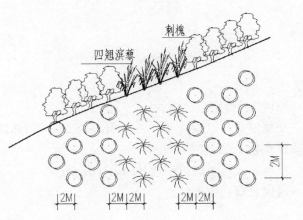

NO 65、刺槐与沙棘混交模式

配置形式：刺槐与沙棘带状混交，4 行一带，株行距：刺槐 2m×2m，沙棘 1m×1m，品字形排列。

整地方式：穴状整地 50cm×50cm×50cm。

建设目标：生态林。

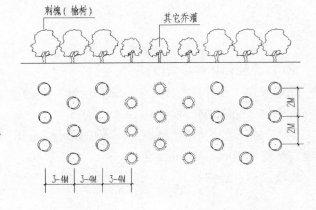

NO 66、刺槐与四翅滨藜混交模式

配置形式：刺槐与四翅滨藜带状混交，4 行一带，株行距 2m×2m，品字形排列。

整地方式：坡地鱼鳞坑整地 80cm×60cm×40cm 川、垣地穴状整地 50cm×50cm×40cm。

建设目标：生态林、用材林。

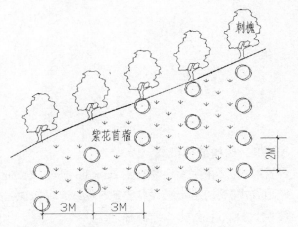

NO 67、刺槐（白榆）与其他乔灌混交模式

配置形式：刺槐或白榆片林与其他乔灌带状混交，株行距 2m×(3~4)m。

整地方式：穴状 60cm×60cm×60cm。

建设目标：生态林。

NO 68、刺槐与紫花苜蓿复合经营模式

配置形式：刺槐与紫花苜蓿复合经营，带状混交，刺槐株行距 2m×3m，品字形排列。行间间作 4 行紫花苜蓿，紫花苜蓿行距 0.5m。

整地方式：坡地鱼鳞坑整地 80cm×60cm×40cm 川、垣地穴状整地 50cm×50cm×40cm。

建设目标：生态林、用材林。

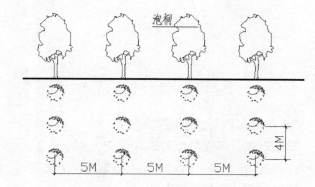

NO 69、泡桐造林模式

配置形式：泡桐片林，株行距 4m×5m。

整地方式：穴状整地，100cm×100cm×80cm。

建设目标：用材林。

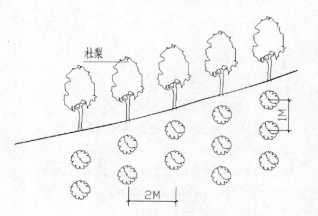

NO 70、杜梨造林模式

配置形式：杜梨片林，株行距 1m×2m，幼林间作矮秆作物，品字型排列。

整地方式：鱼鳞坑整地 80cm×60cm×40cm。

建设目标：生态林。

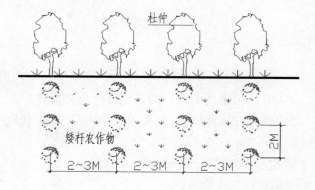

NO 71、杜仲片林经营模式

配置形式：杜仲株行距 2m×2m，幼林行间种植低秆农作物，品字形排列。

整地方式：坡地鱼鳞坑整地 80cm×60cm×40cm 川、垣地穴状整地 50cm×50cm×40cm。

建设目标：经济林。

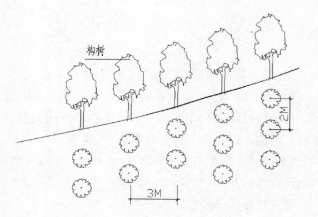

NO 72、构树造林模式

配置形式：构树片林，株行距 2m×3m 或 4m×1.5m。

整地方式：水平带状或块状整地 50cm×50cm×50cm。

建设目标：生态林、经济林。

NO 73、核桃梯田经营模式

配置形式：品种有：晋龙 1、2 号，鲁光，薄壳香，中林 1 号，辽核 1 号。2～3 品种按 1：1 或 1：1：1 隔行混栽，株行距 3m×5m（晚实），3m×4m（早实），幼林间作矮秆作物。

整地方式：大穴整地 100cm×100cm×100cm。

建设目标：经济林。

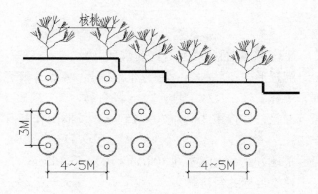

NO 74、核桃与牧草复合经营模式

配置形式：核桃与豆科牧草复合经营，2～3 个品种按（2～3）：1 隔行混栽，株行距 3m×5m，行间混交紫花苜蓿、红豆草等。

整地方式：穴状整地 100cm×100cm×100cm。

建设目标：经济林。

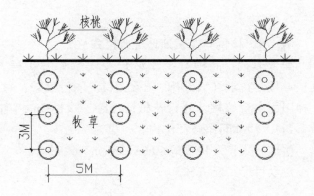

NO 75、核桃与蔬菜复合经营模式

配置形式：核桃与蔬菜复合经营，2～3 个品种按（2～3）：1，隔行混栽，株行距 3m×5m。行间混交豆角、椒、白菜等。

整地方式：穴状整地 100cm×100cm×100cm。

建设目标：经济林。

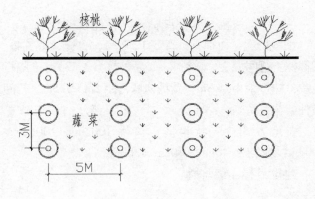

NO 76、核桃平、川、垣经营模式

配置形式：品种有：晋龙 1、2 号，鲁光，薄壳香，中林 1 号，辽核 1 号。2～3 品种按（2～3）：1 隔行混栽，株行距 3m×5m，幼林间作矮秆作物。

整地方式：大穴整地 100cm×100cm×100cm。

建设目标：经济林。

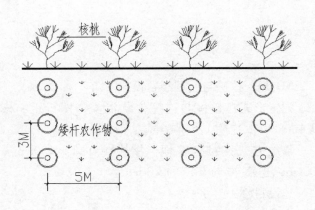

NO 77、核桃林农复合经营模式

配置形式：品种有：晋龙 1、2 号，鲁光，薄壳香，中林 1 号，辽核 1 号。2~3 品种按（2~3）：1 隔行混栽，株行距 3m×（10~15）m，长期间作矮秆作物。

整地方式：大穴整地 100cm×100cm×100cm。

建设目标：经济林。

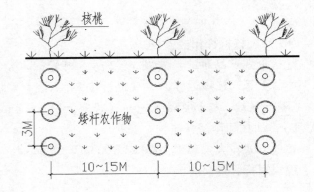

NO 78、核桃与花椒地埂经营模式

配置形式：品种有：晋龙 1、2 号，中林 1 号，辽核 1 号，花椒（大红袍、小红袍）。隔行混栽，每一梯田，内行核桃，外行花椒，株距：核桃 3m，花椒 1.5m，幼林间作矮秆作物。

整地方式：穴状整地 60cm×60cm×60cm。

建设目标：经济林。

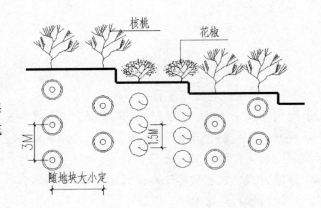

NO 79、核桃与紫穗槐林牧复合经营模式

配置形式：树种有：晋龙 1、2 号，鲁光、薄壳香，紫穗槐。行间混交，核桃 2~3 品种按（2~3）：1 隔行混栽，株行距 4m×8m，紫穗槐株行距 2m×1.5m，行间播种紫花苜蓿。

整地方式：穴状整地，核桃 100cm×100cm×100cm，紫穗槐 40cm×40cm×30cm。

建设目标：经济林。

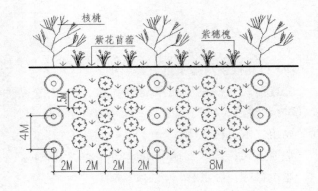

NO 80、核桃与连翘经营模式

配置形式：核桃与连翘带状混交，株行距：核桃 4m×9m，连翘 1.5m×3m。

整地方式：穴状整地，核桃 100cm×100cm×100cm，连翘 40cm×40cm×30cm。

建设目标：经济林。

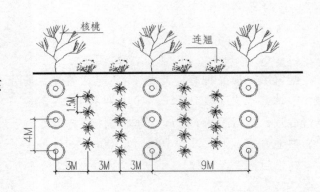

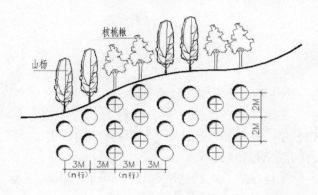

NO 81、核桃楸与山杨（白桦）混交模式

配置形式：核桃楸与山杨（白桦）带状或行间混交，株行距：2m×3m，品字形排列。

整地方式：穴状整地 50cm×50cm×40cm。

建设目标：生态林、用材林。

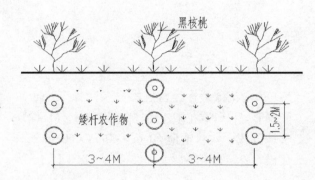

NO 82、黑核桃片林经营模式

配置形式：黑核桃片林，2 个品种按（1~6）：1混栽，株行距（1.5~2）m×（3~4）m，幼林带状混交矮秆农作物，豆科牧草。

整地方式：穴状整地 80cm×80cm×80cm。

建设目标：用材林、经济林。

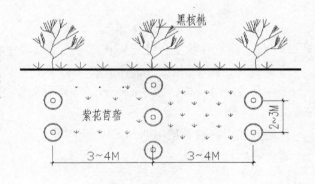

NO 83、黑核桃林草复合经营模式

配置形式：黑核桃品种有：撒切尔、丽文、比尔、拉兹、麦克等。2 品种按（1~6）：1混栽，株行距（2~3）m×（3~4）m，行间混交紫花苜蓿、沙打旺、草木樨等。

整地方式：穴状整地 80cm×80cm×80cm。

建设目标：用材林、经济林。

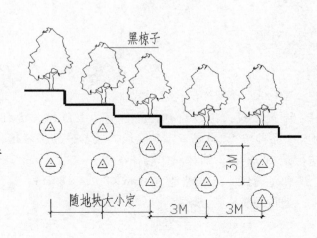

NO 84、黑椋子梯田地埂经营模式

配置形式：黑椋子地梯田埂造林，株距 3m，行距 3m 或随地块大小而定，行间混交各种农作物。

整地方式：穴状整地 50cm×50cm×50cm。

建设目标：经济林。

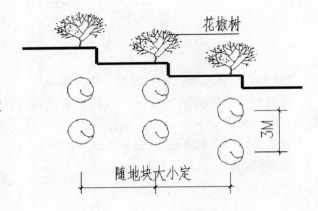

NO 85、花椒地埂经营模式

配置形式：花椒片林，品种有：大红袍、小红袍。单一品种纯林，株距 3m，行距随地块大小而定，行间混交各种农作物。

整地方式：穴状整地 80cm×80cm×80cm。

建设目标：经济林。

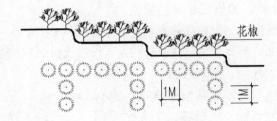

NO 86、花椒片林经营模式

配置形式：营造花椒片林，株行距 1m×(1~2)m。

整地方式：穴状整地 60cm×60cm×60cm。

建设目标：经济林。

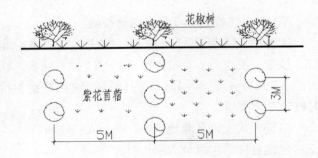

NO 87、花椒林牧复合经营模式

配置形式：花椒片林，品种有：大红袍、小红袍，单一品种纯林，株行距 3m×5m，行间混交紫花苜蓿。

整地方式：穴状整地 100cm×100cm×100cm。

建设目标：经济林。

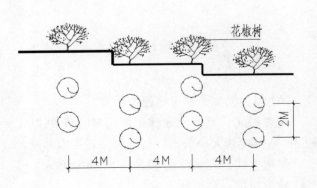

NO 88、花椒梯田经营模式

配置形式：花椒片林，品种有：大红袍、小红袍。2 品种按 4：4 或 5：5 混栽，或单一品种栽植，株行距 2m×4m，幼林间作矮秆作物。

整地方式：穴状整地，80cm×80cm×80cm。

建设目标：经济林。

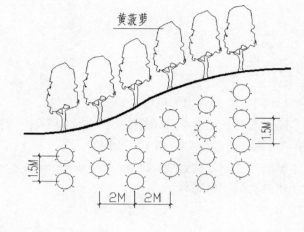

NO 89、黄波罗造林模式

配置形式：黄波罗片林，株行距 1.5m×2m，幼林间作矮秆作物。

整地方式：穴状整地 50cm×50cm×50cm。

建设目标：用材林。

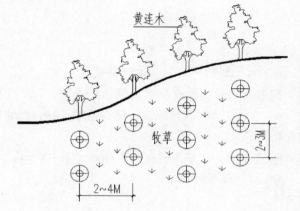

NO 90、黄连木造林模式

配置形式：黄连木片林，株行距：水土保持林 2m×2m 或 2m×3m，经济林 3m×3m 或 4m×4m 或秋季采种后即播 5~10 粒/穴，行间间作豆科牧草。

整地方式：鱼鳞坑整地 100cm×80cm×50cm。

建设目标：生态林、用材林、经济林。

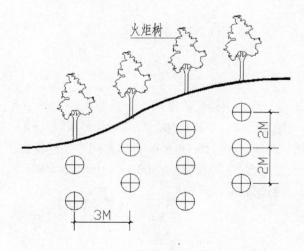

NO 91、火炬树造林模式

配置形式：火炬树片林，株行距 2m×3m。

整地方式：穴状整地 50cm×50cm×30cm。

建设目标：生态林、风景林。

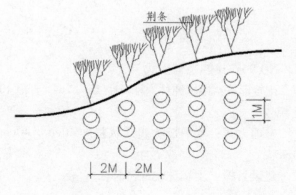

NO 92、荆条造林模式

配置形式：荆条片林，直播 10~15 粒/穴，植苗株行距 1m×2m。

整地方式：穴状整地 40cm×40cm×30cm。

建设目标：生态林。

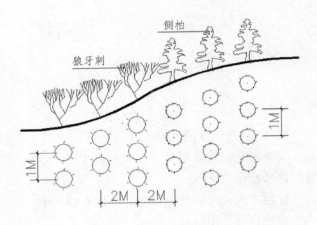

NO 93、狼牙刺与侧柏混交模式

配置形式：狼牙刺与侧柏带状或行间混交，株行距 1m×2m，狼牙刺直播 10～15 粒/穴。

整地方式：穴状整地，50cm×50cm×40cm。

建设目标：生态林。

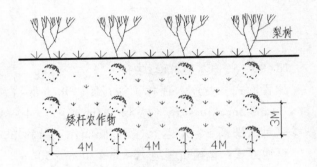

NO 94、梨树平、川、垣经营模式

配置形式：品种有：水晶梨、红香梨，2 品种按（2～4）：或 2∶2 隔行混栽，株行距 3m×4m，幼林间作矮秆作物。

整地方式：水平沟整地宽 100cm×深 100cm。

建设目标：经济林。

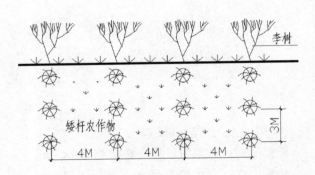

NO 95、李树经营模式

配置形式：李树片林，2～3 个品种按（2～3）：1 隔行混栽，株行距 3m×4m，幼林间作矮秆作物。

整地方式：穴状整地 100cm×100cm×80cm。

建设目标：经济林。

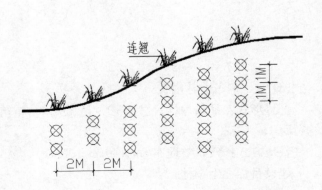

NO 96、连翘经营模式

配置形式：连翘纯林，株行距 1m×2m，直播 10～15 粒/穴。

整地方式：水平带状或穴状整地 40cm×40cm×30cm。

建设目标：生态林、经济林。

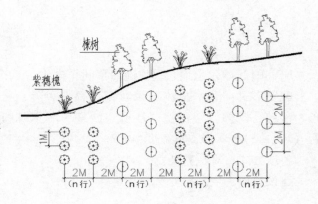

NO 97、楝树与紫穗槐混交模式

配置形式：楝树与紫穗槐带状或行间混交，株行距：楝树 2m×2m；紫穗槐 1m×2m。

整地方式：穴状整地 60cm×60cm×50cm。

建设目标：生态林。

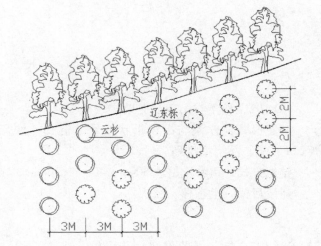

NO 98、辽东栎与云杉混交模式

配置形式：辽东栎与云杉块状混交，辽东栎疏林内栽植云杉，株行距 2m×3m，品字形排列。

整地方式：鱼鳞坑整地 80cm×60cm×40cm。

建设目标：生态林、用材林。

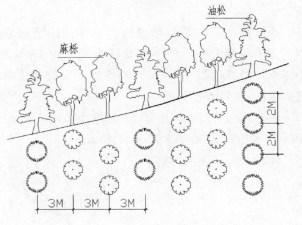

NO 99、麻栎与油松混交模式

配置形式：麻栎与油松带状混交，2 行麻栎 1 行油松（株行距 2m×3m，麻栎直播 5~6 粒/穴，品字形排列。

整地方式：油松植苗，鱼鳞坑整地 80cm×60cm×40cm；麻栎直播穴 30cm×30cm。

建设目标：生态林、用材林。

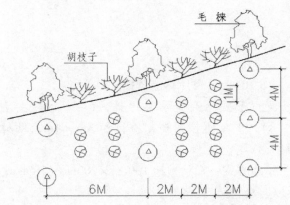

NO 100、毛榛与胡枝子混交模式

配置形式：毛榛与胡枝子带状混交，株行距：毛榛 4m×6m，胡枝子 1m×2m。

整地方式：水平带状或块状整地，毛榛 60cm×60cm×50cm，胡枝子 30cm×30cm×30cm。

建设目标：生态林、经济林。

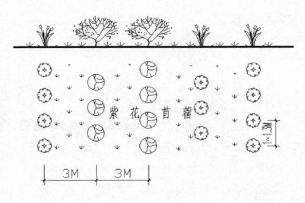

NO 101、沙化土地与缓坡地灌草间作模式

配置形式：灌木与牧草带状混交，树种有：柠条、沙棘、柽柳、紫穗槐、沙柳、沙桑。灌木株行距（1～1.3）m×3m，草盖度≥0.2。

整地方式：规范整地。

建设目标：生态林。

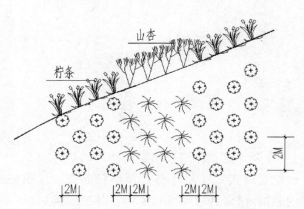

NO 102、柠条与山杏混交模式

配置形式：柠条与山杏带状或块状混交，株行距2m×2m，品字型排列。

整地方式：鱼鳞坑整地50cm×40cm×30cm。

建设目标：生态林、经济林。

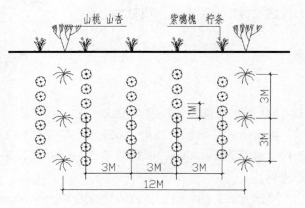

NO 103、柠条（紫穗槐）与山桃（山杏）混交模式

配置形式：柠条或紫穗槐与山桃或山杏带状或点缀式不规则混交，柠条或紫穗槐株行距1m×3m；山杏或山桃株行距3m×12m或点缀式以柠条或紫穗槐为主山杏或山桃为辅。

整地方式：坡地鱼鳞坑整地50cm×40cm×30cm；平地穴状40cm×40cm×30cm。

建设目标：生态林。

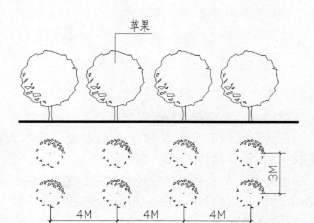

NO 104、苹果片林经营模式

配置形式：营造苹果片林，1～2品种主栽按（1～8）∶1配置授粉树，株行距3m×4m，幼林间作矮秆作物。

整地方式：穴状整地100cm×100cm×100cm。

建设目标：经济林。

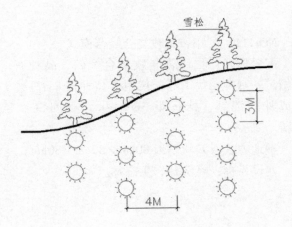

NO 105、水果经济林林草复合经营模式

配置形式：水果经济林林草复合经营，品种有：苹果、梨、李。株行距（3~4）m×（4~5）m。

整地方式：穴状整地，100cm×100cm×100cm。

建设目标：经济林。

NO 106、葡萄平、川、垣经营模式

配置形式：平、川、垣干栽植葡萄，品种：红提、黑提、红地球，2品种按（2~4）∶1隔行混栽，株行距1.5m×2m，幼林间作矮秆作物。

整地方式：水平沟整地，宽100cm×深100cm。

建设目标：经济林。

NO 107、雪松造林模式

配置形式：营造雪松片林，栽植1.5m高大苗，株行距3m×4m。

整地方式：穴状整地80cm×80cm×80cm。

建设目标：风景林。

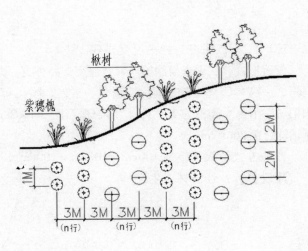

NO 108、楸树与紫穗槐混交模式

配置形式：楸树与紫穗槐带状或行间混交，株行距：楸树2m×3m，紫穗槐1m×3m。

整地方式：水平带状或穴状整地，楸树60cm×60cm×50cm，紫穗槐30cm×30cm×300cm。

建设目标：生态林、用材林。

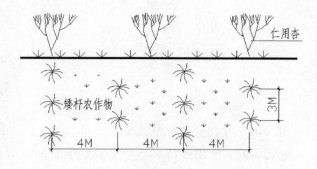

NO 109、仁用杏片林经营模式

配置形式：营造仁用杏片林，品种按（1~2）：1隔行混栽，株行距 3m×4m，幼林间作矮秆作物。

整地方式：穴状整地 80cm×80cm×80cm。

建设目标：经济林。

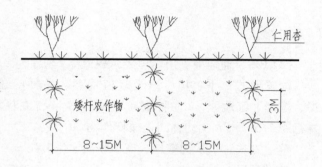

NO 110、仁用杏林农复合经营模式

配置形式：仁用杏林农复合经营，2品种按（1~4）：1行内混栽，株行距 3m×（8~15）m，行间混交矮秆农作物。

整地方式：穴状整地 80cm×80cm×80cm。

建设目标：经济林。

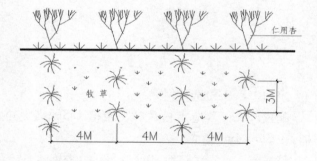

NO 111、仁用杏林牧复合经营模式

配置形式：仁用杏与牧草合经营，品种有：龙王帽、一窝蜂、优1等，仁用杏品种按8：1：1行间或株间混栽，株行距 3m×4m，行间混交紫花苜蓿。

整地方式：穴状整地 80cm×80cm×80cm。

建设目标：经济林、生态林。

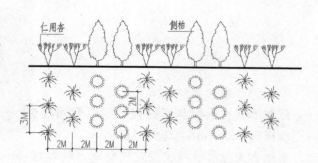

NO 112、仁用杏与侧柏混交模式

配置形式：仁用杏与侧柏。带状混交，品种有：龙王帽、一窝蜂、优1、白玉扁、超仁、丰仁、国仁等、侧柏。仁用杏：侧柏为1：1，仁用杏株行距 3m×2m；侧柏株行距2m×2m。

整地方式：穴状整地 100cm×100cm×100cm。

建设目标：经济林、生态林。

NO 113、仁用杏与连翘混交模式

配置形式：仁用杏与连翘带状混交，品种有：龙王帽、一窝蜂、优1、白玉扁、超仁、丰仁、国仁等。仁用杏：连翘为 1：4，仁用杏 2 品种按（1～4）：1 行内混栽，株距 3m，连翘株行距 2m×1.5m。

整地方式：穴状整地，仁用杏 80cm×80cm×80cm，连翘 50cm×50cm×40cm。

建设目标：经济林、生态林。

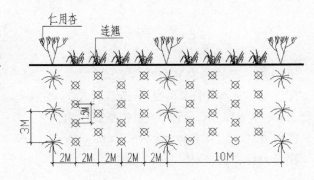

NO 114、京杏（仁用杏）林牧复合经营模式

配置形式：品种有：京杏、仁用杏、紫花苜蓿。片林行间间作牧草带，株行距 3m×4m

整地方式：穴状整地 80cm×80cm×80cm。

建设目标：经济林。

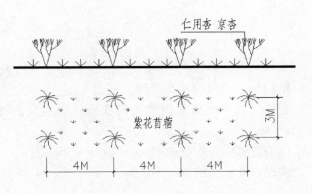

NO 115、桑树片林经营模式

配置形式：营造桑树片林，株行距 2m×4m，幼林间作矮秆农作物。

整地方式：穴状整地 80cm×80cm×80cm。

建设目标：经济林。

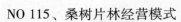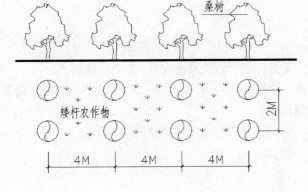

NO 116、桑树林草复合经营模式

配置形式：桑树林草复合经营，单行或双行，株行距 3m×（5～6）m，行间混交紫花苜蓿，沙打旺等。

整地方式：穴状整地 80cm×80cm×80cm。

建设目标：经济林。

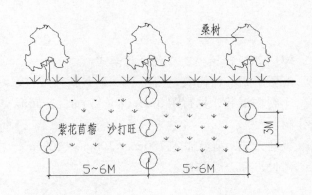

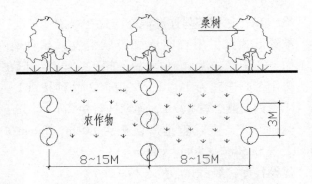

NO 117、桑树林农复合经营模式

配置形式：桑树林农复合经营，单行或双行，株行 3m×(8～15)m，行间混交各类农作物。

整地方式：穴状整地 80cm×80cm×80cm。

建设目标：经济林。

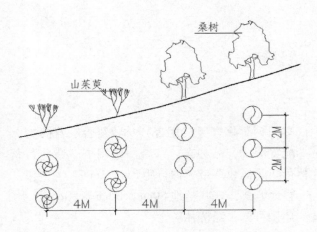

NO 118、桑树与山茱萸经营模式

配置形式：桑树与山茱萸带状或行间混交，行距 2m×4m。

整地方式：穴状整地 50cm×50cm×50cm。

建设目标：经济林。

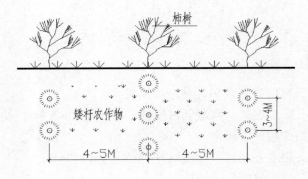

NO 119、柿树片林经营模式

配置形式：营造柿树片林，2 个品种按 (1～4)：1 混栽，株行距 (3～4)m×(4～5)m，幼林行间混交矮秆农作物。

整地方式：穴状整地 100cm×100cm×100cm。

建设目标：经济林。

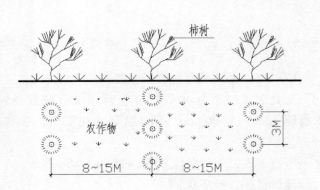

NO 120、柿树林农复合经营模式

配置形式：柿树农复合经营，2 个品种按 (1～4)：1 行内混栽，株行距 3m×(8～15)m，行间混交农作物。

整地方式：穴状整地 100cm×100cm×100cm。

建设目标：经济林。

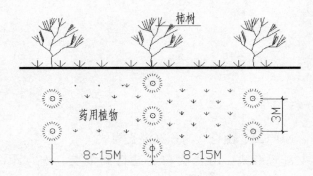

NO 121、柿树林药复合经营模式

配置形式：柿树林药复合经营，2 个品种按（1~4）：1 行内混栽，株行距 3m×（8~15）m，行间混交药用植物。

整地方式：穴状整地 100cm×100cm×100cm。

建设目标：经济林

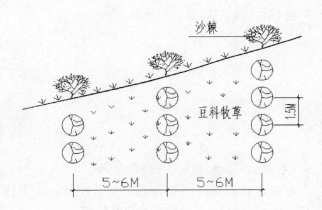

NO 122、沙棘林牧复合经营模式

配置形式：沙棘与豆科牧草复合经营，沙棘株行距 1.5m×（5~6）m，长期混交豆科牧草。

整地方式：水平沟整地，60cm×60cm。

建设目标：生态林、经济林。

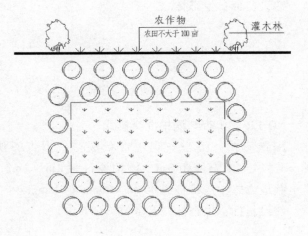

NO 123、灌木农田防护林模式

配置形式：树种有：沙棘、柠条、沙桑、紫穗槐，主林带加生物地埂，网格控制不大于 100 亩。

整地方式：穴状整地 40cm×40cm×40cm。

建设目标：生态林。

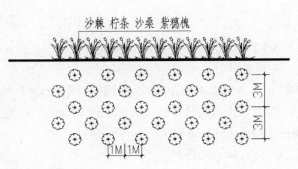

NO 124、沙棘、柠条、沙桑、紫穗槐混交模式

配置形式：沙棘、柠条、沙桑、紫穗槐块状或带状混交，株行距 3m×1m。

整地方式：穴状整地 40cm×40cm×30cm。

建设目标：生态林。

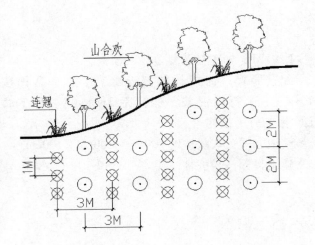

NO 125、山合欢与连翘混交模式

　　配置形式：山合欢与连翘行间混交，株行距：山合欢2m×3m，连翘1m×3m。

　　整地方式：穴状整地50cm×50cm×50cm。

　　建设目标：生态林、经济林。

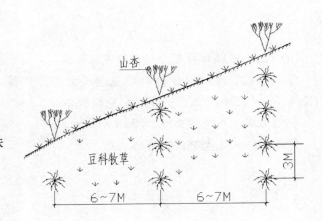

NO 126、山杏林牧复合经营模式

　　配置形式：山杏与豆科牧草复合经营，山杏株行距3m×(6~7)m，长期混交豆科牧草。

　　整地方式：水平沟整地80cm×60cm。

　　建设目标：生态林。

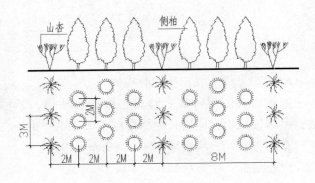

NO 127、山杏与侧柏混交模式

　　配置形式：山杏与侧柏带状混交，山杏：侧柏=1：4，山杏株距3m，侧柏株行距2m×2m。

　　整地方式：穴状整地80cm×60cm×40cm。

　　建设目标：生态林、经济林。

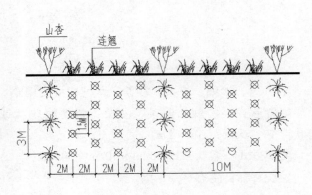

NO 128、山杏与连翘经营模式

　　配置形式：山杏与连翘带状混交经营，山杏：连翘为1：4，山杏株距3m，连翘株行距2m×1.5m。

　　整地方式：穴状整地山杏80cm×60cm×50 连翘50cm×50cm×40cm。

　　建设目标：经济林。

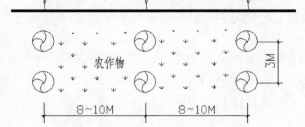

NO 129、山楂片林经营模式

配置形式：营造山楂树片林，2～3 个品种按 (1～3)：1，隔行混栽，株行距 3m×4m，幼林间作矮秆农作物。

整地方式：穴状整地，100cm×100cm×100cm。

建设目标：经济林。

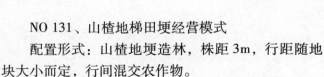

NO 130、山楂林农复合经营模式

配置形式：山楂林农复合经营，2～3 个品种按 (1～4)：1 行内混栽，株行距 3m×(8～15)m，行间长期混交农作物。

整地方式：穴状整地 100cm×100cm×100cm。

建设目标：经济林

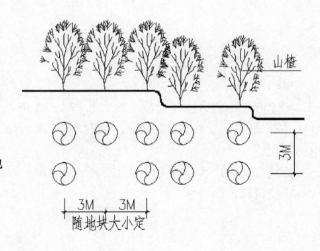

NO 131、山楂地梯田埂经营模式

配置形式：山楂地埂造林，株距 3m，行距随地块大小而定，行间混交农作物。

整地方式：穴状整地 100cm×100cm×100cm。

建设目标：经济林。

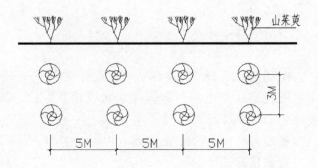

NO 132、山茱萸片林经营模式

配置形式：营造山茱萸片林，株行距 3m×5m，幼林间作矮秆农作物。

整地方式：穴状整地 70cm×70cm×50cm。

建设目标：经济林。

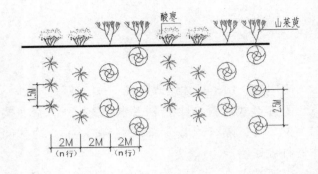

NO 133、山茱萸与酸枣经营模式

配置形式：山茱萸与酸枣带状或行间混交，山茱萸：酸枣为1：1.7，山茱萸株距2.5m，酸枣株行距2m×1.5m。

整地方式：穴状整地，山茱萸80cm×60cm×50cm，酸枣50cm×50cm×40cm。

建设目标：经济林。

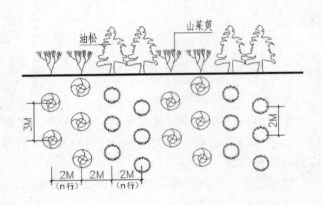

NO 134、山茱萸与油松混交模式

配置形式：山茱萸与油松带状或行间混交，山茱萸：油松为1：1.5 山茱萸株距3m，油松株行距2m×2m。

整地方式：穴状整地，山茱萸80cm×60cm×50cm，油松50cm×50cm×40cm。

建设目标：经济林、生态林。

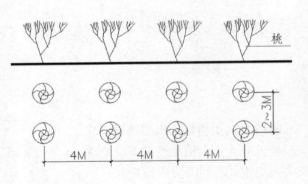

NO 135、桃树片林经营模式

配置形式：营造桃树片林，按（1～3）：1隔行混栽，株行距（2～3）m×4m，幼林间作矮秆农作物。

整地方式：穴状整地100cm×100cm×100cm。

建设目标：经济林。

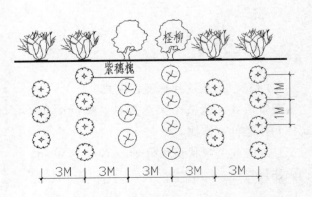

NO 136、柽柳与紫穗槐盐碱地造林模式

配置形式：柽柳与紫穗槐块状或带状混交，株行距1m×3m。

整地方式：穴状整地40cm×40cm×30cm。

建设目标：生态林。

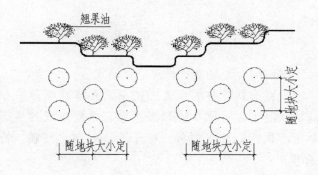

NO 137、翅果油片林经营模式

配置形式：营造翅果油片林，株行距2m×2m。

整地方式：穴状整地50cm×50cm×30cm。

建设目标：经济林。

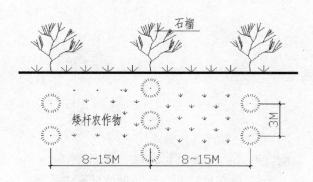

NO 138、石榴林农复合经营模式

配置形式：石榴林农复合经营，2~3品种按（1~3）：1行内混栽株行距3m×（8~15）m，行间混交矮秆农作物。

整地方式：穴状整地100cm×100cm×80cm，

建设目标：经济林

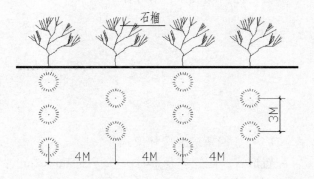

NO 139、石榴片林经营模式

配置形式：营造石榴片林，2~3品种（1~6）：1隔行混栽，株行距3m×（3~4）m，幼林间作矮秆作物。

整地方式：穴状整地100cm×100cm×80cm。

建设目标：经济林

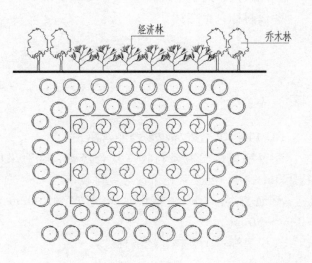

NO 140、果园防护林带造林模式

配置形式：乔木林围经济林带状或块状混交，林带树种：樟子松、杨树等。

整地方式：规范整地。

建设目标：生态林。

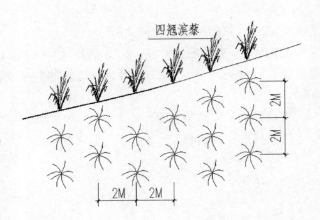

NO 141、草场防护林带造林模式

配置形式：乔围草或灌围草，乔草或灌草带状或块状混交以乔围草或以灌围草，乔灌按成片生态林密度执行，林带树种：樟子松、杨树、沙棘、柠条等。

整地方式：规范整地。

建设目标：生态林。

NO 142、水杉造林模式

配置形式：营造水杉片林，株行距 2m×3m 或 4m×1.5m，品字形排列，行间种植低秆农作物。

整地方式：穴状整地 70cm×70cm×50cm。

建设目标：风景林、用材林。

NO 143、四翅滨藜造林模式

配置形式：四翅滨藜造林，株行距 2m×2m，品字形排列。

整地方式：穴状整地，50cm×50cm×40cm。

建设目标：生态林。

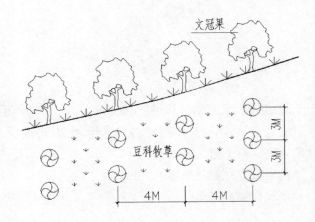

NO 144、文冠果林牧复合经营模式

配置形式：文冠果与牧草复合经营，文冠果株行距 3m×4m，混交紫花苜蓿等豆科牧草。

整地方式：水平带状或块状整地 70cm×70cm×50cm。

建设目标：生态林、经济林。

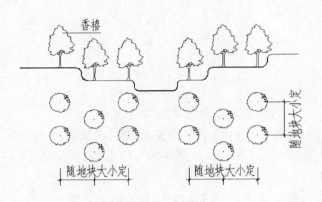

NO 145、香椿片林经营模式

配置形式：营造香椿片林，株行距 3m×3m。

整地方式：穴状整地 50cm×50cm×50cm。

建设目标：经济林。

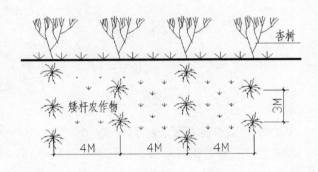

NO 146、杏树林农复合经营模式

配置形式：杏树林农复合经营，2 品种按（1~4）：1 混栽，株行距 3m×4m，间作矮秆农作物。

整地方式：穴状整地 100cm×100cm×100cm。

建设目标：经济林。

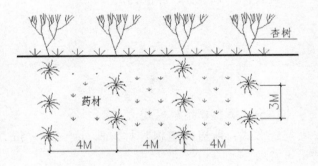

NO 147、杏树林药复合经营模式

配置形式：杏树林药复合经营，品种有：龙王帽优 1 凯特杏骆驼黄。2 品种按（2~4）：1 隔行混栽，株行距 1.5m×2m，幼林间作矮秆作物。

整地方式：水平沟整地宽×深＝100cm×100cm。

建设目标：经济林

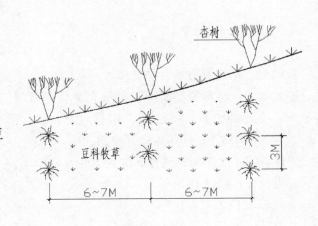

NO 148、杏树林草复合经营模式

配置形式：杏树林草复合经营，2 品种按（2~4）：1 隔行混栽株行距 3m×（6~7）m，长期间作豆科牧草。

整地方式：水平沟整地 100cm×80cm。

建设目标：经济林

NO 149、野皂荚与臭椿混交模式

配置形式：野皂荚与臭椿带状或块状混交，株行距野皂荚 1m×2m，直播 10～15 粒/穴；臭椿 2m×3m。

整地方式：穴状整地 40cm×40cm×30cm。

建设目标：生态林。

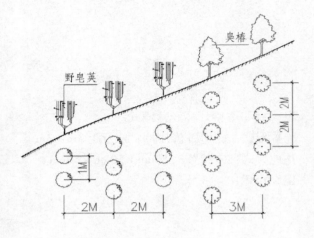

NO 150、银杏林草复合经营模式

配置形式：营造银杏片林，株行距 (2.5～3)m×(3～3.5)m，行间混交紫花苜蓿、红豆草小冠花等。

整地方式：穴状整地 80cm×80cm×80cm。

建设目标：风景林、经济林。

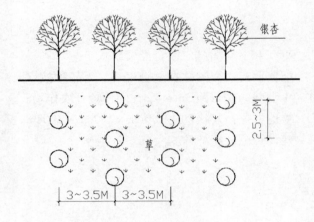

NO 151、元宝枫造林模式

配置形式：营造元宝枫片林，株行距 2m×5m，或散生栽植。

整地方式：穴状整地 80cm×80cm×60cm。

建设目标：生态林、经济林、风景林。

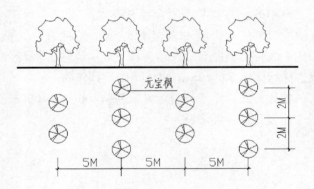

NO 152、枣树林农复合经营模式

配置形式：品种有：梨枣、赞皇大枣、壶瓶枣、骏枣。1～2 品种按 1：1 或 2：2 隔行混栽，株行距 2.5m×(8～10)m，长期间作矮秆作物。

整地方式：水平沟整地宽×深为 100cm×80cm。

建设目标：经济林。

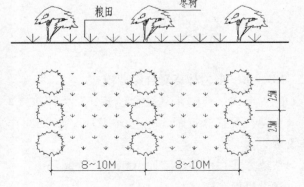

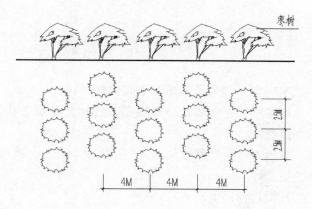

NO 153、枣树片林经营模式

配置形式：品种有：梨枣、赞皇大枣、壶瓶枣、骏枣。1～2品种按1：1或2：2隔行混栽，株行距2.5m×4m。

整地方式：水平沟整地宽×深为100cm×80cm。

建设目标：经济林。

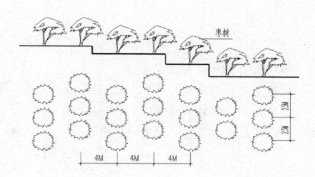

NO 154、枣树梯田地埂经营模式

配置形式：品种有：梨枣、赞皇大枣、壶瓶枣、骏枣。2品种按1：1隔行混栽，株行距2.5m×4m。

整地方式：穴状整地80cm×80cm×80cm。

建设目标：经济林。

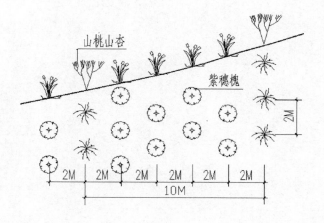

NO 155、紫穗槐与山桃（山杏）混交模式

配置形式：紫穗槐与山桃（山杏）生态经济灌木林，带状（4行紫穗槐1行山桃或山杏）或块状混交，株行距：紫穗槐2m×2m；山桃（山杏）2m×10m。

整地方式：鱼鳞坑整地50cm×40cm×30cm。

建设目标：生态林。

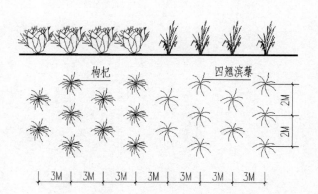

NO 156、枸杞与四翅滨藜混交模式

配置形式：枸杞与四翅滨藜带状（4行为一带）或块状混交，株行距2m×3m。

整地方式：鱼鳞坑整地80cm×60cm×40cm，川、垣穴状整地，50cm×50cm×40cm，品字型排列。

建设目标：生态林、经济林。

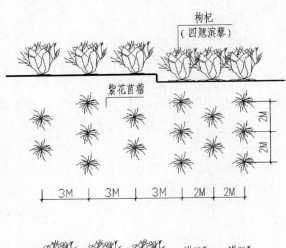

NO 157、沙质盐碱地灌草间作模式

配置形式：沙质盐碱地灌草，纯林，灌草带状、行间混交。

整地方式：穴状整地 50cm×50cm×40cm，或带状整地。

建设目标：生态林。

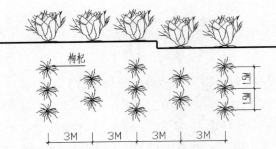

NO 158、枸杞片林经营模式

配置形式：营造枸杞片林，株行距 2m×3m。

整地方式：穴状整地 50cm×50cm×40cm。

建设目标：生态林、经济林。

下 篇 | 立地类型与造林模式应用系统研究

第十二章　山西立地类型与造林模式
应用系统的建立

一、建立立地类型与造林模式应用系统的目的和意义

（1）立地类型划分与造林模式设计，可为全省造林规划、林业工程作业设计和造林营林工作，提供科学依据。过去我省一些地方造林，因为不能因地制宜的选择造林树种以及林种树种配置不当，使造林成活率和保存率很低，造成很大损失。划分立地类型、编制立地类型表、绘制立地类型图、选择适生造林树种、配置合理的造林模式，配合造林规划设计，并按规划设计造林施工，对提高造林质量，加快全省绿化步伐，具有十分重要的意义。

（2）在立地类型划分和造林模式研究成果的基础上，把全省立地类型和造林模式有机地结合起来，以立地亚区为单元，编制出全省范围内 11 个立地类型亚区各个立地类型适宜的造林模式检索表和造林模式相对应立地类型检索表（可互查），使立地类型与造林模式有机地结合起来，简易、直观、可方便地应用于林业生产实际，指导林业生产。

（3）立地类型与造林模式应用系统的建立，是立地类型与造林模式研究成果应用于林业生产的必要途经，它使立地类型与造林模式的应用更具有实用性和可操作性。立地类型与造林模式研究成果，是林业集约化经营和林业规划设计、造林生产的基础工作。科学合理地划分立地类型和正确选择造林模式，不仅可以有效提高林地生产能力，还可以增强森林群落的稳定性和防灾、抗灾能力。

（4）立地类型与造林模式应用系统的建立，同时解决了因地适树和因树适地两方面的问题。一方面，同一立地类型可适宜多个植物生长，而不同立地类型，其立地特征不同，生长的植物也不相同，这就存在适宜树种的选择问题。另一方面，不同树种，由于其生物生态学特性的差异，在不同地类上的生长状况也不同，因而对某一树种又存在适宜地类的选择问题。建立立地类型与造林模式应用系统就解决了这些问题，使立地类型与造林模式挂起钩来，相互参照应用，更能使造林做到适地适树和因地制宜。

二、建立立地类型与造林模式应用系统的原则

（一）坚持适地适树原则

立地条件与树种特性相互适应，是选择造林树种的一项基本原则。适地适树是依据生物与其生态环境的辩证统一这一生物界的基本法则提出来的。造林工作的成败在很大程度上取决于这个原则的贯彻。中国很早就认识到适地适树在植树造林中的重要性。如西汉刘安《淮

南子》中说："欲知地道，物其树"，指出了树木生长与自然条件的密切关系。北魏贾思勰著《齐民要术》对此有进一步的阐述："地势有良薄，山、泽有异宜。顺天时，量地利，则用力少而成功多，任情返道，劳而无获"，精辟地说明了适地适树的意义和重要性。明代王象晋著《群芳谱》中，对此认识更有所发展："在北者耐寒，在南者喜暖。高山者宜燥，下地者宜湿。……此物性之固然，非人力可强致也。诚能顺其天，以致其性，斯得种植之法矣。"适地适树的主要内容，包括不同树种对光照、气候、土壤的不同要求等。为了贯彻适地适树的造林原则，一方面必须对造林地的立地条件和造林树种的生物学、生态学特性进行深入的调查研究。按照立地条件的异质性进行造林区划和立地条件类型的划分，另一方面要求对造林树种的生态学特性（对各种立地条件的要求）进行深入的研究。因此。适地适树应包含"因地适树"和"因树适地"两个方面的内容，所谓因地适树，就是根据生态、经济效益等确定某一立地类型上的培育目标、适宜树种及造林营林措施；所谓"因树适地"，就是根据立地评价结果和树种的生物学特性，确定某一树种适宜生长的立地类型。"因地适树"和"因树适地"作为适地适树的两个方面，相辅相成，紧密联系，应始终贯穿于立地类型与造林模式应用系统研究的全过程。

（二）坚持以培育目标选定造林树种和造林模式的原则

造林模式的选择与确定，应视培育目的的不同而不同，培育生态林，应以生态效益为主，着重考虑控制水土流失，水源涵养的功能，兼顾经济效益；培育用材林和经济林，则应以经济效益为主，着重考虑林木的生长量、林产品产量和经济效益等指标，兼顾生态效益。

（三）坚持简易、直观、方便应用，便于推广，服务林业生产实际的原则

立地类型与造林模式应用系统的建立，是立地类型与造林模式研究成果应用于造林规划、作业设计和造林营林等生产实际中的有效途径，所以它要简易、直观、方便应用，易于掌握、便于推广。

三、建立立地类型与造林模式应用系统的方法

建立立地类型与造林模式应用系统，是在立地类型与造林模式研究成果的基础上进行的，并以立地类型亚区为单元编制。包含两方面的内容：一是按照"因地适树"的原则，编制各立地类型亚区的《立地类型适宜造林模式检索表》；相反，按照"因树适地"的原则编制同一立地类型亚区的《造林模式适宜立地类型检索表》。两《表》结合，构成了山西省立地类型与造林模式应用系统。

（一）《立地类型适宜造林模式检索表》的编制方法

以立地类型与造林模式研究成果为基础，以培育目标（建设目标）、因地适树和造林树种生物学特性为前提，进行树种配置。

以气候条件为依据，以各造林树种对气候条件的适应性和要求，给11个立地亚区，配置造林模式。根据各立地亚区每个立地类型的立地特征（包括海拔、坡度、坡向和土层厚度等）和造林树种的培育目标及生物学特性，给各立地类型选择适宜的造林模式。从而编制出各立地亚区的《立地类型适宜造林模式检索表》，如《管涔山、关帝山山地立地亚区（Ⅲ-E）立地类型适宜造林模式检索表》，在这个表中每个立地类型，都配置了适宜的造林模式。

（二）《造林模式适宜立地类型检索表》的编制方法

以立地类型与造林模式研究成果为基础，以培育目标（建设目标）、因树适地和造林树种的生物学特性为前提，选择每个造林模式适宜的立地类型（相应的造林地块），相对应地列表。

以气候条件为依据，从各造林树种对气候条件的适应性和要求出发，把全省造林模式配置到 11 个立地亚区。在各立地亚区，根据造林树种和造林模式的培育目标（建设目标）、生物学特性以及对立地条件（包括海拔、坡度、坡向和土层厚度等）的要求，选择适宜的立地类型，从而编制出各立地亚区的《造林模式适宜立地类型检索表》。《检索表》是以"造林模式名称及编号"为首栏，按本书第十一章所列"造林模式名称"及其排列顺序，依次编表。《检索表》末栏为"适宜立地类型号"。

为了显示立地类型所在立地亚区，立地类型号前加注立地类型所在立地亚区号。如华北落叶松造林模式（1）适宜管涔山、关帝山山地立地亚区（编号为 E）2、4、7、10 四个立地类型，则其"适宜立地类型号"为："E—2、4、7、10"。如还适宜中条山土石山立地亚区 1、3、5、8 四个立地类型，其"适宜立地类型号"即为："E—2、4、7、10；K—1、3、5、8"。

四、立地类型与造林模式应用系统的使用方法

（一）按立地类型查找适用的造林模式

例如，已经选定造林地块，需要选择适用的造林模式，可按照下列方法，在附件 1《立地类型适宜造林模式检索表》中查找：

第一步，根据造林地块所在地，查看山西省立地（类型）区划图和山西省立地亚区范围表，确定其相应的立地亚区。

第二步，根据需造林地块的立地特征（包括海拔、坡度、坡向和土层厚度等），确定立地类型。

第三步，在造林地所在立地亚区《立地类型适宜造林模式检索表》中，查找到相应的立地类型，同时在对应的立地类型栏中，可以查找到适宜的造林模式编号。

第四步，根据找到的造林模式编号，可以在本书第十一章，找到相关编号的造林模式。亦可按编号在附件 2 相同立地亚区《造林模式适宜立地类型检索表》中，找到相应的造林模式。

即：确定造林地块所在立地亚区→查清造林地立地特征→划定造林地立地类型→查附表 1 在所在立地亚区《立地类型适宜造林模式检索表》中查出相应的立地类型并在同一栏找出适宜造林模式编号→按造林模式编号在第十一章和附件 2 表中找出相应的造林模式。

举例说明；

如关帝山林局孝文山林场有一块造林地需造林，其立地特征为海拔 2000～2100m，半阴坡，土层厚 50cm。具体查找适宜造林模式的方法是：

1. 根据孝文山林场造林地块所在地，在山西省立地（类型）区划图和山西省立地亚区范围表上，确定其相应的立地类型亚区为《管涔山、关帝山山地立地亚区（E）》。

2. 根据其立地特征"海拔 2000～2100m，半阴坡，土层 50cm"，可以在《管涔山、

关帝山山地立地亚区（E）立地类型适宜造林模式检索表》中，找到相应的立地类型为"高中山阴坡中厚土类型"，同时可查到适宜该立地类型的造林模式号为"1、4、5、8、10"。

3. 根据适宜造林模式号"1、4、5、8、10"，在《造林模式适宜立地类型检索表》中，即可查到对应的造林模式为："华北落叶松造林模式（1）、华北落叶松与桦树（山杨）混交模式（4）、华北落叶松与沙棘混交模式（5）、华北落叶松与云杉混交模式（8）、云杉与忍冬混交模式（10）"。

（二）根据造林模式查找适生立地类型

例如、已经选定了造林树种和本书列出的造林模式，要在造林规划设计或造林施工中应用时，需要选择适宜的造林地块和立地类型，可按照下列方法，在附件2《造林模式适宜立地类型检索表》中查找：

第一步，根据造林工程地区，查找山西省立地（类型）区划图和山西省立地亚区范围表，确定其相应的立地亚区。

第二步，根据造林树种和造林模式，在该立地亚区《造林模式适宜立地类型检索表》中，找出该造林模式相应一栏，同时在该造林模式所在一栏后面，就能查找到适宜的立地类型号。

第三步，根据适宜的立地类型号，在附件1相同立地亚区的《立地类型适宜造林模式检索表》中，就可找到与立地类型号对应的立地类型和立地特征。

即：需造林的造林工程地区→相应的立地亚区→选用的造林模式→查《造林模式适宜立地类型检索表》→找到造林模式一栏及适宜立地类型号→查相同立地亚区《立地类型适宜造林模式检索表》→按立地类型号找到立地类型及立地特征（造林模式适宜的造林地块）。

举例说明；

同样关帝山林局孝文山林场，要营造华北落叶松与云杉混交林，已选定用本书 造林模式8 。需选择适宜营造这一模式的立地类型（造林地块），具体查找方法是：

1. 根据孝文山林场用华北落叶松与云杉造林地区，在山西省立地区划图和山西省立地亚区范围表上，确定其相应的立地亚区为《管涔山、关帝山山地立地亚区（E）》。

2. 可以在《造林模式适宜立地类型检索表》中，可找到相应的造林模式为"NO8：华北落叶松与云杉混交模式"，同时可查到适宜该造林模式适宜的立地类型号为"E—1、2、4、7、10"。

3. 根据适宜立地类型号"E—1、2、4、7、10"，在《管涔山、关帝山山地立地亚区（E）立地类型适宜造林模式检索表》中，可查到对应的立地类型为："高中山阴坡薄土、高中山阴坡中厚土、高中山阳坡中厚土、中山阴缓斜陡坡中厚土、中山阳缓斜陡坡中厚土"，同时还可用相应的立地特征，根据立地类型及其特征选择"造林造林模式（8）"适宜的造林地块。

五、立地类型与造林模式应用系统《检索表》的内容

立地类型与造林模式应用系统由两个《检索表》组成。

（一）《立地类型适宜造林模式检索表》内容

根据《山西森林立地类型表》分立地亚区编制，并分别列出 11 个立地亚区的《立地类型适宜造林模式检索表》。其内容与立地亚区的立地类型表原有内容基本相同，只是在原有内容上另加"立地类型号"及"适宜造林模式号"两项。具体是：立地类型号、立地类型小区、立地类型组、立地类型、立地类型代码、立地特征、适宜造林模式号。除原有内容外，立地类型号，是为了检索应用方便而设。因为原有"立地类型代码"太长，不便应用，故另设"立地类型号"一栏，以立地亚区为单元，用阿拉伯数字统一编号。

适宜造林模式号，是指每个立地类型适宜造林使用的造林模式的编号。适宜造林模式及编号即指，本书第十一章所列造林模式及其编号。

（二）《造林模式适宜立地类型检索表》内容

本《检索表》除序号外，关键内容是，"（造林）模式名称及模式号"以及相对应的"适宜立地类型号"。"（造林）模式名称及模式号"是指本书第十一章所列造林模式及其编号；"适宜立地类型号"是指附件 1《立地类型适宜造林模式检索表》中第一栏"立地类型号"。

此外，本《检索表》编制还列出了造林模式内容。除本书第十一章造林模式内容外，又增加了栽植树种、苗木规格、栽植要点、（幼林）管护要点等内容。具体讲：

1. 模式名称与模式编号

模式名称包含了树种（两个树种之间用"与"字连接，替代树种写入括号内）、片林或混交林、经营模式（如林农间作模式、林草复合经营模式、林药复合经营模式）、栽植地点（梯田、地埂、平川、垣面）、治理及防护对象（如沙质盐碱地、农田防护林）等信息内容。为便于查找，全省选择确定的各造林模式统一进行编号，在各亚区造林模式表中紧随模式名称，并写入"（）"中。

2. 整地方式

整地方式包括各树种在各种地形条件下采用的整地方式（鱼鳞坑、穴状、水平阶、水平带状、块状）、排列方式（品字形、方形、不规则形）、树坑尺寸等内容。

3. 栽植树种

栽植树种包括了主栽树种、混交树种、替代树种的名称。

4. 苗木规格

苗木规格包括了苗木种类（裸根苗、容器苗）、苗龄、苗木高度、苗木地径、播种等内容。

5. 建设目标

建设目标包括了生态林（水土保持、水源涵养、护岸林、防护林带）、用材林、风景林、经济林等培育目标的内容。

6. 配置形式

配置形式包括纯林、行间混交、株间混交、带状混交（包括各树种行数）、片状、块状等配置形式以及各树种的株行距。

7. 栽植要点

栽植要点包括根部处理（用 ABT 生根粉浸根或用保水剂蘸根处理）、截干处理、每穴栽植（撒种）数量、部分树种栽植最佳时间、保水处理（覆膜、石片覆盖等）、施肥方式及施肥量等内容。

8. 管护要点

管护要点包括栽植后抚育管护年限、各年抚育次数、最佳抚育时间，主要抚育措施等内容。

9. 典型图式

典型图式包括了树种名称、树种配置立体断面模式、水平投影配置形式、株行距、栽植点等内容。

10. 适宜立地类型号

适宜立地类型号分别按各立地亚区的立地类型进行编码，并与相应的造林模式建立对应关系。

六、各立地亚区适宜造林模式

1. 晋北盆地丘陵立地亚区（A）

晋北盆地丘陵立地亚区属于温带半干旱草原气候区，地貌为盆地和黄土丘陵。本区雨量偏少，土地干旱瘠薄；自然植被稀少，水土流失严重；风沙较大，也是我省自然条件恶劣的风沙区。造林的主要目的是防风固沙，保持水土，改善生态环境。因此，选用适于营造生态林，以华北落叶松、油松、樟子松、侧柏、杨树、柠条、沙棘、紫穗槐、四翅滨藜等树种为主的造林模式。此外，适当选用苹果、仁用杏等经济林造林模式。该亚区共选择造林模式27个。

2. 晋西黄土丘陵沟壑立地亚区（B）

晋西黄土丘陵沟壑立地亚区属于暖温带轻半干旱气候区，地貌为黄土丘陵，降水量偏少，土壤质地疏松，自然植被稀少，地形破碎，沟壑纵横，水土流失十分严重。造林应以水土保持林为主的生态林为重点，同时发展经济林。造林要选择落叶松、油松、辽东栎、沙棘、侧柏、臭椿、刺槐、文冠果等为主的生态林造林模式以及核桃、仁用杏、花椒等经济林造林模式。该亚区共选择造林模式52个。

3. 吕梁山东侧黄土丘陵立地亚区（C）

吕梁山东侧黄土丘陵立地亚区北部为暖温带半湿润气候，南部属轻半干旱气候区，降水量偏少。地貌主要为黄土丘陵区。自然特点是，土壤瘠薄，地形破碎，自然植被稀少，水土流失严重。本区造林的主要任务是保持水土，涵养水源，改善生态环境。造林应选择以落叶松、油松、山杨、侧柏、臭椿、刺槐、元宝枫、金银花等为主造林模式，营造水土保持林和水源涵养林；并适量选择核桃、枣树、杏、葡萄等造林模式，营造经济林。该亚区共选择造林模式50个。

4. 乡吉黄土残垣沟壑立地亚区（D）

乡吉黄土残垣沟壑立地亚区属于暖温带轻半干旱气候区，气候比较温暖，春旱较多。地貌为黄土残垣沟壑区，还保留有不规则的长条状或鸡爪状垣面。但自然植被稀少，侵蚀沟坡陡沟深，水土流失严重。造林的主要目的是，护坡保垣，防止水土流失；同时发展经济林，增加农民收入。造林应选择以油松、刺槐、山杨、沙棘、黄栌、黄刺玫、火炬树、荆条等为

主的生态林造林模式和核桃、梨、枣树、花椒等经济林造林模式。该亚区共选择造林模式
51 个。

5. 管涔山、关帝山山地立地亚区（E）

管涔山、关帝山山地立地亚区为暖温带半湿润气候区，气温偏凉，降水量较多。地貌以
土石山为主，是山西省天然林主要分布区，荒山多，自然植被覆盖大，土壤条件较好，森林
发展具有很大潜力。本区为我省境内最大河流汾河的发源地，应发展以水源涵养林为主的生
态林为重点，适当发展用材林。造林应选择以华北落叶松、日本落叶松、云杉、油松、辽东
栎、白桦、山杨、刺槐等树种为主的生态林（兼用材林）造林模式。该亚区共选择造林模
式 26 个。

6. 吕梁山南部山地立地亚区（F）

吕梁山南部山地立地亚区亦属暖温带半湿润气候区，地貌以土石山为主，间有黄土丘
陵。自然植被较好，其中以油松、栎类硬杂木为主的天然林占很大比例。降水量较多，土壤
有机质丰富，荒山面积较大，森林发展有很大空间。林业发展方向在保护现有林的基础上，
以营造生态林为主，适当发展经济林、用材林。造林应选择以华北落叶松、油松、侧柏、白
皮松、白桦、沙棘、黄栌、山杏、杨树为主的生态林（兼用材林）造林模式以及核桃、梨、
翅果油树等经济林造林模式。该亚区共选择造林模式 34 个。

7. 忻太盆地立地亚区（G）

忻太盆地立地亚区由太原盆地和忻定盆地组成，为暖温带北部半干旱气候区，属我省中
南部盆地区的一部分。地势平缓，气候温凉，土地肥沃、植被以农田栽培植被为主，边沿黄
土丘陵及山地有少量天然林和灌草丛分布。本区造林应以河流、道路及小片荒山荒地造林，
结合农田林网建设、城乡园林绿化，建立平原生态防护林体系。造林应选择以油松、杨树、
柳树、臭椿、刺槐、侧柏、紫穗槐、山桃、山杏等为主的生态林造林模式，以及红枣、核
桃、花椒、杏树、葡萄、枸杞等经济林造林模式。该亚区共选择造林模式 66 个。

8. 晋南盆地立地亚区（H）

晋南盆地立地亚区处于我省最南端，属暖温带半干旱气候区。地势平坦、海拔较低，气
候温和，土地肥沃，是山西省重要的粮棉生产基地。盆地边沿为黄土阶地，有少数天然疏林
和灌草丛，水土流失较为严重。林业以建立平原生态园林化防护林体系和农林复合经营经济
林产业体系为主。造林应选择以杨树、泡桐、柳树、刺槐、国槐、水杉、黄连木、构树、楝
树等树种的生态林、用材林造林模式，以及红枣、板栗、翅果油树、核桃、花椒、苹果、石
榴、山楂、杏树、葡萄等经济林造林模式。该亚区共选择造林模式 66 个。

9. 太行山北段山地立地亚区（I）

太行山北段山地立地亚区地处暖温带与温带交界的轻半干旱气候区，地貌以土石山为
主，山势较高，气候寒冷，山地降水量较多，自然植被好，水土流失较轻，土壤比较肥沃。
造林以生态林为主，相应发展用材林及经济林。造林应选择以华北落叶松、云杉、油松、樟
子松、杜松、侧柏、椴树、桦树、山杨、沙棘等为主的生态林、用材林造林模式，以及核
桃、梨、仁用杏等经济林造林模式。该亚区共选择造林模式 65 个。

10. 晋东土石山立地亚区（J）

晋东土石山立地亚区属暖温带半湿润气候区，地貌以土石山为主，并有黄土丘陵交错分

布，同时兼有山间盆地。气候温和，降水量较多，自然植被茂盛，油松、辽东栎等天然林和灌草丛以及荒山较多，土壤肥沃，土地潜力较大。林业应以发展生态林为主，积极营造用材林和经济林。造林应选择以油松、白皮松、华北落叶松、侧柏、刺槐、杨树、山桃、山杏、黄刺玫、文冠果、野皂荚等为主的生态林、用材林造林模式以及核桃、花椒、杏树等经济林造林模式。该亚区共选择造林模式 78 个。

11. 中条山土石山立地亚区（K）

中条山土石山立地亚区属暖温带半湿润气候区，以土石山地貌为主，兼有一部分黄土丘陵，植被属于暖温带落叶栎林和栽培植被林区。气候温和，雨量充沛，土壤肥沃，适宜发展暖温带森林。本区以发展生态林、用材林和特殊经济林为主。造林应选用以油松、华山松、白皮松、侧柏、栓皮栎、刺槐、火炬树等为主的生态林、用材林造林模式，以及板栗、黑椋子、山茱萸、翅果油树、核桃、花椒、苹果、桑树等经济林造林模式。该亚区共选择造林模式 72 个。

附：附件 1《立地类型适宜造林模式检索表》
　　附件 2《造林模式适宜立地类型检索表》

参考文献

[1] 詹昭宁主编. 中国森林立地分类. 北京：中国林业出版社，1989

[2] 曹凑贵主编. 生态学概论. 北京：高等教育出版社，2002

[3] 北京林学院主编. 造林学. 北京：中国林业出版社，1981

[4] 东北林学院主编. 森林生态学. 北京：中国林业出版社，1981

[5] 西北林学院主编. 简明林业词典. 北京：科学出版社，1982

[6] 中国植被编辑委员会编著. 中国植被. 北京：科学出版社，1983

[7] 山西省林业勘测设计院等联合编著. 太行山森林立地分类. 北京：中国林业出版社，1992

[8] 山西省地图编委会. 山西省自然地图集. 北京：中国地图出版社，1984

[9] 刘耀宗，张经元主编. 山西土壤. 北京：科学出版社，1992

[10] 山西省林业科学研究院编著. 山西树木志. 北京：中国林业出版社，2001

[11] 王国祥主编. 山西省林业可持续发展战略研究. 太原：山西科学技术出版社，2008

[12] 孙拖焕主编. 山西主要造林绿化模式. 北京：中国林业出版社，2007

[13] 国家林业局植树造林司编. 全国生态公益林建设标准（一）. 北京：中国标准出版社，2001

[14] 林业部造林绿化和森林经营司编. 全国造林技术规程. 北京：中国标准出版社，1996

[15] 林业部 1986 年颁发. 中华人民共和国林业部林业专业调查主要技术规定（试行）

[16] 国家林业局. 森林资源规划设计调查主要技术规定. 2003

[17] 山西省林学会. 林业科技示范工程研究. 太原：山西科学技术出版社，2002

[18] 王高峰. 森林立地分类研究评介. 南京林业大学学报，1986 年 No. 3

[19] 李芬兰执笔. 全国森林立地分类南北方试点报告，1987

[20] 太岳林区阳坡造林试验协作组（山西省气象科学研究所等四单位）. 改善阳坡局地小气候与造林成活率（油印本）. 1986

[21] 山西省林业勘测设计院. 山西省森林立地类型表（油印本）. 并载《中国森林立地类型》（中国林业出版社出版）

[22] 曹裕民，于铁树等. 西山地区造林立地条件及适生的树种. 载《研究报告选编 1958—1979》（山西省林业科学研究所，1980 年编）.

[23] 曳红玉. 山西西山地区森林立地分类系统的研究，载《中国三北防护林体系建设》[M]. 北京：中国林业出版社，1992

[24] 山西省林业勘测设计院. 山西省太行山区造林典型设计（铅印本）. 1985

[25] 山西省林业勘测设计院. 山西省西部山区及盆地造林典型设计（油印本）. 1986

[26] 梁守伦. 关于山西林业生态区划的探讨 [J]. 山西林业科技，2002（4）：29-33.

[27] 梁守伦. 晋西黄土丘陵区立地类型划分的研究（Ⅰ）—立地类型亚区划分的研究 [J]. 山西林业科技，2003（3）：12-15.

[28] 梁守伦. 晋西黄土丘陵区立地类型划分的研究（Ⅱ）—立地类型划分的研究 [J]. 山西林业科技，2004（1）：1-4.

后　　记

　　本书是在多年有关森林立地分类、造林模式研究与生产经验的基础上，经过重新收集资料，总结已有成果，认真分析研究，综合编写而成。不仅汇集了近期立地分类与造林模式研究的精粹，还包含了以往太行山森林立地分类，太行山区造林典型设计和山西省西部山区及盆地造林典型设计（现称造林模式）、全省森林立地类型表的研制等部分成果，甚至还吸收了太行山造林树种多样性研究的部分内容。不仅大大丰富了本书的内容，提高了书的质量，而且增加了书的科学性和实用性，成为山西林业系统一本可供林业规划设计和造林实践应用或参考的宝贵资料。

　　本书大部分书稿来源于立地分类与造林模式研究资料，参加编写的人员主要是课题组人员。参加编写本书的人员有：1. 立地类型划分组邝立刚、梁守伦、陈俊飞、雍 鹏、葛寒英等；2. 造林模式研究设计组朱世忠、梁林峰、曳红玉、赵天梁、吴小燕、赵树楷、卢景龙等。此外，梁林峰完成了"附件1：立地类型适宜造林模式检索表"的编制，曳红玉完成了"附件2　造林模式适宜立地类型检索表"编制。

　　为了进一步统一书的内容，2009年2月至6月，由王国祥、田国启对全书进行了修改与补充，最后完成了《山西森林立地分类与造林模式》书稿。在修改书稿过程中，新增"第九章　造林模式研究概论"，内容包括造林模式的基本内容、造林模式的树种选择、营造模式、造林树种配置、造林模式显示形式等。进一步丰富了书的内容。

附　件

附件1 立地类型适宜造林模式检索表

晋北盆地丘陵立地亚区（Ⅰ-A）立地类型适宜造林模式检索表

立地类型号	立地类型小区	立地类型组	立地类型	立地类型代码	立地特征	适宜造林模式号
1	土石山立地类型小区	低中山中山阴坡	低中山中山阴坡	Ⅰ-A-1-1	海拔1300~2000m，阴坡、半阴坡，土层≤30cm，岩石风化层厚度≤10cm	14、16、22、23、29、30
2			弱风化薄土		海拔1300~2000m，阴坡、半阴坡，土层<30cm，岩石风化层厚度>10cm	14、16、22、23、29、30
3			低中山中山阴坡	Ⅰ-A-1-2	海拔1300~2000m，阴坡、半阴坡，土层>30cm	2、5、14、16、22、23、29、30
4			强风化薄土		海拔1300~2000m，阳坡、半阳坡，土层≤30cm，岩石风化层厚度≤10cm	14、16、23、21、29、30、34、33、32
5			低中山中山阴坡	Ⅰ-A-1-3	海拔1300~2000m，阳坡、半阳坡，土层≤30cm，岩石风化层厚度≤10cm	16、22、23、21、29、30、32、33、34
6			中厚土		海拔1300~2000m，阳坡、半阳坡，土层>30cm	2、5、14、16、22、23、21、29、30
7		低中山中山阳坡	低中山中山阳坡	Ⅰ-A-1-4	海拔1300~2000m，部位：沟底坡麓，土层>30cm	2、5、14、16、22、23、21、29、30
8	黄土丘陵立地类型小区夏秋冬	梁峁沟	梁峁顶黄土	Ⅰ-A-2-8	部位：梁峁顶部，母质：黄土	33、103、124、123
9			梁峁顶风沙土	Ⅰ-A-2-9	部位：梁峁顶部，土壤：沙化	33、103、124、123
10		沟阴坡	阴坡、黄土	Ⅰ-A-2-10	部位：沟坡，阴坡、半阴坡，母质：黄土	14、16、22、23、21、29、30
11			阴坡风沙土水地	Ⅰ-A-2-11	部位：沟坡，阴坡、半阴坡，土壤：沙化	33、103、124、144、141、140
12		沟阳坡	阳坡黄土	Ⅰ-A-2-12	部位：沟坡，阳坡、半阳坡，母质：黄土	32、33、34
13			阳坡风沙土	Ⅰ-A-2-13	部位：沟坡，阳坡、半阳坡，土壤：沙化	33、103、124、44、140、141
14		沟底	沟底河滩	Ⅰ-A-2-14	部位：沟底、河滩	14、16、22、23、21、29、30

立地类型号	立地类型小区	立地类型组	立地类型	立地类型代码	立地特征	适宜造林模式号
15	盆地河滩立地类型小区	缓坡阶地	缓坡阶地	Ⅰ-A-3-15	坡度≤15°	42、43、123、105、114、48
16			缓坡阶地类钙层黄土	Ⅰ-A-3-16	坡度≤15°，土层下有钙质层，母质：黄土	42、43、123、105、114、49
17			缓坡阶地风沙土	Ⅰ-A-3-17	坡度≤15°，土壤 沙化	33、103、124、44、140、141、123、101
18			缓坡阶地高水位	Ⅰ-A-3-18	坡度≤15°，地下水位1m以内	42、101
19		河漫滩地	河滩轻盐碱化土	Ⅰ-A-3-19	部位：河滩，含盐量0.2%~0.4%	136、157
20			河滩中盐碱化土	Ⅰ-A-3-20	部位：河滩，含盐呈0.4%~0.7%	136、157

晋西黄土丘陵沟壑立地亚区（Ⅰ-B）立地类型适宜造林模式检索表

立地类型号	立地类型小区	立地类型组	立地类型	立地类型代码	立地特征	适宜造林模式号
1	土石山立地类型小区	低中山中山阴坡	低中山中山阴坡弱风化薄土	Ⅰ-B-1-1	海拔1000~2000m，阴坡、半阴坡土层≤30cm岩石风化层厚度<10cm	13、20、19、12、17、15、34、32
2			低中山中山阴坡强风化薄土	Ⅰ-B-1-2	海拔1000~2000m，阴坡、半阴坡，土层≤30cm，岩石风化层厚度>10cm	13、20、19、12、17、15、34、32
3			低中山中山阴坡中厚土	Ⅰ-B-1-3	海拔1000~2000m，阴坡、半阴坡，土层>30cm	2、5、13、20、19、12、17、15、34、32、151、45、51
4		低中山中山阳坡	低中山中山阳坡弱风化薄土	Ⅰ-B-1-4	海拔1000~2000m，阳坡、半阳坡，土层≤30cm，岩石风化层厚度≤10cm	5、19、15、16、21、33、31、32、34、39、92、85、87、88
5			低中山中山阳坡强风化薄土	Ⅰ-B-1-5	海拔1000~2000m，阳坡、半阳坡，土层≤30cm，岩石风化层厚度>10cm	5、19、15、16、21、33、31、32、34、39、92、85、87、88
6			低中山中山阳坡中厚土	Ⅰ-B-1-6	海拔1000~2000m，阳坡、半阳坡，土层>30cm	2、5、13、20、19、12、15、16、17、21、31、33、28、32、34、151、45、51
7		沟底坡麓	沟底坡麓	Ⅰ-B-1-7	部位：沟地坡麓	2、5、13、20、19、151、45、51、54、50、46、85、87、88
8		残塬面	残塬面	Ⅰ-B-2-8	部位：残塬，母质：黄土	20、12、16、34、76、77、153、152、94、104、83、127、112、113、111、158
9		梁峁顶	梁峁顶	Ⅰ-B-2-9	部位：梁峁顶部，母质：黄土	20、12、16、34、158

续表

立地类型号	立地类型小区	立地类型组	立地类型	立地类型代码	立地特征	适宜造林模式号
10		沟阴坡	阴坡黄土	Ⅰ-B-2-10	部位：沟坡，阴坡、半阴坡，母质：黄土	20、19、12、15、34、91、144、92、73、78、154、158
11			阴坡红黄土	Ⅰ-B-2-11	部位：沟坡，阴坡、半阴坡，母质：红黄土	64、68、66、158
12	黄土丘陵（残垣沟壑小区）立地类型小区	沟阳坡	阳坡黄土	Ⅰ-B-2-12	部位：沟坡，阳坡、半阳坡，母质：黄土	21、33、31、34、32、68、64、66、91、144、31、73、78、154、127、112、113、111、158
13			阳坡红黄土	Ⅰ-B-2-13	部位：沟坡，阳坡、半阳坡，母质：红黄土	33、34、32、68、64、66、127、112、113、111、158
14		沟底河滩	黄土沟底坡麓	Ⅰ-B-2-14	部位：沟底坡麓，母质：黄土	54、50、46、57、47、80、79、76、77、153、152、94、104、83、158
15			河滩阶地	Ⅰ-B-2-15	部位：河滩阶地，土层 >30cm	54、50、57、47、80、79、76、77、153、152、94、104、83
16			河滩砾石沙土	Ⅰ-B-2-16	部位：河滩，土壤：含石砾或沙化	158、101、44

吕梁东侧黄土丘陵立地亚区（Ⅱ-C）立地类型适宜造林模式检索表

立地类型号	立地类型小区	立地类型组	立地类型	立地类型代码	立地特征	适宜造林模式号
1		低中山中山阴坡	低中山中山阴坡薄土	Ⅱ-C-1-1	海拔 1000~2000m，阴坡、阴坡，土层 ≤30cm	13、20、19、12、17、15
2			低中山中山阴坡中厚土	Ⅱ-C-1-2	海拔 1000~2000m，阴坡、半阴坡，土层 >30cm	2、5、13、20、19、12、17、15、151、45、51
3	土石山立地类型小区	低中山中山阳坡	低中山中山阳坡薄土	Ⅱ-C-1-3	海拔 1000~2000m，阳坡、半阳坡，土层 ≤30cm	5、19、15、24、21、33、31、34、32、28、39、92、85、87、88
4			低中山中山阳坡中厚土	Ⅱ-C-1-4	海拔 1000~2000m，阳坡、半阳坡，土层 >30cm	2、5、13、20、19、12、17、15、24、21、33、31、34、32、28、151、45、51、85、87、88
5		沟底	土石山沟底坡麓	Ⅱ-C-1-5	部位：沟底坡麓	2、5、13、20、19、151、45、51、54、50、46、85、87、88、158

续表

立地类型号	立地类型小区	立地类型组	立地类型	立地类型代码	立地特征	适宜造林模式号
6	黄土丘陵立地类型小区	梁峁顶	梁峁顶	Ⅱ-C-2-6	部位：梁峁顶部	20、12、24、34、158
7		沟坡	沟阴坡	Ⅱ-C-2-7	部位：沟坡 母质：黄土、红黄土	20、19、12、15、34、91、144、92、78、154、153、158
8			沟阳坡	Ⅱ-C-2-8	部位：沟坡 母质：黄土、红黄土	21、33、31、34、32、28、64、66、91、144、73、78、154、127、112、113、111、158
9		沟底河滩	丘陵沟底坡麓	Ⅱ-C-2-9	部位：沟底坡麓	54、50、46、57、81、79、76、77、153、152、94、104、83、158、106
10			河滩阶地	Ⅱ-C-2-10	部位：河滩阶地	54、50、46、57、81、79、76、77、153、152、94、104、83、158、106

乡吉黄土残垣沟壑立地亚区（Ⅱ-D）立地类型适宜造林模式检索表

立地类型号	立地类型小区	立地类型组	立地类型	立地类型代码	立地特征	适宜造林模式号
1	土石山立地类型小区	低中山中山阴坡	低中山中山阴坡薄土	Ⅱ-D-1-1	海拔1000~2000m，阴坡、半阴坡，土层≤30cm	13、19、20、12、15、17
2			低中山中山阴坡中厚土	Ⅱ-D-1-2	海拔1000~2000m，阴坡、半阴坡，土层>30cm	2、5、13、20、19、12、17、15、151、45、51
3		低中山中山阳坡	低中山中山阳坡薄土	Ⅱ-D-1-3	海拔1000~2000m，阳坡、半阳坡，土层≤30cm	5、19、15、16、21、31、33、34、32、28、39、22、47、48、49
4			低中山中山阳坡中厚土	Ⅱ-D-1-4	海拔1000~2000m，阳坡、半阳坡，土层>30cm	2、5、13、20、19、12、17、15、16、21、33、31、34、32、28、151、45、51、85、87、88、137
5		沟底	土石山沟底坡麓	Ⅱ-D-1-5	部位：沟底坡麓	2、5、13、20、19、151、45、51、54、50、46、85、87、88、137
6	残垣沟壑立地类型小区	残塬	残塬面	Ⅱ-D-4-6	部位：残塬面	20、12、16、34、76、77、153、152、94、104、83、127、112、113、111、158、137
7		梁峁顶	梁峁顶	Ⅱ-D-4-7	部位：梁峁顶	20、12、16、34、158
8		沟阴坡	阴坡黄土	Ⅱ-D-4-8	部位：沟坡，阴坡、半阴坡，母质：黄土	20、19、12、15、34、91、144、73、78、154、158、137
9			阴坡红黄土	Ⅱ-D-4-9	部位：沟坡，阴坡、半阴坡，母质：红黄土	68、64、66、158

续表

立地类型号	立地类型小区	立地类型组	立地类型	立地类型代码	立地特征	适宜造林模式号
10	残垣沟壑立地类型小区	沟阳坡	阳坡黄土	Ⅱ-D-4-10	部位：沟坡，阳坡、半阳坡，母质：黄土	21、31、33、34、32、68、64、66、91、144、92、73、78、154、127、112、113、111、158、137
11		沟阳坡	阳坡红黄土	Ⅱ-D-4-11	部位：沟坡，阳坡、半阳坡，母质：红黄土	35、31、34、32、68、64、66、127、112、113、111、158
12		沟底河滩	丘陵沟底	Ⅱ-D-4-12	部位：沟底	54、50、46、57、47、80、79、76、77、153、152、94、104、83、158、137
13		沟底河滩	河滩阶地	Ⅱ-D-4-13	部位：河滩	54、50、57、47、80、79、76、77、153、152、94、104、83、137

管涔山、关帝山山地立地亚区（Ⅲ-E）立地类型适宜造林模式检索表

立地类型号	立地类型小区	立地类型组	立地类型	立地类型代码	立地特征	适宜造林模式号
1	土石山立地类型小区	高中山阴坡	高中山阴坡薄土	Ⅲ-E-1-1	海拔2000m以上，阴坡、半阴坡，土层≤30cm	8
2		高中山阴坡	高中山阴坡中厚土	Ⅲ-E-1-2	海拔2000m以上，阴坡、半阴坡，土层>30cm	8、4、5、1、10
3		高中山阳坡	高中山阳坡薄土	Ⅲ-E-1-3	海拔2000m以上，阳坡、半阳坡，土层≤30cm	5
4		高中山阳坡	高中山阳坡中厚土	Ⅲ-E-1-4	海拔2000m以上，阳坡、半阳坡，土层>30cm	8、4、5、1、10
5		中山阴坡	中山阴急坡	Ⅲ-E-1-5	海拔1600~2000m，阴坡、半阴坡，坡度36°~45°	13、20、19、12、17、15
6		中山阴坡	中山阴缓斜陡坡薄土	Ⅲ-E-1-6	海拔1600~2000m，阴坡、半阴坡，坡度≤35°，土层≤30cm	13、20、19、12、17、15
7		中山阴坡	中山阴缓斜陡坡中厚土	Ⅲ-E-1-7	海拔1600~2000m，阴坡、半阴坡，坡度≤35°，土层>30cm	8、4、5、3、1、9、10、13、20、19、12、17、15

续表

立地类型号	立地类型小区	立地类型组	立地类型	立地类型代码	立地特征	适宜造林模式号
8	土石山立地类型小区	中山阳坡	中山阳急坡	Ⅲ-E-1-8	海拔 1600~2000m，阳坡、半阳坡，坡度 36°~45°	13、20、19、12、17、15
9			中山阳缓斜陡坡薄土	Ⅲ-E-1-9	海拔 1600~2000m，阳坡、半阳坡，坡度≤35°，土层≤30cm	13、20、19、12、17、15
10			中山阳缓斜陡坡中厚土	Ⅲ-E-1-10	海拔 1600~2000m，阳坡、半阳坡，坡度≤35°，土层>30cm	8、4、5、3、1、9、10、13、20、19、12、17、15
11		低中山阴坡	低中山阴急坡	Ⅲ-E-1-11	海拔 1000~16000m，阴坡、半阴坡，坡度 36°~45°	13、20、19、12、17、15、24、21
12			低中山阴缓斜陡坡薄土	Ⅲ-E-1-12	海拔 1000~1600m，阴坡、半阴坡，坡度≤35°，土层≤30cm	13、20、19、12、17、15、24、21
13			低中山阴缓斜陡坡中厚土	Ⅲ-E-1-13	海拔 1000~1600m，阴坡、半阴坡，坡度≤35°，土层>30cm	13、20、19、12、17、15、24、21
14		低中山阳坡	低中山阳急坡	Ⅲ-E-1-14	海拔 1000~1600m，阳坡、半阳坡，坡度 36°~45°	24、21、33、31、34、32、28、37、40、38、39、68
15			低中山阳缓斜陡坡薄土	Ⅲ-E-1-15	海拔 1000~1600m，阳坡、半阳坡，坡度≤35°，土层≤30cm	24、21、33、31、34、32、28、37、40、38、39、68
16			低中山阳缓斜陡坡中厚土	Ⅲ-E-1-16	海拔 1000~1600m，阳坡，坡度≤35°，土层>30cm	24、21、33、31、34、32、28、37、40、38、39、68
17		沟底河滩	土石山河底河滩	Ⅲ-E-1-17	部位：沟底河滩	1、13、20、17
18	黄土丘陵立地类型小区	梁峁顶	梁峁顶	Ⅲ-E-2-18	部位：梁峁顶部	24、21、33、31、34、32、28、37、40、38、39、68
19		沟坡	沟阴坡	Ⅲ-E-2-19	部位：沟坡，阴坡、半阴坡，母质：黄土、红黄土	24、21、33、31、34、32、28、37、40、38、39、68
20			沟阳坡	Ⅲ-E-2-20	部位：沟坡 阴坡、半阴坡，母质：黄土、红黄土	24、21、33、31、34、32、28、37、40、38、39、68
21		沟底	丘陵沟底坡麓	Ⅲ-E-2-21	部位：沟底坡麓	45、21

吕梁山南部山地立地亚区（Ⅲ-F）立地类型适宜造林模式检索表

立地类型号	立地类型小区	立地类型组	立地类型	立地类型代码	立地特征	适宜造林模式号
1	土石山立地类型小区	中山阴坡	中山阴急坡	Ⅲ-F-1-1	海拔1600~2000m，阴坡、半阴坡，坡度36°~45°	13、20、19、12、17、15
2			中山阴缓斜陡坡薄土	Ⅲ-F-1-2	海拔1600~2000m，阴坡、半阴坡，坡度≤35°，土层≤30cm	13、20、19、12、17、15
3			中山阴缓斜陡坡中厚土	Ⅲ-F-1-3	海拔1600~2000m，阴坡、半阴坡，坡度≤35°，土层>30cm	8、4、5、3、1、9、10、13、20、19、12、17、15
4		中山阳坡	中山阳急坡	Ⅲ-F-1-4	海拔1600~2000m，阳坡、半阳坡，坡度36°~45°，土层≤80cm	13、20、19、12、17、15
5			中山阳缓斜陡坡薄土	Ⅲ-F-1-5	海拔1600~2000m，阳坡、半阳坡，坡度≤35°，土层≤30cm	13、20、19、12、17、15
6			中山阳缓斜陡坡中厚土	Ⅲ-F-1-6	海拔1600~2000m，阳坡、半阳坡，坡度≤35°，土层>30cm	8、4、5、3、1、9、10、13、20、19、12、17、15
7		低中山阴坡	低中山阴急坡	Ⅲ-F-1-7	海拔1000~1600m，阴坡、半阴坡，坡度36°~45°	13、20、19、12、17、15、16、21
8			低中山阴缓斜陡坡薄土	Ⅲ-F-1-8	海拔1000~1600m，阴坡、半阴坡，坡度≤35°，土层≤30cm	13、20、19、12、17、15、16、21
9			低中山阴缓斜陡坡中厚土	Ⅲ-F-1-9	海拔1000~1600m，阴坡、半阴坡，坡度≤35°，土层>30cm	13、20、19、12、17、15、16、21、137
10		低中山阳坡	低中山阳急坡中薄土	Ⅲ-F-1-10	海拔1000~1600m，阳坡、半阳坡，坡度36°~45°	16、21、33、31、34、32、28、37、40、38、39、68
11			低中山阳缓斜陡坡薄土	Ⅲ-F-1-11	海拔1000~1600m，阳坡、半阳坡，坡度≤35°，土层≤30cm	16、21、33、31、34、32、28、37、40、38、39、68
12			低中山阳缓斜陡坡中厚土	Ⅲ-F-1-12	海拔1000~1600m，阳坡、半阳坡，坡度≤35°，土层>30cm	16、21、33、31、34、32、28、37、40、38、39、68、137
13		沟底河滩	土石山沟底河滩	Ⅲ-F-1-13	部位：沟底河滩	1、13、20、17、137

立地类型号	立地类型小区	立地类型组	立地类型	立地类型代码	立地特征	适宜造林模式号
14	黄土丘陵（丘陵沟壑）立地类型小区	残塬	黄土残垣面	Ⅲ-F-2-14	部位：黄土残垣面，坡度：15°以下	12、32、76、77、153、152、147、94、137
15		梁峁顶	梁峁顶	Ⅲ-F-2-15	部位：梁峁顶部	16、21、33、31、34、32、28、37、40、38、39、68
16		沟坡	沟阴坡	Ⅲ-F-2-16	部位：沟坡，阴坡、半阴坡，母质：黄土	16、21、33、31、34、32、28、37、40、38、39、68、137
17			沟阳坡	Ⅲ-F-2-17	部位：沟坡，阴坡、半阴坡，母质：黄土	16、21、33、31、34、32、28、37、40、38、39、68
18		沟底	丘陵沟底河滩	Ⅲ-F-2-18	部位：沟底、河滩	45、21、137

忻太盆地立地亚区（Ⅳ-G）立地类型及适宜造林模式检索表

立地类型号	立地类型小区	立地类型组	立地类型	立地类型代码	立地特征	适宜造林模式号
1	黄土丘陵立地类型小区	梁峁顶	梁峁顶	Ⅳ-G-2-1	部位：梁峁顶部	12、45、46、59、64、77、94、104、106、109、110、124、126、140、146、147、152、153
2		沟坡	沟阴坡	Ⅳ-G-2-2	部位：沟坡，阴坡、半阴坡，母质：黄土、红黄土	11、12、15、16、19、20、33、34、44、46、51、55、59、64、65、73、85、88、91、95、102、104、109、128、144、145、146、151、154
3			沟阳坡	Ⅳ-G-2-3	部位：沟坡，阳坡、半阳坡，母质：黄土、红黄土	11、12、16、17、19、20、22、23、24、31、32、33、34、36、41、44、45、46、50、51、53、54、55、59、62、63、64、65、66、67、73、78、85、88、91、95、102、106、109、110、112、124、126、128、140、143、144、145、146、148、154、158
4		石质坡	石质坡地	Ⅳ-G-2-4	部位：裸露石质坡，土层≤30cm	15、16、19、20、22、24、31、33、34、36、41、62、63、65、91、102、126、144、155
5		沟底	丘陵沟底坡麓	Ⅳ-G-2-5	部位：沟底坡麓	15、17、19、20、41、44、45、46、50、51、53、54、55、56、91、124

立地类型号	立地类型小区	立地类型组	立地类型	立地类型代码	立地特征	适宜造林模式号
6		丘陵缓坡	丘陵缓地	Ⅳ-G-5-6	部位：丘陵缓坡，坡度≤15°	11、12、15、16、17、20、22、23、24、32、33、34、41、44、45、46、50、51、53、55、52、58、64、65、66、67、77、91、94、102、104、106、110、112、124、126、128、140、144、145、147、151、152、153、155、156、158
7	河滩阶地立地类型小区	河岸阶地	河岸阶地壤土	Ⅳ-G-5-7	部位：河岸阶地，土壤：中壤土或砂壤土	11、12、15、16、17、20、22、23、24、31、32、34、41、44、45、46、50、51、53、55、56、52、58、64、65、67、77、91、94、95、104、106、109、110、124、126、140、144、145、147、152、153、155
8			河岸阶地沙土	Ⅳ-G-5-8	部位：河岸阶地，土壤：沙土	11、15、16、17、19、20、22、23、31、33、34、44、45、46、50、53、54、55、56、52、58、91、124、136、144、151
9		河漫滩	河漫滩含砾砂土	Ⅳ-G-5-9	部位：河漫滩，土壤：含石砾砂土	15、16、17、19、20、22、23、24、31、41、44、45、46、50、53、54、55、56、52、58、77、91、124、136、151、155
10			河漫滩轻盐碱化土	Ⅳ-G-5-10	部位：河漫滩，土壤含盐量：0.2%~0.4%	31、32、3436、44、45、46、50、53、54、55、56、62、63、64、65、67、91、124、136
11			河漫滩中盐碱化土	Ⅳ-G-5-11	部位：河漫滩，土壤含盐量：0.4%~0.7%	44、45、46、50、53、54、55、56、62、63、64、65、67、91、124、136

晋南盆地立地亚区（Ⅳ-H）立地类型及适宜造林模式检索表

立地类型号	立地类型小区	立地类型组	立地类型	立地类型代码	立地特征	适宜造林模式号
1	黄土丘陵区立地类型小区	梁峁顶	梁峁顶	Ⅳ-H-2-1	部位：梁峁顶	12、20、24、31、32、41、45、46、50、53、62、63、64、76、77、91、94、95、104、106、119、120、129、135、138、139、147、152

续表

立地类型号	立地类型小区	立地类型组	立地类型	立地类型代码	立地特征	适宜造林模式号
2	黄土丘陵区立地类型小区	沟坡	沟阴坡	Ⅳ-H-2-2	部位：沟坡， 阴坡、半阴坡， 母质：黄土、红黄土	12、15、19、20、24、26、27、28、34、41、45、50、56、60、71、84、90、91、97、131、137、144
3		沟坡	沟阳坡	Ⅳ-H-2-3	部位：沟坡， 阳坡、半阳坡， 母质：黄土、红黄土	26、27、28、31、32、34、35、36、46、62、63、72、73、78、84、85、90、91、97、104、108、115、117、119、120、127、129、131、135、137、138、139、145、150、151、144、154、158
4		石质坡	石质坡	Ⅳ-H-2-4	部位：裸露石质坡， 土层≤30cm	15、19、24、27、28、31、34、35、36、62、72、90、127、144
5		沟底	丘陵沟底坡麓	Ⅳ-H-2-5	部位：沟底坡麓	12、15、19、20、41、45、46、54、55、56、61、72、90、91、97、107、108、115、117、129、136、138、139、151、158
6		丘陵缓坡	丘陵缓地	Ⅳ-H-5-6	部位：丘陵缓坡， 坡度≤15°	12、15、19、20、24、27、28、32、45、46、55、60、64、71、72、76、77、90、91、94、95、104、106、107、108、115、117、119、120、129、138、147、152、144、158
7	河滩阶地立地类型小区	河岸阶地	河岸阶地壤土	Ⅳ-H-5-7	部位：河岸阶地， 土壤：中壤土或砂壤土	12、15、19、20、31、34、41、45、46、50、52、53、55、56、57、60、62、63、64、69、71、72、76、77、90、91、94、95、97、104、106、107、108、115、117、119、120、129、135、138、147、150、152、144
8		河岸阶地	河岸阶地沙土	Ⅳ-H-5-8	部位：河岸阶地， 土壤：沙土	15、19、31、32、45、46、50、52、53、54、55、57、63、64、69、72、84、91、97、108、115、117、144、158
9		河漫滩	河漫滩砾砂土	Ⅳ-H-5-9	部位：河漫滩， 土壤：含石砾砂土	15、19、28、31、41、45、46、54、55、56、57、62、63、64、72、91、97、108、115、117、136、158
10		河漫滩	河漫滩轻盐碱	Ⅳ-H-5-10	部位：河漫滩， 土壤含盐量：0.2%～0.4%	31、32、41、45、46、54、55、56、57、62、63、64、72、91、97、108、115、117、136、158
11			河漫滩中盐碱	Ⅳ-H-5-11	部位：河漫滩， 土壤含盐量：0.4%～0.7%	31、32、45、46、54、55、56、57、62、63、72、91、97、117、136、158

太行山北段山地立地亚区（V-I）立地类型及适宜造林模式检索表

立地类型号	立地类型小区	立地类型组	立地类型	立地类型代码	立地特征	适宜造林模式号
1	土石山立地类型小区	山顶平缓坡	山顶平缓地	V-I-1-1	高山顶部，受风袭严重 土壤：潮土、亚高山草甸土	2、3、4、8、10
2		高中山阴坡	高中山阴缓斜陡坡	V-I-1-2	海拔2000m以上， 阴坡、半阴坡， 坡度≤35°	1、3、4、8、10
3			高中山阴急坡	V-I-1-3	海拔2000m以上， 阴坡、半阴坡， 坡度36°~45°	1、3、8、10
4		高中山阳坡	高中山阳急坡	V-I-1-4	海拔2000m以上， 阳破、半阳坡， 坡度36°~45°	1、2、3、4
5			高中山阳缓斜陡坡中厚土	V-I-1-5	海拔2000m以上， 阳坡、半阳坡， 坡度≤35°， 土层>30cm	1、2、3、4、37
6			高中山阳缓斜陡坡薄土	V-I-1-6	海拔2000m以上， 阳坡、半阳坡， 坡度≤35°， 土层≤30cm	1、2、3、37
7		中山阴坡	中山阴缓斜陡坡	V-I-1-7	海拔1500~2000m， 阴坡、半阴坡， 坡度≤35°	1、2、3、4、6、7、8、9、10、11、13、15、19、29、98
8			中山阴急坡	V-I-1-8	海拔1500~2000m， 阴坡、半阴坡， 坡度36°~45°	1、2、3、4、6、7、8、10、11、13、15、19、29、98
9		中山阳坡	中山阳急坡	V-I-1-9	海拔1500~2000m， 阳坡、半阳坡， 坡度36°~45°	7、11、13、15、24、17、19、29、30、37、39、124
10			中山阳缓斜陡坡中厚土	V-I-1-10	海拔1500~2000m， 阳坡、半阳坡， 坡度≤35°， 土层>30cm	7、11、15、24、17、19、29、30、37、39、124
11			中山阳缓斜陡坡薄土	V-I-1-11	海拔1500~2000m， 阳坡、半阳坡， 坡度≤35°， 土层≤30cm	13、15、16、19、24、29、36、37、39、40、91、103、122、124
12		低中山阴坡	低中山阴急坡	V-I-1-12	海拔1000~1500m， 阴坡、半阴坡， 坡度36°~45°	1、2、3、7、9、11、15、19、22、29、122
13			低中山阴缓斜陡坡	V-I-1-13	海拔1000~1500m， 阴坡、半阴坡， 坡度≤35°	1、2、3、7、11、15、19、22、29、103、122、124

立地类型号	立地类型小区	立地类型组	立地类型	立地类型代码	立地特征	适宜造林模式号
14		低中山阳坡	低中山阳急坡	V-I-1-14	海拔 1000~1500m,阳坡、半阳坡,坡度 36°~45°	13、16、19、24、31、34、36、39、91、122、124
15			低中山阳缓斜陡坡中厚土	V-I-1-15	海拔 1000~1500m,阳坡、半阳坡,坡度≤35°,土层＞30cm	11、15、24、17、19、22、24、29、30、31、37、39、40、47、102、103、122、124、126、144
16	土石山立地类型小区		低中山阳缓斜陡坡薄土	V-I-1-16	海拔 1000~1500m,阳坡、半阳坡,坡度≤35°,土层≤30cm	15、24、17、19、22、24、29、30、31、37、39、102、103、122、124、126、144
17		低山阴坡	低山阴坡中厚土	V-I-1-17	海拔 1000m 以下,阴坡、半阴坡,土层＞30cm	11、15、17、19、22、30、32、40、122、124
18			低山阴坡薄土	V-I-1-18	海拔 1000m 以下,阴坡、半阴坡,土层≤30cm	11、15、17、19、122、1124
19		低山阳坡	低山阳坡中厚土	V-I-1-19	海拔 1000m 以下,阳坡、半阳坡,土层≥30cm	19、22、24、31、32、34、36、40、41、47、91、73、74、78、79、80、85、102、103、122、124、126、144、146
20			低山阳坡中薄土	V-I-1-20	海拔 1000m 以下,阳坡、半阳坡,土层≤30cm	19、24、31、32、34、36、40、41、91、102、103、122、124、126、144
21		坡麓沟滩	坡麓沟滩(底)	V-I-1-21	部位:坡麓、沟底、河滩	11、15、17、19、22、29、41、42、45、47、53、73、74、78、79、80、85、91、104、124
22	黄土丘陵立地类型小区	梁峁顶	黄土丘陵梁峁顶	V-I-2-22	部位:梁峁顶	11、19、22、23、24、29、30、31、32、34、36、38、41、47、53、59、64、65、66、67、73、74、78、79、80、85、94、95、102、103、104、110、112、113、123、124、143、144、146、152
23		沟阴坡	阴急坡	V-I-2-23	部位:沟坡,阴坡、半阴坡,坡度 36°~45°	15、16、19、22、29、122、124、143
24			阴缓斜陡坡	V-I-2-24	部位:沟坡,阴坡、半阴坡,坡度≤35°	11、15、19、22、29、40、65、78、79、80、122、124、143

续表

立地类型号	立地类型小区	立地类型组	立地类型	立地类型代码	立地特征	适宜造林模式号
25	黄土丘陵立地类型小区	沟阳坡	阳急坡	V-I-2-25	部位：沟坡，阳坡、半阳坡，坡度36°~45°	16、19、24、29、30、32、34、36、65、67、91、102、103、124、144
26			阳缓斜陡坡	V-I-2-26	部位：沟坡，阳坡、半阳坡	16、17、19、22、23、24、29、30、31、34、36、38、41、42、47、53、59、64、65、66、67、73、74、78、79、80、85、91、94、95、102、103、104、106、110、112、113、124、126、143、144、146、152
27		沟底坡麓	沟底坡麓	V-I-2-27	部位：沟底坡麓	11、15、22、23、32、34、38、41、42、45、46、47、51、53、59、64、65、66、67、74、91、102、103、110、112、113、122、124、143、144、146、152
28		残垣面	黄土残垣面	V-I-2-28	部位：黄土残垣面	11、15、16、23、24、29、30、31、32、34、41、45、59、64、65、91、102、103、104、110、112、113、123、124、126、143、144、152
29		阶地	河侧阶地	V-I-2-29	部位：河谷两侧阶地	11、15、17、19、23、32、34、41、42、45、46、47、53、64、65、73、78、79、80、85、91、94、95、102、103、104、106、110、112、113、123、124、143、146、152
30	山间盆地立地类型小区	高阶地	高阶地	V-I-6-30	部位：黄土高阶地	11、15、17、19、23、32、34、41、42、45、46、47、53、64、65、73、78、79、80、85、91、94、95、102、103、104、106、110、112、113、123、124、143、146、152
31		河漫滩	石砾质河漫滩	V-I-6-31	部位：河漫滩，土壤：冲击母质上形成的石砾土石砾含量≥40%	15、19、34、36、39、42、45、91、122、124
32			砂土质河漫滩	V-I-6-32	部位：河漫滩，土壤：冲击母质沙壤质土石砾含量≤40%	15、19、22、31、34、36、38、39、42、45、47、51、65、91、122、124、152
33		河沟谷阶地	河沟谷阶地	V-I-6-33	部位：河沟谷阶地，土层>30cm土壤：潮土或耕作土	11、15、19、22、29、31、32、34、40、42、45、46、47、51、53、59、64、65、66、67、74、91、94、95、104、106、110、112、113、123、124、146、152

晋东土石山立地亚区（V-J）立地类型及适宜造林模式检索表

立地类型号	立地类型小区	立地类型组	立地类型	立地类型代码	立地特征	适宜造林模式号
1		高中山阴坡	高中山阴坡中厚土	V-J-1-1	海拔2000m以上，阴坡、半阴坡，土层>30cm	1、4、8、10
2			高中山阴坡薄土	V-J-1-2	海拔2000m以上，阴坡、半阴坡，土层≤30cm	1、8、10
3		高中山阳坡	高中山阳坡	V-J-1-3	海拔2000m以上，阳坡、半阳坡	1、4、8、10
4		中山阴坡	中山阴急坡	V-J-1-4	海拔1600~2000m，阴坡、半阴坡，坡度36°~45°	1、4、8、10、13、15
5			中山阴缓斜陡坡中厚土	V-J-1-5	海拔1600~2000m，阴坡、半阴坡，坡度≤35°，土层>30cm	1、4、6、7、8、9、10、13、15、70、96、98、100
6	土石山立地类型小区		中山阴缓斜陡坡薄土	V-J-1-6	海拔1600~2000m，阴坡、半阴坡，坡度≤35°，土层≤30cm	1、6、7、8、10、13、15、70、96、98、100
7		中山阳坡	中山阳急坡	V-J-1-7	海拔1600~2000m，阳坡、半阳坡，坡度36°~45°	1、4、6、7、8、13、15、36、70
8			中山阳缓斜陡坡中厚土	V-J-1-8	海拔1600~2000m，阳坡、半阳坡，坡度≤35°，土层>30cm	1、4、6、7、8、13、15、36、70、81、96、100
9			中山阳缓斜陡坡薄土	V-J-1-9	海拔1600~2000m，阳坡、半阳坡，坡度≤35°，土层≤30cm	7、13、15、36、70、96、100
10		低中山阴坡	低中山阴急坡	V-J-1-10	海拔1000~1600m，阴坡、半阴坡，坡度36°~45°	13、15、20、62、70、100、149
11			低中山阴缓斜陡坡薄土	V-J-1-11	海拔1000~1600m，阴坡、半阴坡，坡度≤35°，土层≤30cm	15、20、62、70、72、96、100、149、151
12			低中山阴缓斜陡坡中厚土	V-J-1-12	海拔1000~1600m，阴坡、半阴坡，坡度≤35°，土层>30cm	9、15、20、47、62、70、72、89、96、100、125、132、137、145、149、151

续表

立地类型号	立地类型小区	立地类型组	立地类型	立地类型代码	立地特征	适宜造林模式号
13	土石山立地类型小区	低中山阳坡	低中山阳急坡	V-J-1-13	海拔 1000～1600m，阳坡、半阳坡，坡度 36°～45°	15、24、28、31、33、35、36、62、70、91、100、102、128、149
14		低中山阳坡	低中山阳缓斜陡坡中厚土	V-J-1-14	海拔 1000～1600m，阳坡、半阳坡，坡度≤35°，土层＞30cm	15、18、20、24、28、31、33、35、36、47、62、70、71、72、73、78、79、80、81、82、83、85、86、87、89、91、96、99、100、102、120、125、128、130、131、132、137、144、149、151
15			低中山阳缓斜陡坡薄土	V-J-1-15	海拔 1000～1600m，阳坡、半阳坡，坡度≤35°，土层≤30cm	15、18、20、24、28、31、33、35、36、62、70、72、91、96、99、100、102、128、137、149
16		沟底坡麓	低中山沟底坡麓	V-J-1-16	海拔 1000～1600m，部位：沟底坡麓	9、20、31、35、47、62、70、79、80、82、83、86、87、130、131、132、136、137、145、146、149
17		低山阴坡	低山阴坡	V-J-1-17	海拔 1000m 以下，阴坡、半阴坡	15、32、47、62、70、72、89、92、93、96、100、120、125、132、137、145、149
18		低山阳坡	低山阳坡	V-J-1-18	海拔 1000m 以下，阳坡、半阳坡	15、201、6、28、31、32、33、35、36、41、47、62、70、71、72、73、78、79、80、81、82、83、85、86、87、89、90、91、92、93、96、99、100、102、120、125、128、130、131、132、137、144、149、151
19	黄土丘陵立地类型小区	梁峁顶	梁峁顶	V-J-2-19	部位：梁峁顶	31、32、33、36、41、45、46、47、53、59、62、63、64、65、70、73、78、79、80、82、83、84、86、87、94、95、96、104、110、117、120、130、131、132、137、146、151、152
20		阴坡	沟阴急坡黄土	V-J-2-20	部位：沟坡，阴坡、半阴坡，坡度 36°～45°，母质：黄土	15、62、65、70、96、151
21			沟阴急坡红黄土	V-J-2-21	部位：沟坡，阴坡、半阴坡，坡度 36°～45°，母质：红黄土	15、62、65、70、151

立地类型号	立地类型小区	立地类型组	立地类型	立地类型代码	立地特征	适宜造林模式号
22	黄土丘陵立地类型小区	阴坡	沟阴缓斜陡坡黄土	V-J-2-22	部位：沟坡，阴坡、半阴坡，坡度≤35°，母质：黄土	15、45、46、47、59、62、65、70、72、84、96、120、132、137、144、145、151
23			沟阴缓斜陡坡红黄土	V-J-2-23	部位：沟坡，阴坡、半阴坡，坡度≤35°，母质：红黄土	15、46、47、59、62、65、70、84、120、132、137、144、145、151
24		阳坡	沟阳急坡黄土	V-J-2-24	部位：沟坡，阳坡、半阳坡，坡度36°~45°，母质：黄土	24、31、32、33、59、62、63、64、65、70、91、137、144
25			沟阳急坡红黄土	V-J-2-25	部位：沟坡，阳坡、半阳坡，坡度36°~45°，母质：红黄土	24、31、59、62、63、64、70、84、91、137、144、151
26			沟阳缓斜陡坡黄土	V-J-2-26	部位：沟坡，阳坡、半阳坡，坡度≤35°，母质：黄土	24、28、31、32、33、36、41、45、46、47、59、62、63、64、65、70、72、73、79、80、82、83、84、85、86、87、90、91、94、95、96、104、110、117、120、130、131、132、137、144、146、152
27			沟阳缓斜陡坡红黄土	V-J-2-27	部位：沟坡，阳坡、半阳坡，坡度≤35°，母质：红黄土	24、31、36、41、46、47、59、62、63、64、65、70、84、91、120、132、137、144、151
28		沟底坡麓	沟底坡麓	V-J-2-28	部位：沟底坡麓 坡度≤15° 多为褐土性土	15、24、28、31、32、33、36、41、45、46、47、50、53、55、57、59、62、63、64、65、70、71、72、73、78、79、80、82、83、84、90、91、92、96、97、104、108、110、117、120、130、131、132、144、145、146、151、152
29	山间盆地立地类型小区	河漫滩	石砾质河漫滩	V-J-6-29	部位：河漫滩，土壤：冲击母质上形成的石砾土 石砾含量≥40%	15、31、45、55、57、59、62、70、72、91、92、97、136
30			砂土质河漫滩	V-J-6-30	部位：河漫滩，土壤：冲击母质沙壤质土 石砾含量≤40%	15、31、45、46、47、53、55、57、59、62、63、69、70、91、92、97、136
31		河沟谷阶地	河沟谷阶地	V-J-6-31	部位：河沟谷阶地，土壤：砂土或砂壤土	28、31、32、41、45、46、47、50、53、57、59、62、63、64、65、69、70、72、79、80、82、83、84、90、91、94、95、96、97、104、108、110、117、120、130、131、132、136、144、145、150、151、152

中条山土石山立地亚区（V-K）立地类型及适宜造林模式检索表

立地类型号	立地类型小区	立地类型组	立地类型	立地类型代码	立地特征	适宜造林模式号
1	土石山立地类型小区	高中山阴坡	高中山阴坡中厚土	V-K-1-1	海拔2000m以上，阴坡、半阴坡，土壤：亚高山草甸土，土层＞30cm	1、4、26
2			高中山阴坡薄土	V-K-1-2	海拔2000m以上，阴坡、半阴坡，土壤：亚高山草甸，土层≤30cm	26
3		高中山阳坡	高中山阳坡	V-K-1-3	海拔2000m以上，阳坡、半阳坡，	1、4、26
4		中山阴坡	中山阴急坡	V-K-1-4	海拔1600~2000m，阴坡、半阴坡，坡度36°~45°	12、15、19、24、26、27、28、96
5			中山阴缓斜陡坡中厚土	V-K-1-5	海拔1600~2000m，阴坡、半阴坡，坡度≤35°，土层＞30cm	1、4、12、15、17、19、24、26、27、28、96
6			中山阴缓斜陡坡薄土	V-K-1-6	海拔1600~2000m，阴坡、半阴坡，坡度≤35°，土层≤30cm	12、15、17、19、24、26、27、28、96
7		中山阳坡	中山阳急坡	V-K-1-7	海拔1600~2000m，阳坡、半阳坡，坡度36°~45°	12、15、19、24、26、27、28、96
8			中山阳缓斜陡坡中厚土	V-K-1-8	海拔1600~2000m，阳坡、半阳坡，坡度≤35°，土层＞30cm	1、4、12、15、17、19、24、26、27、28、96
9			中山阳缓斜陡坡薄土	V-K-1-9	海拔1600~2000m，阳坡、半阳坡，坡度≤35°，土层≤30cm	12、15、17、19、24、26、27、28、96
10		低中山阴坡	低中山阴急坡中薄土	V-K-1-10	海拔1000~1600m，阴坡、半阴坡，坡度36°~45°，土层≤80cm	12、15、17、18、19、20、24、26、27、28、96、108
11			低中山阴缓斜陡坡中厚土	V-K-1-11	海拔1000~1600m，阴坡、半阴坡，坡度≤35°，土层＞30cm	12、15、17、18、19、24、26、27、28、96
12			低中山阴缓斜陡坡薄土	V-K-1-12	海拔1000~1600m，阴坡、半阴坡，坡度≤35°，土层≤30cm	12、15、17、18、19、20、24、26、27、28、96、108

立地类型号	立地类型小区	立地类型组	立地类型	立地类型代码	立地特征	适宜造林模式号
13	土石山立地类型小区	低中山阳坡	低中山阳急坡	V-K-1-13	海拔1000~1600m，阳坡、半阳坡，坡度36°~45°	12、15、18、19、20、24、25、26、27、28、60、61、96、108、137、149
14			低中山阳缓斜陡坡中厚土	V-K-1-14	海拔1000~1600m，阳坡、半阳坡，坡度≤35°，土层>30cm	12、15、18、19、20、24、25、26、27、28、47、96、108、137
15			低中山阳缓斜陡坡薄土	V-K-1-15	海拔1000~1600m，阳坡、半阳坡，坡度≤35°，土层≤30cm	12、15、18、19、24、25、96、137、149
16		低山阴坡	低山阴坡中厚土	V-K-1-16	海拔1000m以下，阴坡、半阴坡，土层>30cm	24、28、31、35、36、47、63、64、65、96、108、132、134
17			低山阴坡薄土	V-K-1-17	海拔1000m以下，阴坡、半阴坡，土层≤30cm	24、28、31、35、36、63、64、65、92、96
18		低山阳坡	低山阳坡中厚土	V-K-1-18	海拔1000m以下，阳坡、半阳坡，土层>30cm	24、28、31、35、36、47、60、61、63、64、65、73、78、85、86、92、93、96、108、132、133、134、137、150
19			低山阳坡薄土	V-K-1-19	海拔1000m以下，阳坡、半阳坡，土层≤30cm	24、28、31、35、36、63、64、65、78、85、86、92、93、96、137、149
20		沟谷阶地	低山沟谷阶地	V-K-1-20	部位：低山沟谷阶地，土层：一般>30cm	47、60、63、64、65、73、78、85、86、91、96、108、132、133、134、137、150
21		沟底坡麓	低山沟底坡麓	V-K-1-21	部位：低山沟底坡麓，土层：一般>30cm	47、60、63、64、65、91、96、108
22	黄土丘陵立地类型小区	梁峁顶	梁峁顶	V-K-2-22	部位：梁峁顶及坡面坡度≤15°	31、32、33、36、41、47、63、64、65、91、92、93、149
23		阴坡	沟阴坡黄土	V-K-2-23	部位：沟坡，阴坡、半阴坡，母质：黄土。	15、47、63、64、65、91
24			沟阴坡红黄土	V-K-2-24	部位：沟坡，阴坡、半阴坡，母质：红黄土	15、47、63、64、65、91
25		阳坡	沟阳坡黄土	V-K-2-25	部位：沟坡，阳坡、半阳坡，母质：黄土	15、32、33、47、60、61、63、64、65、73、78、85、86、90、91、93、149
26			沟阳坡红黄土	V-K-2-26	部位：沟坡，阳坡、半阳坡，母质：红黄土	15、32、47、63、64、65、90、91、93、149

续表

立地类型号	立地类型小区	立地类型组	立地类型	立地类型代码	立地特征	适宜造林模式号
27	黄土丘陵立地类型小区	沟底坡麓	黄土丘陵沟底坡麓	V-K-2-27	部位：黄土沟底坡麓， 土层：一般 >80cm， 母质：黄土或红黄土	32、41、42、45、46、47、50、60、61、69、7172、75、84、89、90、94、95、97、104、106、115、116、117、118、119、132、133、134、137、145、150
28		垣面阶地	黄土丘陵垣面阶地	V-K-2-28	部位：黄土残垣面及附近阶地， 母质：黄土	32、41、42、45、46、47、50、60、61、69、71、72、75、85、86、89、94、95、97、104、106、115、116、117、118、119、120、121、129、130、132、133、134、137、138、145、150
29	山间盆地立地类型小区	河漫滩	石砾质河漫滩	V-K-6-29	部位：河漫滩， 土壤：冲击母质上形成的石砾土 石砾含量 >40%	42、45、46、50、54、69、71、89、145、57、67、56、59
30			沙土质河漫滩	V-K-6-30	部位：河漫滩， 土壤：冲击母质沙壤质土 石砾含量 ≤40%	42、45、46、50、54、69、71、89、94、95、97、104、106、117、138、145、57、56、58、59
31		河（沟）谷阶地	河（沟）谷阶地	V-K-6-31	部位：谷坡或沟谷地， 土地平坦，土层较厚	42、45、46、47、50、54、69、71、89、94、95、97、104、106、117、119、120、121、129、130、138、145、150、57、56、58、59

附件 2 造林模式适宜立地类型检索表

晋北盆地丘陵立地亚区（I-A）造林模式适宜立地类型检索表

序号	模式名称及模式号	整地方式	建设目标	配置形式	典型图式
		栽植树种		栽植要点	
		苗木规格		管护要点	适宜立地类型号
1	华北落叶松与阔叶乔灌树种混交模式（2）	坡地鱼鳞坑 80cm×60cm×40cm 平地穴状整地 60cm×60cm×60cm 品字形排列	生态林	华北落叶松片林与阔叶乔灌带状或块状混交 2m×(3~5)m	
		华北落叶松 其他阔叶乔灌		用 ABT 生根粉浸根或用保水剂蘸根处理	
		2 年以上合格壮苗移植苗（1-1）		连续 3 年中耕锄草（3、2、1）	3、6、7
2	华北落叶松与沙棘混交模式（5）	鱼鳞坑整地 80cm×60cm×40cm 品字形排列	生态林	带状混交 5~10 行落叶松 3~5 行沙棘 华北落叶松 2m×3m 沙棘 1m×3m	
		华北落叶松 沙棘		用 ABT 生根粉浸根或用保水剂蘸根处理	
		华北落叶松 2~3 年生合格壮苗最好使用移植苗 沙棘合格苗最好使用容器苗		连续 3 年中耕锄草（3、2、1）	3、6、7
3	油松与柠条混交模式（14）	油松鱼鳞坑整地 80cm×60cm×40cm 柠条小穴状整地 20cm×20cm×20cm 品字形排列	生态林	带状 块状或行间混交 油松 2m×4m 柠条 1m×1m	
		油松 柠条		油松用 ABT 生根粉浸根或用保水剂蘸根处理	
		油松 2 年以上壮苗或移植苗（1-1）柠条播种		连续 3 年中耕锄草（3、2、1）	1、2、3、4、5、6、7、10、14

序号	模式名称及模式号	整地方式	建设目标	配置形式	典型图式
		栽植树种		栽植要点	
		苗木规格		管护要点	适宜立地类型号
4	油松与山桃（山杏）混交模式（16）	坡地鱼鳞坑整地油松 80cm×60cm×40cm 山桃山杏 50cm×40cm×30cm 平地穴状整地 油松 50cm×50cm×40cm 山桃山杏 30cm×30cm×30cm	生态林	带状（4 行油松 1 行山桃或山杏）混交 油松 1.5m×4m 山桃、山杏 2m×20m	
		油松 山桃 山杏		用 ABT 生根粉浸根或用保水剂蘸根处理	
		油松 2 年以上合格壮苗或移植苗（1-1）山桃山杏用合格壮苗或种子直播		连续 3 年中耕锄草（3、2、1）	1、2、3、4、5、6、7、10、14
5	油松（樟子松、侧柏）与阔叶乔灌混交模式（21）	坡地鱼鳞坑整地 80cm×60cm×40cm 平地穴状整地 60cm×60cm×60cm	生态林	小片纯林与其他阔叶乔灌带状或块状混交 2m×（3~4）m	
		油松 樟子松 侧柏 其他阔叶乔灌		用 ABT 生根粉浸根或用保水剂蘸根处理	
		2 年以上合格壮苗移植苗（1-1）樟子松（2-1）		连续 3 年中耕锄草（3、2、1）	4、5、6、7、10、14
6	油松（樟子松）与五角枫混交模式（22）	鱼鳞坑整地 80cm×60cm×40cm 或穴状整地 60cm×60cm×60cm 品字形排列	生态林	针阔带状混交 油松 五角枫 2m×3m 樟子松 2.5m×3m	
		油松 樟子松 五角枫		用 ABT 生根粉浸根或用保水剂蘸根处理	
		油松 2 年以上合格壮苗或移植苗（1-1）樟子松移植苗（2-1）五角枫 1 年生 d≥0.8cm		连续 3 年中耕锄草（3、2、1）	1、2、3、4、6、7、10、14
7	油松（樟子松）与刺槐混交模式（23）	鱼鳞坑整地 80cm×60cm×40cm 或穴状整地 60cm×60cm×60cm 品字形排列	生态林	针阔带状混交 油松、刺槐 2m×3m 樟子松 2.5m×3m	
		油松 樟子松 刺槐		用 ABT 生根粉浸根或用保水剂蘸根处理	
		油松 2 年以上合格壮苗或移植苗（1-1）樟子松移植苗（2-1）刺槐 d≥0.8cm		连续 3 年中耕锄草（3、2、1）	1、2、3、4、5、6、7、10、14

续表

序号	模式名称及模式号	整地方式 栽植树种 苗木规格	建设目标	配置形式 栽植要点 管护要点	典型图式 适宜立地类型号
8	樟子松与沙棘等灌木混交模式(29)	鱼鳞坑整地樟子松80cm×60cm×40cm 沙棘50cm×40cm×30cm 品字形排列 樟子松 沙棘 柠条等 乔2年以上合格状苗或移植苗（2-1）灌用容器苗合格种子	生态林	乔灌带状 块状或行间混交 乔2.5m×6m 灌1m×6m 用ABT生根粉浸根或用保水剂蘸根处理 连续3年中耕锄草（3、2、1）	 1、2、3、4、5、6、7、10、14
9	樟子松与山桃（山杏）混交模式(30)	坡地鱼鳞坑整地80cm×60cm×40cm 平地穴状整地60cm×60cm×60cm 品字形排列 樟子松 山桃或山杏 乔2年以上合格状苗或移植苗（2-1）灌用合格壮苗或合格种子直播	生态林	带状（4行樟子松1行山桃或山杏）或点缀式不规则混交 乔2m×4m 灌2m×20m 用ABT生根粉浸根或手根保蘸根处理 连续3年中耕锄草（3、2、1）	 1、2、3、4、5、6、7、10、14
10	侧柏与刺槐混交模式(32)	坡地鱼鳞坑整地80cm×60cm×40cm 平地穴状整地60cm×60cm×60cm 侧柏 刺槐 侧柏2年生大规格容器苗 刺槐D≥0.8cm 根系发达的健壮苗	生态林	带状混交 一般2~3行为一带 1.5m×4m 栽后用石块覆盖或覆膜 ABT生根粉和保水剂等蘸根处理 连续2年松土除草 数株苗木生长在一起的应3年内定株	 4、5、12
11	侧柏与柠条混交模式(33)	坡地鱼鳞坑整地侧柏80cm×60cm×40cm 柠条50cm×40cm×30cm 平地穴状整地侧柏50cm×50cm×40cm 柠条30cm×30cm×30cm 侧柏 柠条 侧柏以2年生大规格容器苗为宜 柠条播种或d≥0.3cm 根系发达的健壮苗	生态林	带状或行间混交 乔1.5m×6m 灌1m×6m 栽后用石块覆盖或覆膜 ABT生根粉和保水剂等蘸根处理 宁条播种 植苗均可 连续2年松土除草 栽植当年越冬掩盖	 4、5、8、9、11、12、13、17

续表

序号	模式名称及模式号	整地方式	建设目标	配置形式	典型图式
		栽植树种		栽植要点	
		苗木规格		管护要点	适宜立地类型号
12	侧柏与沙棘混交模式（34）	侧柏鱼鳞坑整地 80cm × 60cm×40cm 沙棘穴状整地 40cm×40cm×30cm 品字形排列	生态林	带状或行间混交 1m×3m	
		侧柏 沙棘		栽前用 ABT 生根粉浸根或用泥浆蘸根 沙棘可截杆造林再覆膜	
		侧柏 2 年生 d≥0.4cm H≥30cm 沙棘 1 年生 d≥0.6cm H≥60cm		连续 3 年中耕锄草（3、2、1）	4、5、12
13	杨树（柳树）与其他乔灌混交模式（42）	穴状整地 80cm × 80cm × 80cm	生态林	片林与其他乔灌块状或带状混交 3m×3m	
		杨树 柳树 其他乔灌		栽前可用 ABT 生根粉速蘸或打泥浆	
		D≥3cm		连续 3 年中耕锄草 每年 1 次	15、16、18
14	杨树（柳树）与沙棘（柠条）混交模式（44）	穴状整地 60cm × 60cm × 60cm	生态林	乔灌带状或行间混交 乔 3m×6m 灌 1m×6m	
		杨树 柳树 柠条 沙棘		栽前可用 ABT 生根粉速蘸或打泥浆	
		乔 D≥3cm 灌用容器苗或合格种子		连续 3 年中耕锄草 每年 1 次	11、13、17
15	杨树（柳树）农田防护林模式（43）	穴状整地 80cm × 80cm × 80cm	农田防护林	主林带加网格 网格控制面积不大于 200 亩	
		杨树 柳树		用 ABT 生根粉浸根或用保水剂蘸根处理	
		大规格优质苗木 阔叶树 D≥3cm 针叶树 H≥50cm 的带土大苗		连续 3 年中耕锄草（3、2、1）	15、16

序号	模式名称及模式号	整地方式	建设目标	配置形式	典型图式
		栽植树种		栽植要点	
		苗木规格		管护要点	适宜立地类型号
16	晋北农田防护林针阔混交模式(48)	穴状整地 80cm × 80cm × 60cm 品字形排列	农田防护林	带状混交 主林带 2~3 行 外侧 2 行杨树 内侧樟子松 副林带 1~2 行 外侧 1 行杨树 内侧 1 行樟子松 株行距 2m×2m	
		新疆杨（合作杨）樟子松		植苗	
		新疆杨（合作杨）H≥3.0m D≥3.0cm 樟子松 H≥1.5m d≥2.5cm 带土球（30~40cm）		中耕除草（1~2、1~2、1~2）浇水（2~3）追肥 2 次/年 NP 肥为主 0.5kg/株	15、16
17	晋北农田防护林乔灌混交模式(49)	穴状整地 80cm × 80cm × 60cm 品字形排列	农田防护林	带状混交 主林带 2~3 行 外侧 1 行杨树 内侧 1 行樟子松 1 行柠条 副林带 2 行 外侧 1 行樟子松 内侧 1 行柠条 株行距 2m×2m	
		新疆杨（合作杨）樟子松 柠条（紫穗槐）		植苗 播种 ABT 生根粉速蘸或打泥浆	
		新疆杨（合作杨）H≥3.0m D≥3.0cm 樟子松 H≥1.5m d≥2.5cm 带土球（30~40cm）柠条播种		中耕除草（1~2、1~2、1~2）浇水（2~3）追肥 2 次/年 NP 肥为主 0.5kg/株	15、16
18	沙化土地与缓坡地灌草间作模式(101)	穴状整地 30cm × 30cm × 30cm 品字形排列	生态林	灌木与牧草带状混交灌（1~1.3）m×3m 草盖度 ≥0.2	
		柠条 沙棘 柽柳 紫穗槐 沙柳 沙桑		植苗或播种能截杆造林的可截杆造林	
		灌木使用合格苗木最好使用容器苗 草种为优质牧草合格种子		柠条播种后 3 年平茬 连续 3 年中耕锄草（3、2、1）	17、18

续表

序号	模式名称及模式号	整地方式	建设目标	配置形式	典型图式
		栽植树种		栽植要点	
		苗木规格		管护要点	适宜立地类型号
19	柠条（紫穗槐）与山桃（山杏）混交模式（103）	坡地鱼鳞坑整地 50cm×40cm×30cm 平地穴状整地 40cm×40cm×30cm	生态林	带状混交或点缀式混交 柠条或紫穗槐 1m×3m 山杏或山桃 3m×12m	
		柠条 紫穗槐 山杏 山桃		植苗或播种能截杆造林的可截杆造林	
		合格种子或苗木		柠条播种后 3 年平茬 连续 3 年中耕锄草（3、2、1）	8、9、11、13、17
20	水果经济林林草复合经营模式（105）	穴状整地 100cm×100cm×100cm	经济林	行间间作草带（3~4）m×（4~5）m	
		苹果 梨 李		用 ABT 生根粉浸根或用保水剂蘸根处理	
		优质合格种苗		栽植当年越冬掩盖连续 3 年中耕锄草（3、2、1）	15、16
21	京杏（仁用杏）林牧复合经营模式（114）	穴状整地 80cm×80cm×80cm	经济林	片林 行间间作草带 3m×4m	
		京杏 仁用杏		用 ABT 生根粉浸根或用保水剂蘸根处理	
		优质合格种苗		中耕锄草每年 3 次	15、16
22	灌木农田防护林模式（123）	穴状整地 40cm×40cm×30cm 品字形排列	农田防护林	主林带加生物地埂 网格控制不大于 100 亩	
		沙棘 柠条 沙桑 紫穗槐		植苗或播种能截杆造林的可截杆造林	
		最好使用容器苗		柠条播种后 3 年平茬 连续 3 年中耕锄草（3、2、1）	8、9、15、16、17

序号	模式名称及模式号	整地方式	建设目标	配置形式	典型图式
		栽植树种		栽植要点	
		苗木规格		管护要点	适宜立地类型号
23	沙棘、柠条、沙桑、紫穗槐混交模式（124）	穴状整地 40cm × 40cm × 30cm	生态林	块状或带状混交 3m×1m	
		沙棘　柠条　沙桑　紫穗槐		植苗或播种能截杆造林的可截杆造林	
		合格壮苗或经检验合格的种子		柠条播种后 3 年平茬　连续 3 年中耕锄草（3、2、1）	8、9、11、13、17
24	柽柳与紫穗槐盐碱地造林模式（136）	穴状 40cm×40cm×30cm	生态林	块状或带状混交 1m×3m	
		柽柳　紫穗槐		植苗或播种 用 ABT 生根粉或根宝催芽或蘸根处理	
		合格苗木或经检验合格的种子		柠条播种后 3 年平茬　连续 3 年中耕锄草（3、2、1）	19、20
25	果园防护林带造林模式（140）	规范整地	生态林	乔木林围经济林 带状或块状混交	
		杨树　樟子松等		用 ABT 生根粉浸根或用保水剂蘸根处理	
		生态林使用合格苗木 经济林使用优种成品合格壮苗		连续 3 年中耕锄草（3、2、1）	11、13、17
26	草场防护林带造林模式（141）	规范整地	生态林	乔草或灌草带状或块状混交 以乔围草或以灌围草	
		杨树　樟子松　沙棘　柠条等		用 ABT 生根粉浸根或用保水剂蘸根处理	
		乔灌合格苗木 草种为优质牧草合格种子		连续 3 年中耕锄草（3、2、1）	11、13、17

续表

序号	模式名称及模式号	整地方式	建设目标	配置形式	典型图式
		栽植树种		栽植要点	
		苗木规格		管护要点	适宜立地类型号
27	沙质盐碱地灌草间作模式（157）	带状整地或穴状整地 50cm×50cm×40cm	生态林	片林 灌草带状 行间混交	
		枸杞 四翅滨藜		植苗	
		枸杞最好是优种嫁接成品苗 四翅滨藜扦插苗或容器苗 草种为适生优质牧草合格种子		中耕除草（2、2、1）	19、20

晋西黄土丘陵沟壑立地亚区（Ⅰ-B）造林模式适宜立地类型检索表

序号	模式名称及模式号	整地方式	建设目标	配置形式	典型图式
		栽植树种		栽植要点	
		苗木规格		管护要点	适宜立地类型号
1	华北落叶松与阔叶乔灌树种混交模式（2）	坡地鱼鳞坑 80cm×60cm×40cm 平地穴状整地 60cm×60cm×60cm 品字形排列	生态林	华北落叶松片林与阔叶乔灌带状或块状混交 2m×（3～5）m	
		华北落叶松 其他阔叶乔灌		用 ABT 生根粉浸根或用保水剂蘸根处理	
		2 年以上合格壮苗移植苗（1-1）		连续 3 年中耕锄草（3、2、1）	3、6、7
2	华北落叶松与沙棘混交模式（5）	鱼鳞坑整地 80cm×60cm×40cm 品字形排列	生态林	带状混交 5～10 行落叶松 3～5 行沙棘 华北落叶松 2m×3m 沙棘 1m×3m	
		华北落叶松 沙棘		用 ABT 生根粉浸根或用保水剂蘸根处理	
		华北落叶松 2～3 年生合格壮苗最好使用移植苗 沙棘合格苗最好使用容器苗		连续 3 年中耕锄草（3、2、1）	3、6、7

续表

序号	模式名称及模式号	整地方式	建设目标	配置形式	典型图式
		栽植树种		栽植要点	
		苗木规格		管护要点	适宜立地类型号
3	油松与连翘混交模式(12)	坡地鱼鳞坑整地油松 80cm×60cm×40cm 连翘 50cm×40cm×30cm 垴地穴状或小穴状整地 油松 50cm×50cm×40cm 连翘 30cm×30cm×30cm	生态林	1 行油松 3m×4m 2 行连翘 1m×2m	
		油松 连翘		直接栽植	
		油松 2 年生大规格容器苗 连翘 2 年生苗		连续 3 年中耕锄草(3、3、3)	1、2、3、6、7
4	油松与辽东栎(白桦)混交模式(13)	鱼鳞坑整地 80cm×60cm×40cm 品字形排列	生态林	带状 块状或行间混交 2m×3m	
		油松 辽东栎(白桦)		栽前用 ABT 生根粉浸根或用保水剂蘸根处理	
		油松 2 年生大规格容器苗 辽东栎(白桦)自然萌芽更新		连续 3 年中耕锄草(3、2、1)	1、2、3、4、5、6、7
5	油松与沙棘混交模式(15)	油松鱼鳞坑整地 80cm×60cm×40cm 沙棘穴状 40cm×40cm×30cm 品字形排列	生态林	带状混交 油松 2m×4m 沙棘 1m×1m	
		油松 沙棘		油松栽前用 ABT 生根粉浸根或用泥浆蘸根 沙棘可截杆造林再覆膜	
		油松 2 年生留床苗d≥0.4cm H≥12cm 沙棘 1 年生d≥0.6cm H≥60cm		连续 3 年中耕锄草(3、2、1)	1、2、3、5、6
6	油松与山杨混交模式(17)	鱼鳞坑整地 80cm×60cm×40cm 品字形排列	生态林	带状 块状混交 3~5 行一带 2m×2m 或 4m×2m	
		油松 山杨		油松直接栽植 山杨截杆苗造林	
		油松用 2 年生容器苗 山杨采取天然或人工促进天然更新		连续 2 年松土除草 山杨平茬 断根促进更新	1、2、3、6

续表

序号	模式名称及模式号	整地方式	建设目标	配置形式	典型图式
		栽植树种		栽植要点	
		苗木规格		管护要点	适宜立地类型号
7	油松与天然灌木混交模式（19）	鱼鳞坑整地 80cm×60cm×40cm 品字形排列	生态林	3m 内坡面保留天然灌木树种 2cm×3cm	
		油松 天然灌木		直接栽植 栽后就地取碎石片覆盖	
		油松以 2 年生大规格容器苗为宜 根系发达的健壮苗		连续 3 年中耕锄草（3、2、1）	1、2、3、4、5、6
8	油松与元宝枫混交模式（20）	鱼鳞坑整地 80cm×60cm×40cm 品字形排列	生态林	带状或块状或行间混交 2m×3m	
		油松 元宝枫		元宝枫（五角枫）采用截杆造林	
		2 年生 H＝1.2～1.5m		连续 3 年中耕锄草（3、2、1）栽植当年越冬掩盖	1、2、3、6、7
9	油松（樟子松、侧柏）与阔叶乔灌混交模式（21）	坡地鱼鳞坑整地 80cm×60cm×40cm 平地穴状整地 60cm×60cm×60cm	生态林	小片纯林与其他阔叶乔灌带状或块状混交 2m×（3～4）m	
		油松 樟子松 侧柏 其他阔叶乔灌		用 ABT 生根粉浸根或用保水剂蘸根处理	
		2 年以上合格壮苗移植苗（1-1）樟子松（2-1）		连续 3 年中耕锄草（3、2、1）	5、6、12
10	油松（侧柏）与山桃（山杏）混交模式（24）	鱼鳞坑整地 80cm×60cm×40cm 品字形排列	生态林	带状或行间混交 株行距 2m×3m	
		油松（侧柏）山桃（杏）		栽前用 ABT 生根粉浸根或用保水剂蘸根处理	
		乔以 2 年生大规格容器苗为宜 灌用 2 年生播种苗		连续 3 年中耕锄草（3、2、1）	4、5、6、8

续表

序号	模式名称及模式号	整地方式 / 栽植树种 / 苗木规格	建设目标	配置形式 / 栽植要点 / 管护要点	典型图式 / 适宜立地类型号
11	白皮松与黄栌混交模式(28)	鱼鳞坑整地白皮松 80cm×60cm×40cm 黄栌 50cm×40cm×30cm 品字形排列	生态林 用材林 风景林	带状或行间混交 株行距 1.5m×3m	
		白皮松 黄栌		白皮松植苗 黄栌截干植苗 堆土防寒 用 ABT 生根粉或保水剂等蘸根处理	
		白皮松 H>10cm d≥0.2cm 或塑膜容器苗 黄栌 2~3 年生播种苗		中耕除草(2、2、1)	6
12	侧柏与臭椿混交模式(31)	鱼鳞坑整地 80cm×60cm×40cm 或穴状整地 60cm×60cm×60cm	生态林	带状 块状或行间混交 2m×2m	
		侧柏 臭椿		臭椿以早春和晚秋栽植为宜 春季带杆栽植宜迟不宜早	
		侧柏 2 年生容器苗 臭椿 1 年生苗		连续 3 年松土除草 栽植当年越冬掩盖	4、5、6、12、13
13	侧柏与刺槐混交模式(32)	坡地鱼鳞坑整地 80cm×60cm×40cm 平地穴状整地 60cm×60cm×60cm	生态林	带状混交 一般 2~3 行为一带 1.5m×4m	
		侧柏 刺槐		栽后用石块覆盖或覆膜 ABT 生根粉和保水剂等蘸根处理	
		侧柏 2 年生大规格容器苗 刺槐 D≥0.8cm 根系发达的健壮苗		连续 2 年松土除草 数株苗木生长在一起的应 3 年内定株	1、2、3、4、5、6、13

续表

序号	模式名称及模式号	整地方式	建设目标	配置形式	典型图式
		栽植树种		栽植要点	
		苗木规格		管护要点	适宜立地类型号
14	侧柏与柠条混交模式（33）	坡地鱼鳞坑整地侧柏80cm×60cm×40cm 柠条50cm×40cm×30cm 平地穴状整地侧柏50cm×50cm×40cm 柠条30cm×30cm×30cm	生态林	带状或行间混交 乔1.5m×6m 灌1m×6m	
		侧柏 柠条		栽后用石块覆盖或覆膜 ABT生根粉和保水剂等蘸根处理 宁条播种 植苗均可	
		侧柏以2年生大规格容器苗为宜 柠条播种或 d≥0.3cm 根系发达的健壮苗		连续2年松土除草 栽植当年越冬掩盖	4、5、6、12、13
15	侧柏与沙棘混交模式（34）	侧柏鱼鳞坑整地80cm×60cm×40cm 沙棘穴状整地40cm×40cm×30cm 品字形排列	生态林	带状或行间混交 1m×3m	
		侧柏 沙棘		栽前用ABT生根粉浸根或用泥浆蘸根 沙棘可截杆造林再覆膜	
		侧柏2年生 d≥0.4cm H≥30cm 沙棘1年生 d≥0.6cm H≥60cm		连续3年中耕锄草（3、2、1）	1、2、3、4、5、6、13
16	杜松与天然黄刺梅混交模式（39）	鱼鳞坑整地杜松80cm×60cm×40cm 黄刺玫60cm×60cm×60cm 品字形排列	生态林	带状或行间混交 杜松株行距1.5m×3m 保留自然分布的黄刺玫	
		杜松 黄刺梅		杜松植苗 黄刺玫分株 压条或埋根造林 ABT生根粉或保水剂等蘸根处理	
		杜松1~2年生苗		中耕除草（2、2、1）	4、5

序号	模式名称及模式号	整地方式	建设目标	配置形式	典型图式
		栽植树种		栽植要点	
		苗木规格		管护要点	适宜立地类型号
17	杨树（柳树）与沙棘（柠条）混交模式（44）	穴状整地 60cm×60cm×60cm	生态林	乔灌带状或行间混交 乔 3m×6m 灌 1m×6m	
		杨树 柳树 柠条 沙棘		栽前可用 ABT 生根粉速蘸或打泥浆	
		乔 D≥3cm 灌用容器苗或合格种子		连续 3 年中耕锄草 每年 1 次	16
18	杨树造林模式（45）	穴状整地 100cm×100cm×80cm	生态林 用材林	片状 块状	
		杨树		植苗 浇水 覆盖塑膜 基肥有机肥 25～30kg/穴	
		H>4.0m d>3cm 的 2 年生根 1 年生干苗木		中耕除草（2、1）浇水（2、1）	3、6、7
19	杨树与刺槐混交模式（46）	杨树穴状整地 80cm×80cm×60cm 刺槐穴状整地 50cm×50cm×40cm	生态林 用材林	带状或行间混交 株行距杨树 3m×6m 刺槐 2m×6m	
		杨树 刺槐		植苗 刺槐栽后根茎以上覆土 1.0cm 覆地膜	
		杨树 H>3.5m d>3.0cm 的 2 年根 1 年干苗 刺槐 H>1.5m d>1.5cm 的 1 年生实生苗		松土除草及整穴（2、1）除萌及抹芽 刺槐留一健壮直立枝条培养主茎 平茬 枯梢严重时秋季平茬	7、14
20	杨树与复叶槭混交模式（47）	穴状整地 70cm×70cm×70cm	生态林 用材林	带状或行间 1:1 混交 株行距 2m×2m	
		杨树 复叶槭		植苗 ABT 生根粉 保水剂等蘸根处理	
		H=2.5m d≥1.8cm 2 年生苗		幼林抚育（2、2、1）	14、15

序号	模式名称及模式号	整地方式	建设目标	配置形式	典型图式
		栽植树种		栽植要点	
		苗木规格		管护要点	适宜立地类型号
21	杨树林农复合经营模式(50)	穴状整地 80cm × 80cm × 60cm 品字形排列	生态林用材林	杨树两行一带 带间距8m 株行距（2～3）m×（2～3）m 带间套种低杆作物	
		杨树（新疆杨 毛白杨 速生杨）		植苗 ABT 生根粉速蘸或打泥浆 施足底肥	
		杨树H≥3.0m D 径≥3cm		中耕除草(1～2、1～2、1～2) 浇水（2～3）追肥 2 次/年 NP 肥为主 0.5kg/株	7、14、15
22	杨树与紫花苜蓿林草复合经营模式(51)	穴状整地 杨树 60cm×60cm×60cm 品字形排列 紫花苜蓿全面整地	生态林用材林	杨树两行一带 带间距8m 株行距2m×2m 带间套种紫花苜蓿	
		杨树（新疆杨 毛白杨 速生杨）紫花苜蓿		杨树植苗 ABT 生根粉速蘸或打泥浆 紫花苜蓿撒种 施足底肥	
		杨树H≥3.0m D≥3cm		中耕除草(1～2、1～2、1～2) 浇水（2～3）追肥 2 次/年 NP 肥为主 0.5kg/株或50kg/亩 割取枝叶 紫花苜蓿2次/年	3、6、7
23	杨柳滩涂地造林模式(54)	穴状整地 60cm × 60cm × 60cm 品字形排列	生态林用材林	片林 株行距2m×4m	
		三倍体毛白杨 漳河柳 旱柳 垂柳		植苗 ABT 生根粉速蘸或打泥浆 施足底肥	
		三倍体毛白杨苗 H≥3.0m D≥3cm		中耕除草(1～2、1～2、1～2) 浇水（2～3）追肥 一年 2 次，以 NP 肥为主，0.5kg/株	7、14、15

序号	模式名称及模式号	整地方式	建设目标	配置形式	典型图式
		栽植树种		栽植要点	
		苗木规格		管护要点	适宜立地类型号
24	垂柳与紫穗槐护岸林模式（57）	穴状整地 柳树 80cm×80cm×60cm 紫穗槐 50cm×50cm×40cm	生态林	带状混交（4 行：4 行）株行距 柳树 2m×2m 紫穗槐 1m×2m	
		柳树 紫穗槐		植苗或播种 ABT 生根粉 根宝等催芽或蘸根处理	
		柳树 H≥2.5m d≥3cm 紫穗槐当年采收的合格种子		中耕除草（2、2、1）割条 2 次/年 夏沤肥 秋编织 追肥 2 次/年 NP 肥为主 100kg/亩	14、15
25	刺槐造林模式（64）	鱼鳞坑整地 80cm×60cm×40cm 品字形排列	生态林 用材林	株行距 2m×3m	
		刺槐		截干栽植 苗根蘸保水剂 苗干上覆土 1.0cm 穴上覆盖塑料膜	
		H=1.5m d=1.5cm 的截干苗		抹芽除萌 萌芽时将塑膜开洞 萌条长到 30cm 时留一健壮直立者 其余抹去 并及时除萌 松土除草及整穴 第一年 2 次 第二年 1 次	11、12、13
26	刺槐与四翅滨藜混交模式（66）	坡地鱼鳞坑整地 80cm×60cm×40cm 川、垣地穴状整地 50cm×50cm×40cm 品字形排列	生态林	带状混交 4 行一带 株行距 2m×2m	
		刺槐 四翅 滨藜		刺槐栽前平茬至 10～15cm ABT 生根粉速蘸或打泥浆 栽后根部堆土 15～20cm	
		刺槐 d>0.8cm 的 1 年生苗 四翅滨藜 d>0.5cm 的一年生健壮苗		中耕除草 2 次/年 收割枝叶 四翅滨藜割取嫩枝叶作饲料 追肥 2 次/年 以 NP 肥为主 80kg/亩	11、12、13

续表

序号	模式名称及模式号	整地方式	建设目标	配置形式	典型图式
		栽植树种		栽植要点	
		苗木规格		管护要点	适宜立地类型号
27	刺槐与紫花苜蓿复合经营模式(68)	坡地鱼鳞坑整地80cm×60cm×40cm 川、垣地穴状整地50cm×50cm×40cm 品字形排列	生态林 用材林	行间混交 刺槐株行距2m×3m 行间间作4行紫花苜蓿 紫花苜蓿行距0.5	
		刺槐 紫花 苜蓿		刺槐 栽前平茬至10~15cm ABT生根粉速蘸或打泥浆 栽后根部堆土15~20cm 紫花苜蓿 条播	
		刺槐d>0.8cm的1年生健壮苗		中耕除草 三年内2次/年 收割枝叶 割取紫花苜蓿嫩枝叶作饲料 追肥 紫花苜蓿2次/年 以NP肥为主80kg/亩	11、12、13
28	核桃梯田经营模式(73)	大穴整地100cm×100cm×100cm	经济林	2~3个品种1:1或1:1:1隔行混栽 株行距 3m×5m(晚实) 3m×4m(早实) 幼林间作矮杆作物	
		核桃		植苗 三埋两踩一提苗 底肥 农家肥2750kg/亩	
		2年生Ⅰ级嫁接苗		中耕除草3次/年 追肥2次/年 厩肥:NPK=20:11000 kg/亩 浇水2次/年 修剪1次/年	10、12
29	核桃平、川、垣经营模式(76)	大穴整地100cm×100cm×100cm	经济林	2~3个品种按(2~3):1隔行混栽 株行距3m×5m 幼林间作矮杆作物	
		核桃		截干植苗 三埋两踩一提苗 底肥农家肥1500kg/亩	
		播种2年生Ⅰ级嫁接苗		中耕除草4次 追肥:每年2次,厩肥:NPK=20:1,1125kg/亩 浇水:每年2次 修剪:每年1次	8、14、15

序号	模式名称及模式号	整地方式		建设目标	配置形式	典型图式
		栽植树种			栽植要点	
		苗木规格			管护要点	适宜立地类型号
30	核桃林农复合经营模式(77)	大穴整地 100cm × 100cm × 100cm		经济林	2~3个品种按(2~3):1隔行混栽 株行距 3m ×(10~15)m 长期间作矮杆作物	
		核桃			底肥：农家肥 750~1100kg/亩；截干植苗，三埋两踩一提苗	
		播种 2 年生 I 级嫁接苗			中耕除草 4 次/年 追肥 2次/年 厩肥：NPK = 20：1550kg/亩 浇水 1 次/年 修剪 1 次/年	8、14、15
31	核桃与花椒地埂经营模式(78)	穴状整地 60cm × 60cm × 60cm		经济林	隔行混栽 每一梯田内行核桃 外行花椒 株距 核桃 3m 花椒 2m 幼林间作矮杆作物	
		核桃 花椒			截干植苗 三埋两踩一提苗 底肥 农家肥 2000kg/亩	
		播种 1 年生 I 级扦插苗			中耕除草 4 次/年 追肥 2次/年 厩肥：NPK = 20：1 3000kg/亩 浇水 3 次/年 修剪 2 次/年	10、12
32	核桃与紫穗槐林牧复合经营模式(79)	穴状整地 核桃 100cm×100cm×100cm 紫穗槐 40cm×40cm×30cm 品字形排列		经济林 生态林	带状混交 核桃 2~3个品种按（2~3）:1 隔行混栽 株行距 4m×8m 紫穗槐株行距 2m×1.5m 行间播种紫花苜蓿	
		核桃 紫穗槐			植苗 ABT 生根粉 保水剂等处理 基肥 10kg/株	
		核桃 2 年生嫁接苗 紫穗槐 1年生实生苗			中耕除草（2、2、1）追肥 NP 肥 0.5kg/株 压绿肥 1 次/年 15kg/株	14、15

续表

序号	模式名称及模式号	整地方式		建设目标	配置形式	典型图式
		栽植树种			栽植要点	
		苗木规格			管护要点	适宜立地类型号
33	核桃与连翘经营模式（80）	穴状整地 核桃 100cm×100cm×100cm 连翘 40cm×40cm×30cm 品字形排列		经济林生态林	带状混交 核桃（2~3）：1 隔行混栽 株行距核桃 4m×8m 连翘 2m×1.5m	
		核桃 连翘			植苗 ABT 生根粉 保水剂等处理 基肥 10kg/株	
		核桃 H=1.5m d=2.5cm 的 2~3 年生嫁接苗 连翘 1 年生苗			中耕除草（2、2、1）追肥 NP 肥 0.5kg/株 压绿肥 1 次/年 15kg/株	14、15
34	黑核桃林草复合经营模式（83）	穴状整地 80cm×80cm×80cm 品字形排列		经济林用材林	2 个品种按（1~6）：1 混栽 株行距（2~3）m×（3~4）m 行间混交紫花苜蓿 沙打旺 草木樨等	
		黑核桃			植苗 ABT 生根粉 保水剂等蘸根处理 基肥 10kg/株	
		H=50cm d=1.2cm 的 1~2 年生 Ⅰ 级嫁接苗			中耕除草（2、2、1）追肥 NP 肥 1.5kg/株 压绿肥 1 次/年 15kg/株	8、14、15
35	花椒地埂经营模式（85）	穴状整地 80cm×80cm×80cm 品字形排列		经济林	株距 3m 行距随地块大小而定 行间混交各种农作物	
		花椒			植苗（平埋压苗）ABT 生根粉 保水剂等蘸根处理 基肥 10kg/株	
		H=86cm d=0.5cm 的 1 年生 Ⅰ 级播种苗			中耕除草（2、2、1）追肥 NP 复合肥 0.5kg/株	4、5、6
36	花椒林牧复合经营模式（87）	穴状整地 100cm×100cm×100cm 品字形排列		生态林经济林	株行距 3m×5m 行间混交紫花苜蓿	
		花椒			植苗（平埋压苗）ABT 生根粉 保水剂等蘸根处理 基肥 10kg/株	
		2 年生 Ⅰ 级播种苗			中耕除草（2、2、1）追肥 NP 肥 0.5kg/株 压绿肥 1 次/年 15kg/株	4、5、6

续表

序号	模式名称及模式号	整地方式	建设目标	配置形式	典型图式
		栽植树种		栽植要点	
		苗木规格		管护要点	适宜立地类型号
37	花椒梯田经营模式(88)	穴状整地 80cm × 80cm × 80cm 品字形排列	生态林 经济林	2 个品种按 4:4 或 5:5 混栽或单一品种栽植 株行距 2m×4m 幼林间作矮杆作物	
		花椒		截干植苗 三埋两踩一提苗	
		1 年生 I 级播种苗		中耕除草 4 次/年 追肥 2 次/年 厩肥：NPK = 20：1 3000kg/亩 浇水 3 次/年 修剪 2 次/年	4、5、6
38	火炬树造林模式(91)	穴状整地 50cm × 50cm × 30cm 品字形排列	生态林 风景林	纯林 株行距 2m×3m	
		火炬树		山地截干造林 道路及村镇等带干造林 及时浇水	
		根系完整的 1 年生苗		中耕除草（2、2、1）	10、12
39	荆条造林模式(92)	穴状整地 40cm × 40cm × 30cm 品字形排列	生态林	片林 直播 10 ~ 15 粒/穴 植苗株行距 1m×2m	
		荆条		直播覆土 <0.5cm 或植苗	
		直播或 2 年生苗		管护 封山育林 中耕除草 据情况进行 平茬 3 ~ 5 年后可隔带平茬	4、5、12
40	梨树平、川、垣经营模式(94)	水平沟整地 宽 100cm × 深 100cm	经济林	2 个品种按（2 ~ 4）：或 2:2 隔行混栽 株行距 3m ×4m 幼林间作矮杆作物	
		梨		截干植苗 三埋两踩一提苗 底肥 农家肥 2750kg/亩	
		2 年生 I 级嫁接苗		中耕除草 4 次/年 追肥 2 次/年 厩肥：NPK = 20：1 1375kg/亩 浇水 每年 3 次 修剪 1 次/年	8、14、15

续表

序号	模式名称及模式号	整地方式	建设目标	配置形式	典型图式
		栽植树种		栽植要点	
		苗木规格		管护要点	适宜立地类型号
41	沙化土地与缓坡地灌草间作模式（101）	穴状整地 30cm × 30cm × 30cm 品字形排列	生态林	灌木与牧草带状混交灌（1～1.3）×3m 草盖度≥0.2	
		柠条 沙棘 柽柳 紫穗槐 沙柳 沙桑		植苗或播种能截杆造林的可截杆造林	
		灌木使用合格苗木最好使用容器苗 草种为优质牧草合格种子		柠条播种后3年平茬 连续3年中耕锄草（3、2、1）	16
42	苹果片林经营模式（104）	穴状整地 100cm × 100cm × 100cm	经济林	1～2个品种主栽按（1～8）：1 配置授粉树 株行距 3m × 4m 幼林间作矮杆作物	
		苹果		基肥：20kg/株；春、秋季植苗，以春季为好，ABT生根粉、保水剂等蘸根处理	
		H = 100cm d = 1.0cm 的Ⅰ级嫁接苗		中耕除草（2、2、1）追肥 NP肥 1.0kg/株	8、14、15
43	仁用杏林牧复合经营模式（111）	穴状整地 仁用杏 80cm × 80cm × 80cm	经济林 生态林	仁用杏品种按8：1：1行间或株间混栽 株行距 3m × 4m 行间种植紫花苜蓿等牧草	
		仁用杏		植苗 ABT生根粉 保水剂等蘸根处理 基肥 10kg/株	
		仁用杏2年生Ⅰ级嫁接苗		中耕除草（2、2、1）追肥 4次/年 NP肥 0.5kg/株 压绿肥 1次/年 15kg/株	8、12、13

序号	模式名称及模式号	整地方式	建设目标	配置形式	典型图式
		栽植树种		栽植要点	
		苗木规格		管护要点	适宜立地类型号
44	仁用杏与侧柏混交模式（112）	穴状整地 仁用杏 80cm×80cm×80cm 侧柏 60cm×60cm×60cm	经济林 用材林	带状混交 仁用杏：侧柏 1：3 仁用杏 2 品种按（1～4）：1 行内混栽 株距 3m 侧柏株行距 2m×2m	
		仁用杏 侧柏		植苗 ABT 生根粉 保水剂等蘸根处理 基肥仁用杏（农家肥 10kg + 钙镁磷肥 1kg）/株	
		仁用杏 H = 100cm d = 1.0cm 的 1～2 年生嫁接苗 侧柏 H = 40cm d = 0.5cm 的 2 年生实生苗		中耕除草 3 次/年 追肥仁用杏 3 年生以上 NP 肥各 1.0kg/株	8、12、13
45	仁用杏与连翘混交模式（113）	穴状整地 仁用杏 80cm×80cm×80cm 连翘 50cm×50cm×40cm	经济林 生态林	带状混交 仁用杏：连翘 1：4 仁用杏 2 品种按（1～4）：1 行内混栽 株距 3m 连翘株行距 2m×1.5m	
		仁用杏 连翘		植苗 ABT 生根粉 保水剂等蘸根处理 基肥仁用杏（农家肥 10kg + 钙镁磷肥 1kg）/株	
		仁用杏 H = 100cm d = 1.0cm 的 1～2 年生嫁接苗 连翘 H = 40cm d = 0.5cm 的 1 年生实生苗		中耕除草 3 次/年 追肥仁用杏 3 年生以上 NP 肥 1.0kg/株	8、12、13
46	山杏与侧柏混交模式（127）	穴状整地 60cm×60cm×50cm	生态林 经济林 用材林	带状混交 山杏：侧柏 = 1：4 山杏株距 3m 侧柏株行距 2m×2m	
		山杏 侧柏		植苗 ABT 生根粉 保水剂等蘸根处理 基肥 山杏（农家肥 10kg + 钙镁磷肥 1.0kg）/株	
		山杏 H = 85cm d = 0.8cm 的 1 年生Ⅰ级实生苗 侧柏 H = 40cm d = 0.5cm 的 2 年生实生苗		中耕除草 3 次/年 追肥 3 年生以上 NP 肥各 1.0kg/株	8、12、13

序号	模式名称及模式号	整地方式	建设目标	配置形式	典型图式
		栽植树种		栽植要点	
		苗木规格		管护要点	适宜立地类型号
47	文冠果林牧复合经营模式（144）	水平带状或穴状整地 70cm × 70cm×50cm	生态林经济林	文冠果株行距 3m × 4m 混交紫花苜蓿等豆科牧草	
		文冠果		栽植 打泥浆 随起随运随栽 栽植以低于根基 3～7cm 为宜	
		2 年生苗		中耕除草（1～2、1～2、1～2）施肥 1 次/年	10、12
48	元宝枫造林模式（151）	坑状整地 80cm × 80cm × 60cm	生态林经济林风景林	片林 株行距2m×5m 或散生栽植	
		元宝枫		栽后覆盖塑膜 基肥有机肥25kg/穴	
		H = 1.5m d = 1.5cm 的 2 年生根 1 年生干嫁接苗		中耕除草及整穴（2、1）	3、6、7
49	枣树林农复合经营模式（152）	水平沟整地 100cm×80cm	经济林	1～2 品种按 1:1 或 2:2 隔行混栽 株行距 2.5m×（8～10）m 长期间作矮杆作物	
		枣树		底肥：农家肥 1350～1650kg/亩；截干植苗，三埋两踩一提苗	
		播种 2 年生 I 级嫁接苗		中耕除草 4 次/年 追肥 2 次/年 厩肥：NPK = 20:1 675～875kg/亩 浇水 2～3 次/年 修剪 1 次/年	8、14、15
50	枣树片林经营模式（153）	水平沟整地 100cm×80cm	经济林	1～2 品种按 1:1 或 2:2 隔行混栽 株行距 2.5m×4m	
		枣树		截干植苗 三埋两踩一提苗 底肥 农家肥 3500kg/亩	
		2 年生嫁接苗		中耕除草 4 次/年 追肥 2 次/年 厩肥：NPK = 20:1 1750kg/亩 浇水 2～3 次/年 修剪 1 次/年	8、14、15

续表

序号	模式名称及模式号	整地方式 / 栽植树种 / 苗木规格	建设目标	配置形式 / 栽植要点 / 管护要点	典型图式 / 适宜立地类型号
51	枣树梯田地梗经营模式（154）	穴状整地 80cm × 80cm × 80cm	经济林	株行距 2.5m×4m	
		枣树		截干植苗 三埋两踩一提苗 底肥 农家肥 3500kg/亩	
		播种 2 年生 I 级嫁接苗		中耕除草 3 次/年 追肥 2 次/年 厩肥：NPK = 20：1 1000kg/亩 浇水 1～2 次/年 修剪 1 次/年	10、12
52	枸杞片林经营模式（158）	穴状整地 50cm × 50cm × 40cm	生态林 经济林	纯林 株行距 1.5m×3m	
		枸杞（宁杞 1 号 宁杞 2 号 大麻叶）		植苗 ABT 生根粉 保水剂等蘸根处理 基肥（农家肥 20kg + NP 肥 0.5kg）/株	
		H = 50cm d = 0.7cm 的 1 年生实生苗		中耕除草（2、2、1）追肥 3 年生以上施 NP 肥 1.0kg/株	8、9、10、11、12、13、14、16

吕梁东侧黄土丘陵立地亚区（Ⅱ-C）造林模式适宜立地类型检索表

序号	模式名称及模式号	整地方式 / 栽植树种 / 苗木规格	建设目标	配置形式 / 栽植要点 / 管护要点	典型图式 / 适宜立地类型号
1	华北落叶松与阔叶乔灌树种混交模式（2）	坡地鱼鳞坑 80cm × 60cm × 40cm 平地穴状整地 60cm × 60cm×60cm 品字形排列	生态林	华北落叶松片林与阔叶乔灌带状或块状混交 2m×（3～5）m	
		华北落叶松 其他阔叶乔灌		用 ABT 生根粉浸根或用保水剂蘸根处理	
		2 年以上合格壮苗移植苗（1-1）		连续 3 年中耕锄草（3、2、1）	2、4、5

续表

序号	模式名称及模式号	整地方式	建设目标	配置形式	典型图式
		栽植树种		栽植要点	
		苗木规格		管护要点	适宜立地类型号
2	华北落叶松与沙棘混交模式(5)	鱼鳞坑整地 80cm × 60cm × 40cm 品字形排列	生态林	带状混交 5~10 行落叶松 3~5 行沙棘 华北落叶松 2m×3m 沙棘 1m×3m	
		华北落叶松 沙棘		用 ABT 生根粉浸根或用保水剂蘸根处理	
		华北落叶松 2~3 年生合格壮苗最好使用移植苗 沙棘合格苗最好使用容器苗		连续 3 年中耕锄草(3、2、1)	2、4、5
3	油松与连翘混交模式(12)	坡地鱼鳞坑整地油松 80cm × 60cm × 40cm 连翘 50cm × 40cm×30cm 垣面穴状或小穴状整地 油松 50cm × 50cm × 40cm 连翘 30cm×30cm×30cm	生态林	1 行油松 3m×4m 2 行连翘 1m×2m	
		油松 连翘		直接栽植	
		油松 2 年生大规格容器苗 连翘 2 年生苗		连续 3 年中耕锄草(3、3、3)	1、2、4
4	油松与辽东栎(白桦)混交模式(13)	鱼鳞坑整地 80cm × 60cm × 40cm 品字形排列	生态林	带状 块状或行间混交 2m×3m	
		油松 辽东栎(白桦)		栽前用 ABT 生根粉浸根或用保水剂蘸根处理	
		油松 2 年生大规格容器苗 辽东栎(白桦)自然萌芽更新		连续 3 年中耕锄草(3、2、1)	1、2、3、4、5、6、7
5	油松与沙棘混交模式(15)	油松鱼鳞坑整地 80cm × 60cm×40cm 沙棘穴状 40cm × 40cm×30cm 品字形排列	生态林	带状混交 油松 2m×4m 沙棘 1m×1m	
		油松 沙棘		油松栽前用 ABT 生根粉浸根或用泥浆蘸根 沙棘可截杆造林再覆膜	
		油松 2 年生留床苗 d≥0.4cm H≥12cm 沙棘 1 年生 d≥0.6cm H≥60cm		连续 3 年中耕锄草(3、2、1)	1、2、3、4

续表

序号	模式名称及模式号	整地方式	建设目标	配置形式	典型图式
		栽植树种		栽植要点	
		苗木规格		管护要点	适宜立地类型号
6	油松与山杨混交模式（17）	鱼鳞坑整地 80cm×60cm×40cm 品字形排列	生态林	带状 块状混交3~5行一带 2m×2m 或4m×2m	
		油松 山杨		油松直接栽植 山杨截杆苗造林	
		油松用2年生容器苗 山杨采取天然或人工促进天然更新		连续2年松土除草 山杨平茬 断根促进更新	1、2、4
7	油松与天然灌木混交模式（19）	鱼鳞坑整地 80cm×60cm×40cm 品字形排列	生态林	3m内坡面保留天然灌木树种 2m×3cm	
		油松 天然灌木		直接栽植 栽后就地取碎石片覆盖	
		油松以2年生大规格容器苗为宜 根系发达的健壮苗		连续3年中耕锄草（3、2、1）	1、2、3、4、5
8	油松与元宝枫混交模式（20）	鱼鳞坑整地 80cm×60cm×40cm 品字形排列	生态林	带状或块状或行间混交 2m×3m	
		油松 元宝枫		元宝枫（五角枫）采用截杆造林	
		2年生 H=1.2~1.5m		连续3年中耕锄草（3、2、1）栽植当年越冬掩盖	1、2、3、4、5
9	油松（樟子松、侧柏）与阔叶乔灌混交模式（21）	坡地鱼鳞坑整地 80cm×60cm×40cm 平地穴状整地 60cm×60cm×60cm	生态林	小片纯林与其他阔叶乔灌带状或块状混交 2m×（3~4）m	
		油松 樟子松 侧柏 其他阔叶乔灌		用 ABT 生根粉浸根或用保水剂蘸根处理	
		2年以上合格壮苗移植苗（1-1）樟子松（2-1）		连续3年中耕锄草（3、2、1）	3、4、8

续表

序号	模式名称及模式号	整地方式	建设目标	配置形式	典型图式
		栽植树种		栽植要点	
		苗木规格		管护要点	适宜立地类型号
10	油松（侧柏）与山桃（山杏）混交模式(24)	鱼鳞坑整地 80cm × 60cm × 40cm 品字形排列	生态林	带状或行间混交 株行距 2m×3m	
		油松（侧柏）山桃（杏）		栽前用 ABT 生根粉浸根或用保水剂蘸根处理	
		乔以 2 年生大规格容器苗为宜 灌用 2 年生播种苗		连续 3 年中耕锄草（3、2、1）	3、4、6
11	白皮松与黄栌混交模式(28)	鱼鳞坑整地白皮松 80cm × 60cm × 40cm 黄栌 50cm × 40cm×30cm 品字形排列	生态林 用材林 风景林	带状或行间混交 株行距 1.5m×3m	
		白皮松 黄栌		白皮松植苗 黄栌截干植苗 堆土防寒 用 ABT 生根粉或保水剂等蘸根处理	
		白皮松 H > 10cm d≥ 0.2cm 或塑膜容器苗 黄栌 2 ~ 3 年生播种苗		中耕除草（2、2、1）	3、4
12	侧柏与臭椿混交模式(31)	鱼鳞坑整地 80cm × 60cm × 40cm 或穴状整地 60cm × 60cm×60cm	生态林	带状 块状或行间混交 2m×2m	
		侧柏 臭椿		臭椿以早春和晚秋栽植为宜 春季带杆栽植宜迟不宜早	
		侧柏 2 年生容器苗 臭椿 1 年生苗		连续 3 年松土除草 栽植当年越冬掩盖	3、4、8
13	侧柏与刺槐混交模式(32)	坡地鱼鳞坑整地 80cm×60cm ×40cm 平地穴状整地 60cm ×60cm×60cm	生态林	带状混交 一般 2 ~ 3 行为一带 1.5m×4m	
		侧柏 刺槐		栽后用石块覆盖或覆膜 ABT 生根粉和保水剂等蘸根处理	
		侧柏 2 年生大规格容器苗 刺槐 D≥0.8cm 根系发达的健壮苗		连续 2 年松土除草 数株苗木生长在一起的应 3 年内定株	3、4、8

序号	模式名称及模式号	整地方式	建设目标	配置形式	典型图式
		栽植树种		栽植要点	
		苗木规格		管护要点	适宜立地类型号
14	侧柏与柠条混交模式（33）	坡地鱼鳞坑整地侧柏80cm×60cm×40cm 柠条50cm×40cm×30cm 平地穴状整地侧柏50cm×50cm×40cm 柠条30cm×30cm×30cm	生态林	带状或行间混交 乔1.5m×6m 灌1m×6m	
		侧柏 柠条		栽后用石块覆盖或覆膜 ABT生根粉和保水剂等蘸根处理 柠条播种 植苗均可	
		侧柏以2年生大规格容器苗为宜 柠条播种或d≥0.3cm根系发达的健壮苗		连续2年松土除草 栽植当年越冬掩盖	3、4、8
15	侧柏与沙棘混交模式（34）	侧柏鱼鳞坑整地80cm×60cm×40cm 沙棘穴状整地40cm×40cm×30cm 品字形排列	生态林	带状或行间混交 1m×3m	
		侧柏 沙棘		栽前用ABT生根粉浸根或用泥浆蘸根 沙棘可截杆造林再覆膜	
		侧柏2年生d≥0.4cm H≥30cm 沙棘1年生d≥0.6cm H≥60cm		连续3年中耕锄草（3、2、1）	3、4、8
16	杜松与天然黄刺梅混交模式（39）	鱼鳞坑整地杜松80cm×60cm×40cm 黄刺玫60cm×60cm×60cm 品字形排列	生态林	带状或行间混交 杜松株行距1.5m×3m 保留自然分布的黄刺玫	
		杜松 黄刺梅		杜松植苗 黄刺玫分株 压条或埋根造林 ABT生根粉或保水剂等蘸根处理	
		杜松1~2年生苗		中耕除草（2、2、1）	3

序号	模式名称及模式号	整地方式	建设目标	配置形式	典型图式
		栽植树种		栽植要点	
		苗木规格		管护要点	适宜立地类型号
17	杨树造林模式（45）	穴状整地 100cm × 100cm × 80cm	生态林 用材林	片状　块状	
		杨树		植苗　浇水　覆盖塑膜　基肥有机肥 25～30kg/穴	
		H > 4.0m　d > 3cm 的 2 年生根 1 年生干苗木		中耕除草（2、1）浇水（2、1）	2、4
18	杨树与刺槐混交模式（46）	杨树穴状整地 80cm×80cm×60cm 刺槐穴状整地 50cm × 50cm×40cm	生态林 用材林	带状或行间混交　株行距 杨树 3m×6m 刺槐 2m×6m	
		杨树　刺槐		植苗　刺槐栽后根茎以上覆土 1.0cm 覆地膜	
		杨树 H > 3.5m　d > 3.0cm 的 2 年根 1 年干苗　刺槐 H > 1.5m d > 1.5cm 的 1 年生实生苗		松土除草及整穴（2、1）除萌及抹芽　刺槐留一健壮直立枝条培养主茎 平茬　枯梢严重时秋季平茬	5、9
19	杨树林农复合经营模式(50)	穴状整地 80cm × 80cm × 60cm 品字形排列	生态林 用材林	杨树两行一带　带间距 8m 株行距（2～3）m×（2～3）m 带间套种低杆作物	
		杨树（新疆杨　毛白杨　速生杨）		植苗 ABT 生根粉速蘸或打泥浆　施足底肥	
		杨树 H≥3.0m D 径≥3cm		中耕除草(1～2、1～2、1～2)浇水（2～3）追肥 2 次/年 NP 肥为主 0.5kg/株	5、9、10

续表

序号	模式名称及模式号	整地方式		建设目标	配置形式	典型图式
		栽植树种			栽植要点	
		苗木规格			管护要点	适宜立地类型号
20	杨树与紫花苜蓿林草复合经营模式(51)	穴状整地 杨树 60cm×60cm×60cm 品字形排列 紫花苜蓿全面整地		生态林用材林	杨树两行一带 带间距8m 株行距 2m×2m 带间套种紫花苜蓿	
		杨树（新疆杨 毛白杨 速生杨）紫花苜蓿			杨树植苗 ABT 生根粉速蘸或打泥浆 紫花苜蓿撒种 施足底肥	
		杨树 H≥3.0m D≥3cm			中耕除草(1~2、1~2、1~2) 浇水（2~3）追肥 2 次/年 NP 肥为主 0.5kg/株或50kg/亩 割取枝叶 紫花苜蓿 2 次/年	2、4
21	杨柳滩涂地造林模式(54)	穴状整地 60cm×60cm×60cm 品字形排列		生态林用材林	片林 株行距2m×4m	
		三倍体 毛白杨 漳河柳 旱柳 垂柳			植苗 ABT 生根粉速蘸或打泥浆 施足底肥	
		三倍体毛白杨苗 H≥3.0m D≥3cm			中耕除草(1~2、1~2、1~2) 浇水（2~3）追肥一年 2 次，以 NP 肥为主，0.5kg/株	5、9、10
22	垂柳与紫穗槐护岸林模式(57)	穴状整地 柳树 80cm×80cm×60cm 紫穗槐 50cm×50cm×40cm		生态林	带状混交（4 行∶4 行）株行距 柳树 2m×2m 紫穗槐 1m×2m	
		柳树 紫穗槐			植苗或播种 ABT 生根粉根宝等催芽或蘸根处理	
		柳树H≥2.5m d≥3cm 紫穗槐当年采收的合格种子			中耕除草（2、2、1）割条 2 次/年 夏沤肥 秋编织 追肥 2 次/年 NP肥为主 100kg/亩	9、10

序号	模式名称及模式号	整地方式	建设目标	配置形式	典型图式
		栽植树种		栽植要点	
		苗木规格		管护要点	适宜立地类型号
23	刺槐造林模式（64）	鱼鳞坑整地 80cm × 60cm × 40cm 品字形排列	生态林 用材林	株行距 2m×3m	
		刺槐		截干栽植 苗根蘸保水剂 苗干上覆土 1.0cm 穴上覆盖塑料膜	
		H = 1.5m　d = 1.5cm 的截干苗		抹芽除萌 萌芽时将塑膜开洞 萌条长到 30cm 时留一健壮直立者 其余抹去 并及时除萌 松土除草及整穴 第一年 2 次 第二年 1 次	8
24	刺槐与四翅滨藜混交模式（66）	坡地鱼鳞坑整地 80cm × 60cm × 40cm 川、垣地穴状整地 50cm × 50cm × 40cm 品字形排列	生态林	带状混交 4 行一带 株行距 2m×2m	
		刺槐 四翅滨藜		刺槐栽前平茬至 10 ~ 15cm ABT 生根粉速蘸或打泥浆 栽后根部堆土 15 ~ 20cm	
		刺槐 d > 0.8cm 的 1 年生苗 四翅滨藜 d > 0.5cm 的一年生健壮苗		中耕除草 2 次/年 收割枝叶 四翅滨藜割取嫩枝叶作饲料 追肥 2 次/年 以 NP 肥为主 80kg/亩	8
25	刺槐与紫花苜蓿复合经营模式（68）	坡地鱼鳞坑整地 80cm × 60cm × 40cm 川、垣地穴状整地 50cm × 50cm × 40cm 品字形排列	生态林 用材林	行间混交 刺槐株行距 2m×3m 行间间作 4 行紫花苜蓿 紫花苜蓿行距 0.5	
		刺槐 紫花 苜蓿		刺槐 栽前平茬至 10 ~ 15cm ABT 生根粉速蘸或打泥浆 栽后根部堆土 15 ~ 20cm 紫花苜蓿 条播	
		刺槐 d > 0.8cm 的 1 年生健壮苗		中耕除草 三年内 2 次/年 收割枝叶 割取紫花苜蓿嫩枝叶作饲料 追肥 紫花苜蓿 2 次/年 以 NP 肥为主 80kg/亩	8

续表

序号	模式名称及模式号	整地方式	建设目标	配置形式	典型图式
		栽植树种		栽植要点	
		苗木规格		管护要点	适宜立地类型号
26	核桃梯田经营模式 (73)	大穴整地 100cm × 100cm × 100cm	经济林	2~3 个品种 1:1 或 1:1:1 隔行混栽 株行距 3m × 5m（晚实）3m × 4m（早实）幼林间作矮杆作物	
		核桃		植苗 三埋两踩一提苗 底肥 农家肥 2750kg/亩	
		2 年生 I 级嫁接苗		中耕除草 3 次/年 追肥 2 次/年 厩肥：NPK = 20:11000 kg/亩 浇水 2 次/年 修剪 1 次/年	8、10
27	核桃平、川、垣经营模式 (76)	大穴整地 100cm × 100cm × 100cm	经济林	2~3 个品种按（2~3）:1 隔行混栽 株行距 3m × 5m 幼林间作矮杆作物	
		核桃		截干植苗 三埋两踩一提苗 底肥农家肥 1500kg/亩	
		播种 2 年生 I 级嫁接苗		中耕除草 4 次 追肥：每年 2 次，厩肥：NPK = 20:1，1125kg/亩 浇水：每年 2 次 修剪：每年 1 次	9、10
28	核桃林农复合经营模式 (77)	大穴整地 100cm × 100cm × 100cm	经济林	2~3 个品种按（2~3）:1 隔行混栽 株行距 3m ×（10~15）m 长期间作矮杆作物	
		核桃		底肥：农家肥 750~1100kg/亩；截干植苗，三埋两踩一提苗	
		播种 2 年生 I 级嫁接苗		中耕除草 4 次/年 追肥 2 次/年 厩肥：NPK = 20:1550kg/亩 浇水 1 次/年 修剪 1 次/年	9、10

序号	模式名称及模式号	整地方式	建设目标	配置形式	典型图式
		栽植树种		栽植要点	
		苗木规格		管护要点	适宜立地类型号
29	核桃与花椒地埂经营模式（78）	穴状整地 60cm × 60cm × 60cm	经济林	隔行混栽 每一梯田内行核桃 外行花椒 株距 核桃 3m 花椒 2m 幼林间作矮杆作物	
		核桃 花椒		截干植苗 三埋两踩一提苗 底肥 农家肥 2000kg/亩	
		播种 1 年生 I 级扦插苗		中耕除草 4 次/年 追肥 2 次/年 厩肥：NPK = 20：1 3000kg/亩 浇水 3 次/年 修剪 2 次/年	8、10
30	核桃与紫穗槐林牧复合经营模式（79）	穴状整地 核桃 100cm × 100cm × 100cm 紫穗槐 40cm ×40cm ×30cm 品字形排列	经济林 生态林	带状混交 核桃 2~3 个品种按（2~3）：1 隔行混栽 株行距 4m × 8m 紫穗槐株行距 2m × 1.5m 行间播种紫花苜蓿	
		核桃 紫穗槐		植苗 ABT 生根粉 保水剂等处理 基肥 10kg/株	
		核桃 2 年生嫁接苗 紫穗槐 1 年生实生苗		中耕除草（2、2、1）追肥 NP 肥 0.5kg/株 压绿肥 1 次/年 15kg/株	9、10
31	核桃与连翘经营模式（80）	穴状整地 核桃 100cm × 100cm × 100cm 连翘 40cm × 40cm ×30cm 品字形排列	经济林 生态林	带状混交 核桃(2~3)：1 隔行混栽 株行距核桃 4m ×8m 连翘 2m × 1.5m	
		核桃 连翘		植苗 ABT 生根粉 保水剂等处理 基肥 10kg/株	
		核桃 H = 1.5m d = 2.5cm 的 2~3 年生嫁接苗 连翘 1 年生苗		中耕除草（2、2、1）追肥 NP 肥 0.5kg/株 压绿肥 1 次/年 15kg/株	9、10

序号	模式名称及模式号	整地方式	建设目标	配置形式	典型图式
		栽植树种		栽植要点	
		苗木规格		管护要点	适宜立地类型号
32	黑核桃林草复合经营模式（83）	穴状整地 80cm × 80cm × 80cm 品字形排列	经济林 用材林	2 个品种按（1~6）：1 混栽 株行距（2~3）m ×（3~4）m 行间混交紫花苜蓿 沙打旺 草木樨等	
		黑核桃		植苗 ABT 生根粉 保水剂等蘸根处理 基肥 10kg/株	
		H＝50cm d＝1.2cm 的 1~2 年生 I 级嫁接苗		中耕除草（2、2、1）追肥 NP 肥 1.5kg/株 压绿肥 1 次/年 15kg/株	9、10
33	花椒地埂经营模式（85）	穴状整地 80cm × 80cm × 80cm 品字形排列	经济林	株距 3m 行距随地块大小而定 行间混交各种农作物	
		花椒		植苗（平埋压苗）ABT 生根粉 保水剂等蘸根处理 基肥 10kg/株	
		H＝86cm d＝0.5cm 的 1 年生 I 级播种苗		中耕除草（2、2、1）追肥 NP 复合肥 0.5kg/株	3、4、5
34	花椒林牧复合经营模式（87）	穴状整地 100cm × 100cm × 100cm 品字形排列	生态林 经济林	株行距 3m × 5m 行间混交紫花苜蓿	
		花椒		植苗（平埋压苗）ABT 生根粉 保水剂等蘸根处理 基肥 10kg/株	
		2 年生 I 级播种苗		中耕除草（2、2、1）追肥 NP 肥 0.5 kg/株 压绿肥 1 次/年 15kg/株	3、4、5
35	花椒梯田经营模式（88）	穴状整地 80cm × 80cm × 80cm 品字形排列	生态林 经济林	2 个品种按 4：4 或 5：5 混栽或单一品种栽植 株行距 2m × 4m 幼林间作矮杆作物	
		花椒		截干植苗 三埋两踩一提苗	
		1 年生 I 级播种苗		中耕除草 4 次/年 追肥 2 次/年 厩肥：NPK＝20：1 3000kg/亩 浇水 3 次/年 修剪 2 次/年	

续表

序号	模式名称及模式号	整地方式		建设目标	配置形式	典型图式
		栽植树种			栽植要点	
		苗木规格			管护要点	适宜立地类型号
36	火炬树造林模式(91)	穴状整地 50cm × 50cm × 30cm 品字形排列		生态林 风景林	纯林 株行距2m×3m	
		火炬树			山地截干造林 道路及村镇等带干造林 及时浇水	
		根系完整的1年生苗			中耕除草(2、2、1)	7、8
37	荆条造林模式(92)	穴状整地 40cm × 40cm × 30cm 品字形排列		生态林	片林 直播 10~15 粒/穴 植苗株行距1m×2m	
		荆条			直播覆土 <0.5cm 或植苗	
		直播或2年生苗			管护 封山育林 中耕除草 据情况进行 平茬 3~5 年后可隔带平茬	3、7
38	梨树平、川、垣经营模式(94)	水平沟整地 宽100cm×深100cm		经济林	2个品种按（2~4）：或2：2隔行混栽 株行距3m×4m 幼林间作矮杆作物	
		梨			截干植苗 三埋两踩一提苗 底肥 农家肥2750kg/亩	
		2年生Ⅰ级嫁接苗			中耕除草4次/年 追肥2次/年 厩肥：NPK＝20：11375kg/亩 浇水 每年3次 修剪1次/年	9、10
39	苹果片林经营模式(104)	穴状整地 100cm × 100cm × 100cm		经济林	1~2个品种主栽按（1~8）：1配置授粉树 株行距3m×4m 幼林间作矮杆作物	
		苹果			基肥：20kg/株；春、秋季植苗，以春季为好，ABT生根粉、保水剂等蘸根处理	
		H＝100cm d＝1.0cm 的Ⅰ级嫁接苗			中耕除草（2、2、1）追肥 NP肥 1.0kg/株	9、10

序号	模式名称及模式号	整地方式	建设目标	配置形式	典型图式
		栽植树种		栽植要点	
		苗木规格		管护要点	适宜立地类型号
40	葡萄平、川、垣经营模式（106）	水平沟整地 宽 100cm×深 100cm	经济林	2 个品种按（2~4）:1 隔行混栽 株行距 1.5m×2m 幼林间作矮杆作物	
		葡萄（红提 黑提 红地球）		截干植苗 三埋两踩一提苗 底肥 农家肥 5500kg／亩	
		1 年生Ⅰ级扦插苗		中耕除草 4 次／年 追肥 2 次／年 厩肥:NPK＝20:1 3000kg／亩 浇水每年 3 次 修剪 2 次／年	9、10
41	仁用杏林牧复合经营模式（111）	穴状整地 仁用杏 80cm×80cm×80cm	经济林 生态林	仁用杏品种按 8:1:1 行间或株间混栽 株行距 3m×4m 行间种植紫花苜蓿等牧草	
		仁用杏		植苗 ABT 生根粉 保水剂等蘸根处理 基肥 10kg／株	
		仁用杏 2 年生Ⅰ级嫁接苗		中耕除草（2、2、1）追肥 4 次／年 NP 肥 0.5kg／株 压绿肥 1 次／年 15kg／株	8
42	仁用杏与侧柏混交模式（112）	穴状整地 仁用杏 80cm×80cm×80cm 侧柏 60cm×60cm×60cm	经济林 用材林	带状混交 仁用杏:侧柏 1:3 仁用杏 2 品种按（1~4）:1 行内混栽 株距 3m 侧柏株行距 2m×2m	
		仁用杏 侧柏		植苗 ABT 生根粉 保水剂等蘸根处理 基肥仁用杏（农家肥 10kg＋钙镁磷肥 1kg）／株	
		仁用杏 H＝100cm d＝1.0cm 的 1~2 年生嫁接苗 侧柏 H＝40cm d＝0.5cm 的 2 年生实生苗		中耕除草 3 次／年 追肥仁用杏 3 年生以上 NP 肥各 1.0kg／株	8

续表

序号	模式名称及模式号	整地方式	建设目标	配置形式	典型图式
		栽植树种		栽植要点	
		苗木规格		管护要点	适宜立地类型号
43	仁用杏与连翘混交模式（113）	穴状整地 仁用杏 80cm×80cm×80cm 连翘 50cm×50cm×40cm	经济林 生态林	带状混交 仁用杏：连翘 1：4 仁用杏 2 品种按（1~4）：1 行内混栽 株距 3m 连翘株行距 2cm×1.5cm	
		仁用杏 连翘		植苗 ABT 生根粉 保水剂等蘸根处理 基肥仁用杏（农家肥 10kg+钙镁磷肥 1kg）/株	
		仁用杏 H=100cm d=1.0cm 的 1~2 年生嫁接苗 连翘 H=40cm d=0.5cm 的 1 年生实生苗		中耕除草 3 次/年 追肥仁用杏 3 年生以上 NP 肥 1.0kg/株	8
44	山杏与侧柏混交模式（127）	穴状整地 60cm×60cm×50cm	生态林 经济林 用材林	带状混交 山杏：侧柏＝1：4 山杏株距 3m 侧柏株行距 2m×2m	
		山杏 侧柏		植苗 ABT 生根粉 保水剂等蘸根处理 基肥 山杏（农家肥 10kg+钙镁磷肥 1.0kg）/株	
		山杏 H=85cm d=0.8cm 的 1 年生 I 级实生苗 侧柏 H=40cm d=0.5cm 的 2 年生实生苗		中耕除草 3 次/年 追肥 3 年生以上 NP 肥各 1.0kg/株	8
45	文冠果林牧复合经营模式（144）	水平带状或穴状整地 70cm×70cm×50cm	生态林 经济林	文冠果株行距 3m×4m 混交紫花苜蓿等豆科牧草	
		文冠果		栽植 打泥浆 随起随运随栽 栽植以低于根基 3~7cm 为宜	
		2 年生苗		中耕除草（1~2、1~2、1~2）施肥 1 次/年	7、8

序号	模式名称及模式号	整地方式	建设目标	配置形式	典型图式
		栽植树种		栽植要点	
		苗木规格		管护要点	适宜立地类型号
46	元宝枫造林模式（151）	坑状整地 80cm × 80cm × 60cm	生态林 经济林 风景林	片林 株行距 2m×5m 或散生栽植	
		元宝枫		栽后覆盖塑膜 基肥有机肥 25kg/穴	
		H = 1.5m d = 1.5cm 的 2 年生根 1 年生干嫁接苗		中耕除草及整穴（2、1）	2、4
47	枣树林农复合经营模式（152）	水平沟整地 100cm×80cm	经济林	1~2 品种按 1:1 或 2:2 隔行混栽 株行距 2.5m×(8~10)m 长期间作矮杆作物	
		枣树		底肥：农家肥 1350 ~ 1650kg/亩；截干植苗，三埋两踩一提苗	
		播种 2 年生 I 级嫁接苗		中耕除草 4 次/年 追肥 2 次/年 厩肥：NPK = 20:1 675 ~ 875kg/亩 浇水 2~3 次/年 修剪 1 次/年	9、10
48	枣树片林经营模式（153）	水平沟整地 100cm×80cm	经济林	1~2 品种按 1:1 或 2:2 隔行混栽 株行距 2.5m×4m	
		枣树		截干植苗 三埋两踩一提苗 底肥 农家肥 3500kg/亩	
		2 年生嫁接苗		中耕除草 4 次/年 追肥 2 次/年 厩肥：NPK = 20:1 1750kg/亩 浇水 2~3 次/年 修剪 1 次/年	9、10

序号	模式名称及模式号	整地方式	建设目标	配置形式	典型图式
		栽植树种		栽植要点	
		苗木规格		管护要点	适宜立地类型号
49	枣树梯田地梗经营模式（154）	穴状整地 80cm × 80cm × 80cm	经济林	株行距 2.5m×4m	
		枣树		截干植苗 三埋两踩一提苗 底肥 农家肥 3500kg/亩	
		播种 2 年生 I 级嫁接苗		中耕除草 3 次/年 追肥 2 次/年 厩肥：NPK＝20∶1 1000kg/亩 浇水 1～2 次/年 修剪 1 次/年	7、8
50	枸杞片林经营模式（158）	穴状整地 50cm × 50cm × 40cm	生态林经济林	纯林 株行距 1.5m×3m	
		枸杞（宁杞 1 号 宁杞 2 号 大麻叶）		植苗 ABT 生根粉 保水剂等蘸根处理 基肥（农家肥 20kg + NP 肥 0.5kg）/株	
		H＝50cm d＝0.7cm 的 1 年生实生苗		中耕除草（2、2、1）追肥 3 年生以上施 NP 肥 1.0kg/株	6、7、8、9

乡吉黄土残垣沟壑立地亚区（Ⅱ-D）造林模式适宜立地类型检索表

序号	模式名称及模式号	整地方式	建设目标	配置形式	典型图式
		栽植树种		栽植要点	
		苗木规格		管护要点	适宜立地类型号
1	华北落叶松与阔叶乔灌树种混交模式（2）	坡地鱼鳞坑 80cm × 60cm × 40cm 平地穴状整地 60cm × 60cm×60cm 品字形排列	生态林	华北落叶松片林与阔叶乔灌带状或块状混交 2m×（3～5）m	
		华北落叶松 其他阔叶乔灌		用 ABT 生根粉浸根或用保水剂蘸根处理	
		2 年以上合格壮苗移植苗（1-1）		连续 3 年中耕锄草（3、2、1）	2、4、5

序号	模式名称及模式号	整地方式	建设目标	配置形式	典型图式
		栽植树种		栽植要点	
		苗木规格		管护要点	适宜立地类型号
2	华北落叶松与沙棘混交模式（5）	鱼鳞坑整地 80cm × 60cm × 40cm 品字形排列	生态林	带状混交 5~10 行落叶松 3~5 行沙棘 华北落叶松 2m×3m 沙棘 1m×3m	
		华北落叶松 沙棘		用 ABT 生根粉浸根或用保水剂蘸根处理	
		华北落叶松 2~3 年生合格壮苗最好使用移植苗 沙棘合格苗最好使用容器苗		连续 3 年中耕锄草（3、2、1）	2、4、5
3	油松与连翘混交模式（12）	坡地鱼鳞坑整地油松 80cm × 60cm × 40cm 连翘 50cm × 40cm × 30cm 垣地穴状或小穴状整地 油松 50cm × 50cm × 40cm 连翘 30cm × 30cm × 30cm	生态林	1 行油松 3m×4m 2 行连翘 1m×2m	
		油松 连翘		直接栽植	
		油松 2 年生大规格容器苗 连翘 2 年生苗		连续 3 年中耕锄草（3、3、3）	1、2、4
4	油松与辽东栎（白桦）混交模式（13）	鱼鳞坑整地 80cm × 60cm × 40cm 品字形排列	生态林	带状 块状 或行间混交 2m×3m	
		油松 辽东栎（白桦）		栽前用 ABT 生根粉浸根或用保水剂蘸根处理	
		油松 2 年生大规格容器苗 辽东栎（白桦）自然萌芽更新		连续 3 年中耕锄草（3、2、1）	1、2、3、4、5、6、7
5	油松与沙棘混交模式（15）	油松 鱼鳞坑整地 80cm × 60cm×40cm 沙棘穴状 40cm × 40cm×30cm 品字形排列	生态林	带状混交 油松 2m×4m 沙棘 1m×1m	
		油松 沙棘		油松栽前用 ABT 生根粉浸根或用泥浆蘸根 沙棘可截杆造林再覆膜	
		油松 2 年生留床苗 d≥0.4cm H≥12cm 沙棘 1 年生 d≥0.6cm H≥60cm		连续 3 年中耕锄草（3、2、1）	1、2、3、4

序号	模式名称及模式号	整地方式	建设目标	配置形式	典型图式
		栽植树种		栽植要点	
		苗木规格		管护要点	适宜立地类型号
6	油松与山杨混交模式 (17)	鱼鳞坑整地 80cm×60cm×40cm 品字形排列	生态林	带状 块状混交 3~5 行一带 2m×2m 或 4m×2m	
		油松 山杨		油松直接栽植 山杨截杆苗造林	
		油松用 2 年生容器苗 山杨采取天然或人工促进天然更新		连续 2 年松土除草 山杨平茬 断根促进更新	1、2、4
7	油松与天然灌木混交模式 (19)	鱼鳞坑整地 80cm×60cm×40cm 品字形排列	生态林	3m 内坡面保留天然灌木树种 2m×3cm	
		油松 天然灌木		直接栽植 栽后就地取碎石片覆盖	
		油松以 2 年生大规格容器苗为宜 根系发达的健壮苗		连续 3 年中耕锄草 (3、2、1)	1、2、3、4、5
8	油松与元宝枫混交模式(20)	鱼鳞坑整地 80cm×60cm×40cm 品字形排列	生态林	带状或块状或行间混交 2m×3m	
		油松 元宝枫		元宝枫（五角枫）采用截杆造林	
		2 年生 H=1.2~1.5m		连续 3 年中耕锄草 (3、2、1) 栽植当年越冬掩盖	1、2、3、4、5
9	油松（樟子松、侧柏）与阔叶乔灌混交模式 (21)	坡地鱼鳞坑整地 80cm×60cm×40cm 平地穴状整地 60cm×60cm×60cm	生态林	小片纯林与其他阔叶乔灌带状或块状混交 2m×(3~4)m	
		油松 樟子松 侧柏 其他阔叶乔灌		用 ABT 生根粉浸根或用保水剂蘸根处理	
		2 年以上合格壮苗移植苗 (1-1) 樟子松 (2-1)		连续 3 年中耕锄草 (3、2、1)	3、4、10

序号	模式名称及模式号	整地方式	建设目标	配置形式	典型图式
		栽植树种		栽植要点	
		苗木规格		管护要点	适宜立地类型号
10	油松（侧柏）与山桃（山杏）混交模式（24）	鱼鳞坑整地 80cm×60cm×40cm 品字形排列	生态林	带状或行间混交 株行距 2m×3m	
		油松（侧柏）山桃（杏）		栽前用 ABT 生根粉浸根或用保水剂蘸根处理	
		乔以 2 年生大规格容器苗为宜 灌用 2 年生播种苗		连续 3 年中耕锄草（3、2、1）	3、4、6
11	白皮松与黄栌混交模式（28）	鱼鳞坑整地白皮松 80cm×60cm×40cm 黄栌 50cm×40cm×30cm 品字形排列	生态林	带状或行间混交 株行距 1.5m×3m	
		白皮松 黄栌	用材林	白皮松植苗 黄栌截干植苗 堆土防寒 用 ABT 生根粉或保水剂等蘸根处理	
		白皮松 H>10cm d≥0.2cm 或塑膜容器苗 黄栌 2～3 年生播种苗	风景林	中耕除草（2、2、1）	3、4
12	侧柏与臭椿混交模式（31）	鱼鳞坑整地 80cm×60cm×40cm 或穴状整地 60cm×60cm×60cm	生态林	带状 块状或行间混交 2m×2m	
		侧柏 臭椿		臭椿以早春和晚秋栽植为宜 春季带杆栽植宜迟不宜早	
		侧柏 2 年生容器苗 臭椿 1 年生苗		连续 3 年松土除草 栽植当年越冬掩盖	3、4、10、11
13	侧柏与刺槐混交模式（32）	坡地鱼鳞坑整地 80cm×60cm×40cm 平地穴状整地 60cm×60cm×60cm	生态林	带状混交 一般 2～3 行为一带 1.5m×4m	
		侧柏 刺槐		栽后用石块覆盖或覆膜 ABT 生根粉和保水剂等蘸根处理	
		侧柏 2 年生大规格容器苗 刺槐 D≥0.8cm 根系发达的健壮苗		连续 2 年松土除草 数株苗木生长在一起的应 3 年内定株	3、4、10、11

序号	模式名称及模式号	整地方式	建设目标	配置形式	典型图式
		栽植树种		栽植要点	
		苗木规格		管护要点	适宜立地类型号
14	侧柏与柠条混交模式（33）	坡地鱼鳞坑整地侧柏 80cm×60cm×40cm 柠条 50cm×40cm×30cm 平地穴状整地侧柏 50cm×50cm×40cm 柠条 30cm×30cm×30cm	生态林	带状或行间混交　乔 1.5m×6m 灌 1m×6m	
		侧柏　柠条		栽后用石块覆盖或覆膜 ABT 生根粉和保水剂等蘸根处理　宁条播种　植苗均可	
		侧柏以 2 年生大规格容器苗为宜　柠条播种或 d≥0.3cm 根系发达的健壮苗		连续 2 年松土除草　栽植当年越冬掩盖	3、4、10、11
15	侧柏与沙棘混交模式（34）	侧柏鱼鳞坑整地 80cm×60cm×40cm 沙棘穴状整地 40cm×40cm×30cm 品字形排列	生态林	带状或行间混交 1m×3m	
		侧柏　沙棘		栽前用 ABT 生根粉浸根或用泥浆蘸根　沙棘可截杆造林再覆膜	
		侧柏 2 年生 d≥0.4cm H≥30cm 沙棘 1 年生 d≥0.6cm H≥60cm		连续 3 年中耕锄草（3、2、1）	3、4、10、11
16	杜松与天然黄刺梅混交模式（39）	鱼鳞坑整地杜松 80cm×60cm×40cm 黄刺玫 60cm×60cm×60cm 品字形排列	生态林	带状或行间混交　杜松株行距 1.5m×3m 保留自然分布的黄刺玫	
		杜松　黄刺梅		杜松植苗　黄刺玫分株 压条或埋根造林 ABT 生根粉或保水剂等蘸根处理	
		杜松 1~2 年生苗		中耕除草（2、2、1）	3

序号	模式名称及模式号	整地方式	建设目标	配置形式	典型图式
		栽植树种		栽植要点	
		苗木规格		管护要点	适宜立地类型号
17	杨树造林模式 (45)	穴状整地 100cm × 100cm × 80cm	生态林用材林	片状　块状	
		杨树		植苗　浇水　覆盖塑膜　基肥有机肥 25～30kg/穴	
		H＞4.0m d＞3cm 的 2 年生根 1 年生干苗木		中耕除草（2、1）浇水（2、1）	2、4
18	杨树与刺槐混交模式 (46)	杨树穴状整地 80cm×80cm×60cm 刺槐穴状整地 50cm×50cm×40cm	生态林用材林	带状或行间混交　株行距杨树 3m×6m 刺槐 2m×6m	
		杨树　刺槐		植苗　刺槐栽后根茎以上覆土 1.0cm 覆地膜	
		杨树 H＞3.5m d＞3.0cm 的 2 年根 1 年干苗　刺槐 H＞1.5m d＞1.5cm 的 1 年生实生苗		松土除草及整穴（2、1）除萌及抹芽　刺槐留一健壮直立枝条培养主茎　平茬　枯梢严重时秋季平茬	5、12
19	杨树与复叶槭混交模式 (47)	穴状整地 70cm × 70cm × 70cm	生态林用材林	带状或行间 1:1 混交　株行距 2m×2m	
		杨树　复叶槭		植苗　ABT 生根粉　保水剂等蘸根处理	
		H＝2.5m d≥1.8cm 2 年生苗		幼林抚育（2、2、1）	12、13
20	杨树林农复合经营模式 (50)	穴状整地 80cm × 80cm × 60cm 品字形排列	生态林用材林	杨树两行一带　带间距 8m 株行距（2～3）m×（2～3）m 带间套种低秆作物	
		杨树（新疆杨　毛白杨　速生杨）		植苗　ABT 生根粉速蘸或打泥浆　施足底肥	
		杨树 H≥3.0m D 径≥3cm		中耕除草（1～2、1～2、1～2）浇水（2～3）追肥 2 次/年 NP 肥为主 0.5kg/株	5、12、13

续表

序号	模式名称及模式号	整地方式	建设目标	配置形式	典型图式
		栽植树种		栽植要点	
		苗木规格		管护要点	适宜立地类型号
21	杨树与紫花苜蓿林草复合经营模式（51）	穴状整地 杨树 60cm×60cm×60cm 品字形排列 紫花苜蓿全面整地	生态林 用材林	杨树两行一带 带间距 8m 株行距 2m×2m 带间套种紫花苜蓿	
		杨树（新疆杨 毛白杨 速生杨）紫花苜蓿		杨树植苗 ABT 生根粉速蘸或打泥浆 紫花苜蓿撒种 施足底肥	
		杨树 H≥3.0m D≥3cm		中耕除草（1~2、1~2、1~2）浇水（2~3）追肥 2 次/年 NP 肥为主 0.5kg/株或 50kg/亩 割取枝叶 紫花苜蓿 2 次/年	2、4
22	杨柳滩涂地造林模式（54）	穴状整地 60cm×60cm×60cm 品字形排列	生态林 用材林	片林 株行距 2m×4m	
		三倍体 毛白杨 漳河柳 旱柳 垂柳		植苗 ABT 生根粉速蘸或打泥浆 施足底肥	
		三倍体毛白杨苗 H≥3.0m D≥3cm		中耕除草（1~2、1~2、1~2）浇水（2~3）追肥一年 2 次，以 NP 肥为主，0.5kg/株	5、12、13
23	垂柳与紫穗槐护岸林模式（57）	穴状整地 柳树 80cm×80cm×60cm 紫穗槐 50cm×50cm×40cm	生态林	带状混交（4 行∶4 行）株行距 柳树 2m×2m 紫穗槐 1m×2m	
		柳树 紫穗槐		植苗或播种 ABT 生根粉 根宝等催芽或蘸根处理	
		柳树 H≥2.5m d≥3cm 紫穗槐当年采收的合格种子		中耕除草（2、2、1）割条 2 次/年 夏沤肥 秋编织 追肥 2 次/年 NP 肥为主 100kg/亩	14、15

序号	模式名称及模式号	整地方式	建设目标	配置形式	典型图式
		栽植树种		栽植要点	
		苗木规格		管护要点	适宜立地类型号
24	刺槐造林模式（64）	鱼鳞坑整地 80cm×60cm×40cm 品字形排列	生态林 用材林	株行距 2m×3m	
		刺槐		截干栽植 苗根蘸保水剂 苗干上覆土 1.0cm 穴上覆盖塑料膜	
		H = 1.5m d = 1.5cm 的截干苗		抹芽除萌 萌芽时将塑膜开洞 萌条长到 30cm 时留一健壮直立者 其余抹去 并及时除萌 松土除草及整穴 第一年 2 次 第二年 1 次	9、10、11
25	刺槐与四翅滨藜混交模式（66）	坡地鱼鳞坑整地 80cm×60cm×40cm 川、垣地穴状整地 50cm×50cm×40cm 品字形排列	生态林	带状混交 4 行一带 株行距 2m×2m	
		刺槐 四翅滨藜		刺槐 栽前平茬至 10～15cm ABT 生根粉速蘸或打泥浆 栽后根部堆土 15～20cm	
		刺槐 d＞0.8cm 的 1 年生苗 四翅滨藜 d＞0.5cm 的一年生健壮苗		中耕除草 2 次/年 收割枝叶 四翅滨藜割取嫩枝叶作饲料 追肥 2 次/年 以 NP 肥为主 80kg/亩	9、10、11
26	刺槐与紫花苜蓿复合经营模式（68）	坡地鱼鳞坑整地 80cm×60cm×40cm 川、垣地穴状整地 50cm×50cm×40cm 品字形排列	生态林 用材林	行间混交 刺槐株行距 2m×3m 行间间作 4 行紫花苜蓿 紫花苜蓿行距 0.5m	
		刺槐 紫花苜蓿		刺槐 栽前平茬至 10～15cm ABT 生根粉速蘸或打泥浆 栽后根部堆土 15～20cm 紫花苜蓿 条播	
		刺槐 d＞0.8cm 的 1 年生健壮苗		中耕除草 三年内 2 次/年 收割枝叶 割取紫花苜蓿嫩枝叶作饲料 追肥 紫花苜蓿 2 次/年 以 NP 肥为主 80kg/亩	9、10、11

续表

序号	模式名称及模式号	整地方式	建设目标	配置形式	典型图式
		栽植树种		栽植要点	
		苗木规格		管护要点	适宜立地类型号
27	核桃梯田经营模式 (73)	大穴整地 100cm × 100cm × 100cm	经济林	2~3 个品种 1:1 或 1:1:1 隔行混栽 株行距 3m × 5m（晚实）3m × 4m（早实）幼林间作矮杆作物	
		核桃		植苗 三埋两踩一提苗 底肥 农家肥 2750kg/亩	
		2 年生 I 级嫁接苗		中耕除草 3 次/年 追肥 2 次/年 厩肥：NPK = 20:1 1000kg/亩 浇水 2 次/年 修剪 1 次/年	8、10
28	核桃平、川、垣经营模式 (76)	大穴整地 100cm × 100cm × 100cm	经济林	2~3 个品种按(2~3):1 隔行混栽 株行距 3m × 5m 幼林间作矮杆作物	
		核桃		截干植苗 三埋两踩一提苗 底肥农家肥 1500kg/亩	
		播种 2 年生 I 级嫁接苗		中耕除草 4 次 追肥：每年 2 次，厩肥：NPK = 20:1，1125kg/亩 浇水：每年 2 次 修剪：每年 1 次	6、12、13
29	核桃林农复合经营模式(77)	大穴整地 100cm × 100cm × 100cm	经济林	2~3 个品种按(2~3):1 隔行混栽 株行距 3m × (10~15)m 长期间作矮杆作物	
		核桃		底肥：农家肥 750~1100kg/亩；截干植苗，三埋两踩一提苗	
		播种 2 年生 I 级嫁接苗		中耕除草 4 次/年 追肥 2 次/年 厩肥：NPK = 20:1550kg/亩 浇水 1 次/年 修剪 1 次/年	6、12、13

序号	模式名称及模式号	整地方式	建设目标	配置形式	典型图式
		栽植树种		栽植要点	
		苗木规格		管护要点	适宜立地类型号
30	核桃与花椒地埂经营模式（78）	穴状整地 60cm × 60cm × 60cm	经济林	隔行混栽 每一梯田内行核桃 外行花椒 株距 核桃3m 花椒2m 幼林间作矮杆作物	
		核桃 花椒		截干植苗 三埋两踩一提苗 底肥 农家肥2000kg/亩	
		播种1年生Ⅰ级扦插苗		中耕除草 4 次/年 追肥 2 次/年 厩肥：NPK = 20：1 3000kg/亩 浇水 3 次/年 修剪 2 次/年	8、10
31	核桃与紫穗槐林牧复合经营模式（79）	穴状整地 核桃 100cm × 100cm × 100cm 紫穗槐 40cm ×40cm×30cm 品字形排列	经济林 生态林	带状混交 核桃2～3 个品种按（2～3）：1 隔行混栽 株行距4m × 8m 紫穗槐株行距2m×1.5m 行间播种紫花苜蓿	
		核桃 紫穗槐		植苗 ABT 生根粉 保水剂等处理 基肥 10kg/株	
		核桃 2 年生嫁接苗 紫穗槐 1 年生实生苗		中耕除草（2、2、1）追肥 NP 肥 0.5kg/株 压绿肥 1 次/年 15kg/株	12、13
32	核桃与连翘经营模式（80）	穴状整地 核桃 100cm × 100cm × 100cm 连翘 40cm × 40cm×30cm 品字形排列	经济林 生态林	带状混交 核桃(2～3)：1 隔行混栽 株行距核桃 4m × 8m 连翘2m×1.5m	
		核桃 连翘		植苗 ABT 生根粉 保水剂等处理 基肥 10kg/株	
		核桃 H = 1.5m d = 2.5cm 的 2～3 生嫁接苗 连翘 1 年生苗		中耕除草（2、2、1）追肥 NP 肥 0.5kg/株 压绿肥 1 次/年 15kg/株	12、13

序号	模式名称及模式号	整地方式	建设目标	配置形式	典型图式
		栽植树种		栽植要点	
		苗木规格		管护要点	适宜立地类型号
33	黑核桃林草复合经营模式（83）	穴状整地 80cm × 80cm × 80cm 品字形排列	经济林 用材林	2 个品种按（1~6）：1 混栽 株行距（2~3）m ×（3~4）m 行间混交紫花苜蓿 沙打旺 草木樨等	
		黑核桃		植苗 ABT 生根粉 保水剂等蘸根处理 基肥 10kg/株	
		H = 50cm d = 1.2cm 的 1~2 年生 I 级嫁接苗		中耕除草（2、2、1）追肥 NP 肥 1.5kg/株 压绿肥 1 次/年 15kg/株	6、12、13
34	花椒地埂经营模式（85）	穴状整地 80cm × 80cm × 80cm 品字形排列	经济林	株距 3m 行距随地块大小而定 行间混交各种农作物	
		花椒		植苗（平埋压苗）ABT 生根粉 保水剂等蘸根处理 基肥 10kg/株	
		H = 86cm d = 0.5cm 的 1 年生 I 级播种苗		中耕除草（2、2、1）追肥 NP 复合肥 0.5kg/株	3、4、5
35	花椒林牧复合经营模式（87）	穴状整地 100cm × 100cm × 100cm 品字形排列	生态林 经济林	株行距 3m × 5m 行间混交紫花苜蓿	
		花椒		植苗（平埋压苗）ABT 生根粉 保水剂等蘸根处理 基肥 10kg/株	
		2 年生 I 级播种苗		中耕除草（2、2、1）追肥 NP 肥 0.5kg/株 压绿肥 1 次/年 15kg/株	3、4、5
36	花椒梯田经营模式（88）	穴状整地 80cm × 80cm × 80cm 品字形排列	生态林 经济林	2 个品种按 4：4 或 5：5 混栽或单一品种栽植 株行距 2m × 4m 幼林间作矮秆作物	
		花椒		截干植苗 三埋两踩一提苗	
		1 年生 I 级播种苗		中耕除草 4 次/年 追肥 2 次/年 厩肥：NPK = 20：1 3000kg/亩 浇水 3 次/年 修剪 2 次/年	3、4、5

序号	模式名称及模式号	整地方式	建设目标	配置形式	典型图式
		栽植树种		栽植要点	
		苗木规格		管护要点	适宜立地类型号
37	火炬树造林模式(91)	穴状整地 50cm × 50cm × 30cm 品字形排列	生态林风景林	纯林 株行距2m×3m	
		火炬树		山地截干造林 道路及村镇等带干造林 及时浇水	
		根系完整的 1 年生苗		中耕除草（2、2、1）	8、10
38	荆条造林模式(92)	穴状整地 40cm × 40cm × 30cm 品字形排列	生态林	片林 直播 10～15 粒/穴 植苗株行距1m×2m	
		荆条		直播覆土＜0.5cm 或植苗	
		直播或2年生苗		管护 封山育林 中耕除草 据情况进行 平茬 3～5 年后可隔带平茬	3、10
39	梨树平、川、垣经营模式(94)	水平沟整地 宽 100cm × 深 100cm	经济林	2 个品种按（2～4）：或 2：2 隔行混栽 株行距 3m ×4m 幼林间作矮杆作物	
		梨		截干植苗 三埋两踩一提苗 底肥 农家肥 2750kg/亩	
		2 年生Ⅰ级嫁接苗		中耕除草 4 次/年 追肥2 次/年 厩肥：NPK = 20：1 1375kg/亩 浇水 每年 3 次 修剪 1 次/年	6、12、13
40	苹果片林经营模式(104)	穴状整地 100cm × 100cm × 100cm	经济林	1～2 个品种主栽按（1～8）：1 配置授粉树 株行距 3m × 4m 幼林间作矮杆作物	
		苹果		基肥：20kg/株；春、秋季植苗，以春季为好，ABT 生根粉、保水剂等蘸根处理	
		H = 100cm d = 1.0cm 的Ⅰ级嫁接苗		中耕除草（2、2、1）追肥 NP 肥 1.0kg/株	8、12、13

续表

序号	模式名称及模式号	整地方式		建设目标	配置形式	典型图式
		栽植树种			栽植要点	
		苗木规格			管护要点	适宜立地类型号
41	仁用杏林牧复合经营模式（111）	穴状整地 仁用杏 80cm×80cm×80cm		经济林 生态林	仁用杏品种按 8：1：1 行间或株间混栽 株行距 3m×4m 行间种植紫花苜蓿等牧草	
		仁用杏			植苗 ABT 生根粉 保水剂等蘸根处理 基肥 10kg/株	
		仁用杏 2 年生 I 级嫁接苗			中耕除草（2、2、1）追肥 4 次/年 NP 肥 0.5kg/株 压绿肥 1 次/年 15kg/株	6、10、11
42	仁用杏与侧柏混交模式（112）	穴状整地 仁用杏 80cm×80cm×80cm 侧柏 60cm×60cm×60cm		经济林 用材林	带状混交 仁用杏：侧柏 1：3 仁用杏 2 品种按（1～4）：1 行内混栽 株距 3m 侧柏株行距 2m×2m	
		仁用杏 侧柏			植苗 ABT 生根粉 保水剂等蘸根处理 基肥仁用杏（农家肥 10kg + 钙镁磷肥 1kg）/株	
		仁用杏 H = 100cm d = 1.0cm 的 1～2 年生嫁接苗 侧柏 H = 40cm d = 0.5cm 的 2 年生实生苗			中耕除草 3 次/年 追肥仁用杏 3 年生以上 NP 肥各 1.0kg/株	6、10、11
43	仁用杏与连翘混交模式（113）	穴状整地 仁用杏 80cm×80cm×80cm 连翘 50cm×50cm×40cm		经济林 生态林	带状混交 仁用杏：连翘 1：4 仁用杏 2 品种按（1～4）：1 行内混栽 株距 3m 连翘株行距 2m×1.5m	
		仁用杏 连翘			植苗 ABT 生根粉 保水剂等蘸根处理 基肥仁用杏（农家肥 10kg + 钙镁磷肥 1kg）/株	
		仁用杏 H = 100cm d = 1.0cm 的 1～2 年生嫁接苗 连翘 H = 40cm d = 0.5cm 的 1 年生实生苗			中耕除草 3 次/年 追肥仁用杏 3 年生以上 NP 肥 1.0kg/株	6、10、11

序号	模式名称及模式号	整地方式	建设目标	配置形式	典型图式
		栽植树种		栽植要点	
		苗木规格		管护要点	适宜立地类型号
44	山杏与侧柏混交模式（127）	穴状整地 60cm × 60cm × 50cm	生态林 经济林 用材林	带状混交 山杏：侧柏 = 1：4 山杏株距3m 侧柏株行距2m×2m	
		山杏 侧柏		植苗 ABT 生根粉 保水剂等蘸根处理 基肥 山杏（农家肥 10kg + 钙镁磷肥 1.0kg）/株	
		山杏 H = 85cm d = 0.8cm 的 1 年生 I 级实生苗 侧柏 H = 40cm d = 0.5cm 的 2 年生实生苗		中耕除草 3 次/年 追肥 3 年生以上 NP 肥各 1.0kg/株	6、10、11
45	翅果油片林经营模式（137）	穴状整地 50cm × 50cm × 30cm	经济林	株行距2m×2m	
		翅果油		植苗（平埋压苗）ABT 生根粉 施肥	
		H = 50cm d = 0.5cm 的 2 年生苗		中耕除草（2、2、1）	4、5、6、8、10、12
46	文冠果林牧复合经营模式（144）	水平带状或穴状整地 70cm × 70cm×50cm	生态林 经济林	文冠果株行距 3m × 4m 混交紫花苜蓿等豆科牧草	
		文冠果		栽植 打泥浆 随起随运随栽 栽植以低于根基 3 ~ 7cm 为宜	
		2 年生苗		中耕除草（1 ~ 2、1 ~ 2、1 ~ 2）施肥 1 次/年	8、10
47	元宝枫造林模式（151）	坑状整地 80cm × 80cm × 60cm	生态林 经济林 风景林	片林 株行距 2m×5m 或散生栽植	
		元宝枫		栽后覆盖塑膜 基肥有机肥25kg/穴	
		H = 1.5m d = 1.5cm 的 2 年生根 1 年生干嫁接苗		中耕除草及整穴（2、1）	2、4

序号	模式名称及模式号	整地方式	建设目标	配置形式	典型图式
		栽植树种		栽植要点	
		苗木规格		管护要点	适宜立地类型号
48	枣树林农复合经营模式（152）	水平沟整地 100cm×80cm	经济林	1~2 品种按 1:1 或 2:2 隔行混栽 株行距 2.5m×（8~10）m 长期间作矮杆作物	
		枣树		底肥：农家肥 1350~1650kg/亩；截干植苗，三埋两踩一提苗	
		播种 2 年生 I 级嫁接苗		中耕除草 4 次/年 追肥 2 次/年 厩肥：NPK=20:1 675~875kg/亩 浇水 2~3 次/年 修剪 1 次/年	6、12、13
49	枣树片林经营模式（153）	水平沟整地 100cm×80cm	经济林	1~2 品种按 1:1 或 2:2 隔行混栽 株行距 2.5m×4m	
		枣树		截干植苗 三埋两踩一提苗 底肥 农家肥 3500kg/亩	
		2 年生嫁接苗		中耕除草 4 次/年 追肥 2 次/年 厩肥：NPK=20:1 1750kg/亩 浇水 2~3 次/年 修剪 1 次/年	6、12、13
50	枣树梯田地梗经营模式（154）	穴状整地 80cm×80cm×80cm	经济林	株行距 2.5m×4m	
		枣树		截干植苗 三埋两踩一提苗 底肥 农家肥 3500kg/亩	
		播种 2 年生 I 级嫁接苗		中耕除草 3 次/年 追肥 2 次/年 厩肥：NPK=20:1 1000kg/亩 浇水 1~2 次/年 修剪 1 次/年	8、10

续表

序号	模式名称及模式号	整地方式 栽植树种 苗木规格	建设目标	配置形式 栽植要点 管护要点	典型图式 适宜立地类型号
51	枸杞片林经营模式（158）	穴状整地 50cm × 50cm × 40cm 枸杞（宁杞 1 号 宁杞 2 号 大麻叶） H = 50cm d = 0.7cm 的 1 年生实生苗	生态林经济林	纯林 株行距 1.5m×3m 植苗 ABT 生根粉 保水剂等蘸根处理 基肥（农家肥 20kg + NP 肥 0.5kg）/株 中耕除草（2、2、1）追肥 3 年生以上施 NP 肥 1.0kg/株	 6、7、8、9、10、11、12

管涔山、关帝山山地立地亚区（Ⅲ-E）造林模式适宜立地类型检索表

序号	模式名称及模式号	整地方式 栽植树种 苗木规格	建设目标	配置形式 栽植要点 管护要点	典型图式 适宜立地类型号
1	华北落叶松造林模式（1）	鱼鳞坑 80cm × 60cm × 40cm 穴状整地 60cm × 60cm × 60cm 品字形排列 华北落叶松 2 年生壮苗 H≥30cm d≥0.4cm	用材林	片林 株行距 1m×4m 用 ABT 生根粉浸根或用保水剂蘸根处理 连续 3 年中耕锄草（3、2、1）	 2、4、7、10
2	华北落叶松与胡枝子混交模式（3）	鱼鳞坑整地 80cm × 60cm × 40cm 品字形排列 华北落叶松 胡枝子 华北落叶松 2 年生壮苗 H = 30～40cm d≥0.4cm 胡枝子 2 年生苗分枝 3～7 头	生态林	带状混交 4 行一带 2m ×（2～3）m 用 ABT 生根粉 根宝等蘸根处理 连续 3 年中耕锄草（3、2、1）	 7、10

续表

序号	模式名称及模式号	整地方式	建设目标	配置形式	典型图式
		栽植树种		栽植要点	
		苗木规格		管护要点	适宜立地类型号
3	华北落叶松与桦树（山杨）混交模式（4）	鱼鳞坑整地 80cm × 60cm × 40cm 品字形排列	生态林	人工与天然自然配置 行间混交 2m×3m	
		华北落叶松 桦树 山杨（天然萌生苗）		用 ABT 生根粉浸根或用保水剂蘸根处理	
		2 年生壮苗 H = 30 ~ 40cm d≥0.4cm		连续 3 年中耕锄草（3、2、1）	2、4、7、10
4	华北落叶松与沙棘混交模式（5）	鱼鳞坑整地 80cm × 60cm × 40cm 品字形排列	生态林	带状混交 5 ~ 10 行落叶松 3 ~ 5 行沙棘华北落叶松 2m×3m 沙棘 1m×3m	
		华北落叶松 沙棘		用 ABT 生根粉浸根或用保水剂蘸根处理	
		华北落叶松 2 ~ 3 年生合格壮苗最好使用移植苗 沙棘合格苗最好使用容器苗		连续 3 年中耕锄草（3、2、1）	2、3、4、7、10
5	华北落叶松与云杉混交模式（8）	鱼鳞坑整地 80cm × 60cm × 40cm 品字形排列	生态林	带状混交 4 行一带 1：1 的比例混栽 2m×2m	
		华北落叶松 云杉		用 ABT 生根粉浸根或用保水剂蘸根处理	
		华北落叶松 2 年生壮苗 H = 30 ~ 40cm d≥0.4cm 云杉 3 ~ 4 年生换床苗 H = 25 ~ 30cm d≥0.5cm		连续 3 年中耕锄草（2、2、1）	1、2、4、7、10
6	日本落叶松造林模式（9）	鱼鳞坑整地 80cm × 60cm × 40cm 品字形排列	生态林	片林 株行距 2m×3m	
		日本落叶松		植苗造林	
		2 年生容器苗		连续 3 年中耕锄草（2、2、1）	7、10

序号	模式名称及模式号	整地方式	建设目标	配置形式	典型图式
		栽植树种		栽植要点	
		苗木规格		管护要点	适宜立地类型号
7	云杉与忍冬混交模式（10）	鱼鳞坑整地 80cm × 60cm × 40cm 品字形排列	生态林	带状混交 4 行一带 2m × 2m	
		云杉 忍冬		植苗造林 用 ABT 生根粉 根宝等蘸根处理	
		云杉 3~4 年生换床苗 H=25~30cm d≥0.5cm 忍冬 2 年生苗 H=60~80cm d≥0.5cm		栽后 2~4 年穴中除草	2、4、7、10
8	油松与连翘混交模式（12）	坡地鱼鳞坑整地油松 80cm × 60cm × 40cm 连翘 50cm × 40cm × 30cm 垣地穴状或小穴状整地 油松 50cm × 50cm × 40cm 连翘 30cm × 30cm × 30cm	生态林	1 行油松 3m × 4m 2 行连翘 1m × 2m	
		油松 连翘		直接栽植	
		油松 2 年生大规格容器苗 连翘 2 年生苗		连续 3 年中耕锄草（3、3、3）	5、6、7、8、9、10、11、12、13
9	油松与辽东栎（白桦）混交模式（13）	鱼鳞坑整地 80cm × 60cm × 40cm 品字形排列	生态林	带状 块状或行间混交 2m × 3m	
		油松 辽东栎（白桦）		栽前用 ABT 生根粉浸根 或用保水剂蘸根处理	
		油松 2 年生大规格容器苗 辽东栎（白桦）自然萌芽更新		连续 3 年中耕锄草（3、2、1）	5、6、7、8、9、10、11、12、13
10	油松与沙棘混交模式（15）	油松鱼鳞坑整地 80cm × 60cm × 40cm 沙棘穴状 40cm × 40cm × 30cm 品字形排列	生态林	带状混交 油松 2m × 4m 沙棘 1m × 1m	
		油松 沙棘		油松栽前用 ABT 生根粉浸根或用泥浆蘸根 沙棘可截杆造林再覆膜	
		油松 2 年生留床苗 d≥0.4cm H≥12cm 沙棘 1 年生 d≥0.6cm H≥60cm		连续 3 年中耕锄草（3、2、1）	5、6、7、8、9、10、11、12、13

序号	模式名称及模式号	整地方式 / 栽植树种 / 苗木规格	建设目标	配置形式 / 栽植要点 / 管护要点	典型图式 / 适宜立地类型号
11	油松与山杨混交模式(17)	鱼鳞坑整地 80cm×60cm×40cm 品字形排列 油松 山杨 油松用2年生容器苗 山杨采取天然或人工促进天然更新	生态林	带状 块状混交3~5行一带 2m×2m 或 4m×2m 油松直接栽植 山杨截杆苗造林 连续2年松土除草 山杨平茬 断根促进更新	 5、6、7、8、9、10、11、12、13
12	油松与天然灌木混交模式(19)	鱼鳞坑整地 80cm×60cm×40cm 品字形排列 油松 天然灌木 油松以2年生大规格容器苗为宜 根系发达的健壮苗	生态林	3m内坡面保留天然灌木树种 2m×3m 直接栽植 栽后就地取碎石片覆盖 连续3年中耕锄草(3、2、1)	 5、6、7、8、9、10、11、12、13
13	油松与元宝枫混交模式(20)	鱼鳞坑整地 80cm×60cm×40cm 品字形排列 油松 元宝枫 2年生 H=1.2~1.5m	生态林	带状或块状或行间混交 2m×3m 元宝枫(五角枫)采用截杆造林 连续3年中耕锄草(3、2、1)栽植当年越冬掩盖	 5、6、7、8、9、10、11、12、13
14	油松(樟子松、侧柏)与阔叶乔灌混交模式(21)	坡地鱼鳞坑整地 80cm×60cm×40cm 平地穴状整地 60cm×60cm×60cm 油松 樟子松 侧柏 其他阔叶乔灌 2年以上合格壮苗移植苗(1-1)樟子松(2-1)	生态林	小片纯林与其他阔叶乔灌带状或块状混交 2m×(3~4)m 用ABT生根粉浸根或用保水剂蘸根处理 连续3年中耕锄草(3、2、1)	 11、12、13、14、15、16、18、19、20、21

序号	模式名称及模式号	整地方式		建设目标	配置形式	典型图式
		栽植树种			栽植要点	
		苗木规格			管护要点	适宜立地类型号
15	油松（侧柏）与山桃（山杏）混交模式(24)	鱼鳞坑整地 80cm×60cm×40cm 品字形排列		生态林	带状或行间混交 株行距 2m×3m	
		油松（侧柏）山桃（杏）			栽前用 ABT 生根粉浸根或用保水剂蘸根处理	
		乔以 2 年生大规格容器苗为宜 灌用 2 年生播种苗			连续 3 年中耕锄草（3、2、1）	11、12、13、14、15、16、18、19、20
16	侧柏与柠条混交模式(33)	坡地鱼鳞坑整地侧柏 80cm×60cm×40cm 柠条 50cm×40cm×30cm 平地穴状整地侧柏 50cm×50cm×40cm 柠条 30cm×30cm×30cm		生态林	带状或行间混交 乔 1.5m×6m 灌 1m×6m	
		侧柏 柠条			栽后用石块覆盖或覆膜 ABT 生根粉和保水剂等蘸根处理 宁条播种 植苗均可	
		侧柏以 2 年生大规格容器苗为宜 柠条播种或 d≥0.3cm 根系发达的健壮苗			连续 2 年松土除草 栽植当年越冬掩盖	14、15、16、18、19、20
17	侧柏与臭椿混交模式(31)	鱼鳞坑整地 80cm×60cm×40cm 或穴状整地 60cm×60cm×60cm		生态林	带状 块状或行间混交 2m×2m	
		侧柏 臭椿			臭椿以早春和晚秋栽植为宜 春季带杆栽植宜迟不宜早	
		侧柏 2 年生容器苗 臭椿 1 年生苗			连续 3 年松土除草 栽植当年越冬掩盖	14、15、16、18、19、20

序号	模式名称及模式号	整地方式	建设目标	配置形式	典型图式
		栽植树种		栽植要点	
		苗木规格		管护要点	适宜立地类型号
18	侧柏与沙棘混交模式（34）	侧柏鱼鳞坑整地 80cm×60cm ×40cm 沙棘穴状整地 40cm ×40cm×30cm 品字形排列	生态林	带状或行间混交 1m×3m	
		侧柏 沙棘		栽前用 ABT 生根粉浸根或用泥浆蘸根 沙棘可截杆造林再覆膜	
		侧柏 2 年生 d≥0.4cm H≥ 30cm 沙棘 1 年生 d≥0.6cm H≥60cm		连续 3 年中耕锄草（3、2、1）	14、15、16、18、19、20
19	侧柏与刺槐混交模式（32）	坡地鱼鳞坑整地 80cm×60cm ×40cm 平地穴状整地 60cm ×60cm×60cm	生态林	带状混交 一般 2~3 行为一带 1.5m×4m	
		侧柏 刺槐		栽后用石块覆盖或覆膜 ABT 生根粉和保水剂等蘸根处理	
		侧柏 2 年生大规格容器苗 刺槐 D≥0.8cm 根系发达的健壮苗		连续 2 年松土除草 数株苗木生长在一起的应 3 年内定株	14、15、16、18、19、20
20	白皮松与黄栌混交模式（28）	鱼鳞坑整地白皮松 80cm× 60cm×40cm 黄栌 50cm× 40cm×30cm 品字形排列	生态林 用材林 风景林	带状或行间混交 株行距 1.5m×3m	
		白皮松 黄栌		白皮松植苗 黄栌截干植苗 堆土防寒 用 ABT 生根粉或保水剂等蘸根处理	
		白皮松 H>10cm d≥0.2cm 或塑膜容器苗 黄栌 2~3 年生播种苗		中耕除草（2、2、1）	14、15、16、18、19、20
21	杜松与椴树混交模式（37）	鱼鳞坑整地 80cm×60cm× 40cm 品字形排列	生态林 用材林	1:1 带状混栽 4 行一带 株行距 2m×2m	
		杜松 椴树		植苗 ABT 生根粉或根宝速蘸或打泥浆	
		杜松 H=30~40cm d≥0.4cm 椴树 H=25~30cm d≥0.5cm		中耕除草（2、2、1）追肥 2 次/年 以 NP 肥为主 80kg/亩	14、15、16、18、19、20

序号	模式名称及模式号	整地方式	建设目标	配置形式	典型图式
		栽植树种		栽植要点	
		苗木规格		管护要点	适宜立地类型号
22	杜松与华北驼绒藜等混交模式(38)	鱼鳞坑整地 80cm×60cm×40cm 穴状整地 60cm×60cm×60cm 品字形排列	生态林	1∶1 带状混栽 4 行一带 株行距 2m×2m	
		杜松 华北驼绒藜 蒙古莸 四翅滨藜）		春季植苗 ABT 生根粉或根宝速蘸或打泥浆	
		杜松 H＝30～40cm d≥0.4cm 华北驼绒藜 H＝25～30cm d≥0.5cm		中耕除草（2、2、1）收割枝叶 年 2 次/年 华北驼绒藜嫩枝叶作饲料 追肥2次/年 以NP 肥为主 80kg/亩	14、15、16、18、19、20
23	杜松与天然黄刺梅混交模式(39)	鱼鳞坑整地杜松 80cm×60cm×40cm 黄刺玫 60cm×60cm×60cm 品字形排列	生态林	带状或行间混交 杜松株行距 1.5m×3m 保留自然分布的黄刺玫	
		杜松 黄刺梅		杜松植苗 黄刺玫分株 压条或埋根造林 ABT 生根粉或保水剂等蘸根处理	
		杜松 1～2 年生苗		中耕除草（2、2、1）	14、15、16、18、19、20
24	杜松与油松混交模式(40)	鱼鳞坑整地 80cm×60cm×40cm 穴状整地 50cm×50cm×40cm 品字形排列	生态林 用材林	1∶1 带状混栽 4 行一带 株行距 2m×2m	
		杜松 油松		植苗 ABT 生根粉或根宝速蘸或打泥浆	
		杜松 H＝30～40cm d≥0.4cm 油松 H＝25～30cm d≥0.5cm		中耕除草（2、2、1）追肥 2 次/年 以 NP 肥为主	14、15、16、18、19、20
25	杨树造林模式(45)	穴状整地 100cm×100cm×80cm	生态林 用材林	片状 块状	
		杨树		植苗 浇水 覆盖塑膜 基肥有机肥 25～30kg/穴	
		H＞4.0m d＞3cm 的 2 年生根 1 年生干苗木		中耕除草（2、1）浇水（2、1）	21

序号	模式名称及模式号	整地方式	建设目标	配置形式	典型图式
		栽植树种		栽植要点	
		苗木规格		管护要点	适宜立地类型号
26	刺槐与紫花苜蓿复合经营模式(68)	坡地鱼鳞坑整地80cm×60cm×40cm 川、垣地穴状整地50cm×50cm×40cm 品字形排列	生态林 用材林	行间混交 刺槐株行距2m×3m 行间间作4行紫花苜蓿 紫花苜蓿行距0.5m	
		刺槐 紫花苜蓿		刺槐 栽前平茬至10~15cm ABT生根粉速蘸或打泥浆 栽后根部堆土15~20cm 紫花苜蓿 条播	
		刺槐 d>0.8cm的1年生健壮苗		中耕除草 三年内2次/年 收割枝叶 割取紫花苜蓿嫩枝叶作饲料 追肥 紫花苜蓿2次/年 以NP肥为主80kg/亩	14、15、16、18、19、20

吕梁山南部山地立地亚区 （Ⅲ-F） 造林模式适宜立地类型检索表

序号	模式名称及模式号	整地方式	建设目标	配置形式	典型图式
		栽植树种		栽植要点	
		苗木规格		管护要点	适宜立地类型号
1	华北落叶松造林模式(1)	鱼鳞坑80cm×60cm×40cm 穴状整地60cm×60cm×60cm 品字形排列	用材林	片林 株行距1m×4m	
		华北落叶松		用ABT生根粉浸根或用保水剂蘸根处理	
		2年生壮苗 H≥30cm d≥0.4cm		连续3年中耕锄草(3、2、1)	3、6、13
2	华北落叶松与胡枝子混交模式(3)	鱼鳞坑整地80cm×60cm×40cm 品字形排列	生态林	带状混交4行一带 2m×(2~3)m	
		华北落叶松 胡枝子		用ABT生根粉 根宝等蘸根处理	
		华北落叶松2年生壮苗 H=30~40cm d≥0.4cm 胡枝子2年生苗分枝3~7头		连续3年中耕锄草(3、2、1)	3、6

序号	模式名称及模式号	整地方式	建设目标	配置形式	典型图式
		栽植树种		栽植要点	
		苗木规格		管护要点	适宜立地类型号
3	华北落叶松与桦树（山杨）混交模式（4）	鱼鳞坑整地 80cm × 60cm × 40cm 品字形排列	生态林	人工与天然自然配置 行间混交 2m×3m	
		华北落叶松 桦树 山杨（天然萌生苗）		用 ABT 生根粉浸根或用保水剂蘸根处理	
		2 年生壮苗 H = 30 ~ 40cm d≥0.4cm		连续 3 年中耕锄草（3、2、1）	3、6
4	华北落叶松与沙棘混交模式（5）	鱼鳞坑整地 80cm × 60cm × 40cm 品字形排列	生态林	带状混交 5 ~ 10 行落叶松 3 ~ 5 行沙棘华北落叶松 2×3 沙棘 1m×3m	
		华北落叶松 沙棘		用 ABT 生根粉浸根或用保水剂蘸根处理	
		华北落叶松 2 ~ 3 年生合格壮苗最好使用移植苗 沙棘合格苗最好使用容器苗		连续 3 年中耕锄草（3、2、1）	3、6
5	华北落叶松与云杉混交模式（8）	鱼鳞坑整地 80cm × 60cm × 40cm 品字形排列	生态林	带状混交 4 行一带 1：1 的比例混栽 2m×2m	
		华北落叶松 云杉		用 ABT 生根粉浸根或用保水剂蘸根处理	
		华北落叶松 2 年生壮苗 H = 30 ~ 40cm d≥0.4cm 云杉 3 ~ 4 年生换床苗 H = 25 ~ 30cm d≥0.5cm		连续 3 年中耕锄草（2、2、1）	3、6
6	日本落叶松造林模式（9）	鱼鳞坑整地 80cm × 60cm × 40cm 品字形排列	生态林	片林 株行距 2m×3m	
		日本落叶松		植苗造林	
		2 年生容器苗		连续 3 年中耕锄草（2、2、1）	3、6

续表

序号	模式名称及模式号	整地方式	建设目标	配置形式	典型图式
		栽植树种		栽植要点	
		苗木规格		管护要点	适宜立地类型号
7	云杉与忍冬混交模式(10)	鱼鳞坑整地 80cm×60cm×40cm 品字形排列	生态林	带状混交 4 行一带 2m×2m	
		云杉　忍冬		植苗造林　用 ABT 生根粉根宝等蘸根处理	
		云杉 3～4 年生换床苗 H=25～30cm d≥0.5cm 忍冬 2 年生苗 H=60～80cm d≥0.5cm		栽后 2～4 年穴中除草	3、6
8	油松与连翘混交模式(12)	坡地鱼鳞坑整地油松 80cm×60cm×40cm 连翘 50cm×40cm×30cm 垣地穴状或小穴状整地 油松 50cm×50cm×40cm 连翘 30cm×30cm×30cm	生态林	1 行油松 3m×4m 2 行连翘 1m×2m	
		油松　连翘		直接栽植	
		油松 2 年生大规格容器苗 连翘 2 年生苗		连续 3 年中耕锄草(3、3、3)	1、2、3、4、5、6、7、8、9、16
9	油松与辽东栎(白桦)混交模式(13)	鱼鳞坑整地 80cm×60cm×40cm 品字形排列	生态林	带状 块状或行间混交 2m×3m	
		油松　辽东栎(白桦)		栽前用 ABT 生根粉浸根或用保水剂蘸根处理	
		油松 2 年生大规格容器苗 辽东栎(白桦)自然萌芽更新		连续 3 年中耕锄草(3、2、1)	1、2、3、4、5、6、7、8、9、13
10	油松与沙棘混交模式(15)	油松鱼鳞坑整地 80cm×60cm×40cm 沙棘穴状 40cm×40cm×30cm 品字形排列	生态林	带状混交 油松 2m×4m 沙棘 1m×1m	
		油松　沙棘		油松栽前用 ABT 生根粉浸根或用泥浆蘸根 沙棘可截杆造林再覆膜	
		油松 2 年生留床苗 d≥0.4cm H≥12cm 沙棘 1 年生 d≥0.6cm H≥60cm		连续 3 年中耕锄草(3、2、1)	1、2、3、4、5、6、7、8、9

序号	模式名称及模式号	整地方式	建设目标	配置形式	典型图式
		栽植树种		栽植要点	
		苗木规格		管护要点	适宜立地类型号
11	油松与山桃(山杏)混交模式(16)	坡地鱼鳞坑整地油松 80cm × 60cm × 40cm 山桃山杏 50cm × 40cm × 30cm 平地穴状整地 油松 50cm × 50cm × 40cm 山桃山杏 30cm × 30cm × 30cm	生态林	带状(4 行油松 1 行山桃或山杏)混交 油松 1.5m × 4m 山桃、山杏 2m × 20m	
		油松 山桃 山杏		用 ABT 生根粉浸根或用保水剂蘸根处理	
		油松 2 年以上合格壮苗或移植苗(1-1)山桃山杏用合格壮苗或种子直播		连续 3 年中耕锄草(3、2、1)	7、8、9、10、11、12、15、16、17
12	油松与山杨混交模式(17)	鱼鳞坑整地 80cm × 60cm × 40cm 品字形排列	生态林	带状 块状混交 3～5 行一带 2m × 2m 或 4m × 2m	
		油松 山杨		油松直接栽植 山杨截杆苗造林	
		油松用 2 年生容器苗 山杨采取天然或人工促进天然更新		连续 2 年松土除草 山杨平茬 断根促进更新	1、2、3、4、5、6、7、8、9、13
13	油松与天然灌木混交模式(19)	鱼鳞坑整地 80cm × 60cm × 40cm 品字形排列	生态林	3m 内坡面保留天然灌木树种 2m × 3cm	
		油松 天然灌木		直接栽植 栽后就地取碎石片覆盖	
		油松以 2 年生大规格容器苗为宜 根系发达的健壮苗		连续 3 年中耕锄草(3、2、1)	1、2、3、4、5、6、7、8、9
14	油松与元宝枫混交模式(20)	鱼鳞坑整地 80cm × 60cm × 40cm 品字形排列	生态林	带状或块状或行间混交 2m × 3m	
		油松 元宝枫		元宝枫(五角枫)采用截杆造林	
		2 年生 H = 1.2～1.5m		连续 3 年中耕锄草(3、2、1)栽植当年越冬掩盖	1、2、3、4、5、6、7、8、9、13

续表

序号	模式名称及模式号	整地方式		建设目标	配置形式	典型图式
		栽植树种			栽植要点	
		苗木规格			管护要点	适宜立地类型号
15	油松（樟子松、侧柏）与阔叶乔灌混交模式（21）	坡地鱼鳞坑整地 80cm×60cm×40cm 平地穴状整地 60cm×60cm×60cm		生态林	小片纯林与其他阔叶乔灌带状或块状混交 2m×（3~4）m	
		油松 樟子松 侧柏 其他阔叶乔灌			用 ABT 生根粉浸根或用保水剂蘸根处理	
		2 年以上合格壮苗移植苗（1-1）樟子松（2-1）			连续 3 年中耕锄草（3、2、1）	7、8、9、10、11、12、15、16、17、18
16	白皮松与黄栌混交模式（28）	鱼鳞坑整地白皮松 80cm×60cm×40cm 黄栌 50cm×40cm×30cm 品字形排列		生态林 用材林 风景林	带状或行间混交 株行距 1.5m×3m	
		白皮松 黄栌			白皮松植苗 黄栌截干植苗 堆土防寒 用 ABT 生根粉或保水剂等蘸根处理	
		白皮松 H>10cm d≥0.2cm 或塑膜容器苗 黄栌 2~3 年生播种苗			中耕除草（2、2、1）	10、11、12、15、16、17
17	侧柏与柠条混交模式（33）	坡地鱼鳞坑整地侧柏 80cm×60cm×40cm 柠条 50cm×40cm×30cm 平地穴状整地侧柏 50cm×50cm×40cm 柠条 30cm×30cm×30cm		生态林	带状或行间混交 乔 1.5m×6m 灌 1m×6m	
		侧柏 柠条			栽后用石块覆盖或覆膜 ABT 生根粉和保水剂等蘸根处理 柠条播种 植苗均可	
		侧柏以 2 年生大规格容器苗为宜 柠条播种或 d≥0.3cm 根系发达的健壮苗			连续 2 年松土除草 栽植当年越冬掩盖	10、11、12、15、16、17

序号	模式名称及模式号	整地方式	建设目标	配置形式	典型图式
		栽植树种		栽植要点	
		苗木规格		管护要点	适宜立地类型号
18	侧柏与臭椿混交模式（31）	鱼鳞坑整地 80cm×60cm×40cm 或穴状整地 60cm×60cm×60cm	生态林	带状 块状或行间混交 2m×2m	
		侧柏 臭椿		臭椿以早春和晚秋栽植为宜 春季带杆栽植宜迟不宜早	
		侧柏2年生容器苗 臭椿1年生苗		连续3年松土除草 栽植当年越冬掩盖	10、11、12、15、16、17
19	侧柏与沙棘混交模式（34）	侧柏鱼鳞坑整地 80cm×60cm×40cm 沙棘穴状整地 40cm×40cm×30cm 品字形排列	生态林	带状或行间混交 1m×3m	
		侧柏 沙棘		栽前用 ABT 生根粉浸根或用泥浆蘸根 沙棘可截杆造林再覆膜	
		侧柏 2 年生 d≥0.4cm H≥30cm 沙棘 1 年生 d≥0.6cm H≥60cm		连续3年中耕锄草（3、2、1）	10、11、12、15、16、17
20	侧柏与刺槐混交模式（32）	坡地鱼鳞坑整地 80cm×60cm×40cm 平地穴状整地 60cm×60cm×60cm	生态林	带状混交 一般2~3行为一带 1.5m×4m	
		侧柏 刺槐		栽后用石块覆盖或覆膜 ABT 生根粉和保水剂等蘸根处理	
		侧柏2年生大规格容器苗 刺槐 D≥0.8cm 根系发达的健壮苗		连续2年松土除草 数株苗木生长在一起的应3年内定株	10、11、12、14、15、16、17
21	杜松与椴树混交模式（37）	鱼鳞坑整地 80cm×60cm×40cm 品字形排列	生态林 用材林	1:1 带状混栽 4行一带 株行距2m×2m	
		杜松 椴树		植苗 ABT 生根粉或根宝速蘸或打泥浆	
		杜松 H=30~40cm d≥0.4cm 椴树 H=25~30cm d≥0.5cm		中耕除草（2、2、1）追肥 2 次/年 以 NP 肥为主 80kg/亩	10、11、12、15、16、17

续表

序号	模式名称及模式号	整地方式		建设目标	配置形式	典型图式
		栽植树种			栽植要点	
		苗木规格			管护要点	适宜立地类型号
22	杜松与华北驼绒藜等混交模式(38)	鱼鳞坑整地 80cm×60cm×40cm 穴状整地 60cm×60cm×60cm 品字形排列		生态林	1:1 带状混栽 4 行一带 株行距 2m×2m	
		杜松 华北驼绒藜 蒙古莸 四翅滨藜			春季植苗 ABT 生根粉或根宝速蘸或打泥浆	
		杜松 H=30~40cm d≥0.4cm 华北驼绒藜 H=25~30cm d≥0.5cm			中耕除草（2、2、1）收割枝叶年 2 次/年 华北驼绒藜嫩枝叶作饲料 追肥 2 次/年 以 NP 肥为主 80kg/亩	10、11、12、15、16、17
23	杜松与天然黄刺梅混交模式(39)	鱼鳞坑整地杜松 80cm×60cm×40cm 黄刺玫 60cm×60cm×60cm 品字形排列		生态林	带状或行间混交 杜松株行距 1.5m×3m 保留自然分布的黄刺玫	
		杜松 黄刺梅			杜松植苗 黄刺玫分株 压条或埋根造林 ABT 生根粉或保水剂等蘸根处理	
		杜松 1~2 年生苗			中耕除草（2、2、1）	10、11、12、15、16、17
24	杜松与油松混交模式(40)	鱼鳞坑整地 80cm×60cm×40cm 穴状整地 50cm×50cm×40cm 品字形排列		生态林 用材林	1:1 带状混栽 4 行一带 株行距 2m×2m	
		杜松 油松			植苗 ABT 生根粉或根宝速蘸或打泥浆	
		杜松 H=30~40cm d≥0.4cm 油松 H=25~30cm d≥0.5cm			中耕除草（2、2、1）追肥 2 次/年 以 NP 肥为主	10、11、12、15、16、17
25	杨树造林模式(45)	穴状整地 100cm×100cm×80cm		生态林 用材林	片状 块状 3m×4m	
		杨树			植苗 浇水 覆盖塑膜 基肥有机肥 25~30kg/穴	
		H>4.0m d>3cm 的 2 年生根 1 年生干苗木			中耕除草（2、1）浇水（2、1）	18

续表

序号	模式名称及模式号	整地方式 栽植树种 苗木规格	建设目标	配置形式 栽植要点 管护要点	典型图式 适宜立地类型号
26	刺槐与紫花苜蓿复合经营模式(68)	坡地鱼鳞坑整地80cm×60cm×40cm 川、垣地穴状整地50cm×50cm×40cm 品字形排列	生态林 用材林	行间混交 刺槐株行距2m×3m 行间间作4行紫花苜蓿 紫花苜蓿行距0.5m	
		刺槐 紫花苜蓿		刺槐 栽前平茬至10~15cm ABT生根粉速蘸或打泥浆 栽后根部堆土15~20cm 紫花苜蓿 条播	
		刺槐 d > 0.8cm 的1年生健壮苗		中耕除草 三年内2次/年 收割枝叶 割取紫花苜蓿嫩枝叶作饲料 追肥 紫花苜蓿2次/年 以NP肥为主80kg/亩	10、11、12、15、16、17
27	核桃平、川、垣经营模式(76)	大穴整地100cm×100cm×100cm	经济林	2~3个品种按(2~3):1隔行混栽 株行距3m×5m 幼林间作矮杆作物	
		核桃		截干植苗 三埋两踩一提苗 底肥农家肥1500kg/亩	
		播种2年生Ⅰ级嫁接苗		中耕除草4次 追肥:每年2次,厩肥:NPK=20:1,1125kg/亩 浇水:每年2次 修剪:每年1次	14
28	核桃林农复合经营模式(77)	大穴整地100cm×100cm×100cm	经济林	2~3个品种按(2~3):1隔行混栽 株行距3m×(10~15)m 长期间作矮杆作物	
		核桃		底肥:农家肥750~1100kg/亩;截干植苗,三埋两踩一提苗	
		播种2年生Ⅰ级嫁接苗		中耕除草4次/年 追肥2次/年 厩肥:NPK=20:1550kg/亩 浇水1次/年 修剪1次/年	14

续表

序号	模式名称及模式号	整地方式		建设目标	配置形式	典型图式
		栽植树种			栽植要点	
		苗木规格			管护要点	适宜立地类型号
29	梨树平、川、垣经营模式（94）	水平沟整地 宽100cm×深100cm		经济林	2个品种按（2～4）：或2:2隔行混栽 株行距3m×4m 幼林间作矮杆作物	
		梨			截干植苗 三埋两踩一提苗 底肥 农家肥2750kg/亩	
		2年生Ⅰ级嫁接苗			中耕除草4次/年 追肥2次/年 厩肥：NPK＝20:1 1375kg/亩 浇水 每年3次 修剪1次/年	14
30	苹果片林经营模式（104）	穴状整地 100cm×100cm×100cm		经济林	1～2个品种主栽按（1～8）:1配置授粉树 株行距3m×4m 幼林间作矮杆作物	
		苹果			基肥：20kg/株；春、秋季植苗，以春季为好，ABT生根粉、保水剂等蘸根处理	
		H＝100cm d＝1.0cm的Ⅰ级嫁接苗			中耕除草（2、2、1）追肥 NP肥1.0kg/株	18
31	翅果油片林经营模式（137）	穴状整地 50cm×50cm×30cm		经济林	株行距2m×2m	
		翅果油			植苗（平埋压苗）ABT生根粉 施肥	
		H＝50cm d＝0.5cm的2年生苗			中耕除草（2、2、1）	9、12、13、14、16、17
32	杏树林药复合经营模式（147）	穴整地 100cm×100cm×100cm		经济林	2品种按（2～4）:1隔行混栽 株行距3m×4m 幼林间作药草	
		杏树			底肥：农家肥2750kg/亩；三埋两踩一提苗	
		2年生Ⅰ级嫁接苗			中耕除草3次/年 追肥2次/年 厩肥：NPK＝20:1600kg/亩 修剪2次/年	14

续表

序号	模式名称及模式号	整地方式	建设目标	配置形式	典型图式
		栽植树种		栽植要点	
		苗木规格		管护要点	适宜立地类型号
33	枣树林农复合经营模式（152）	水平沟整地 100cm×80cm	经济林	1~2 品种按 1:1 或 2:2 隔行混栽 株行距2.5m×（8~10）m 长期间作矮杆作物	
		枣树		底肥：农家肥 1350~1650kg/亩；截干植苗，三埋两踩一提苗	
		播种 2 年生 I 级嫁接苗		中耕除草 4 次/年 追肥 2 次/年 厩肥：NPK = 20:1 675~875kg/亩 浇水 2~3 次/年 修剪 1 次/年	14
34	枣树片林经营模式（153）	水平沟整地 100cm×80cm	经济林	1~2 品种按 1:1 或 2:2 隔行混栽 株行距2.5m×4m	
		枣树		截干植苗 三埋两踩一提苗 底肥 农家肥 3500kg/亩	
		2 年生嫁接苗		中耕除草 4 次/年 追肥 2 次/年 厩肥：NPK = 20:1 1750kg/亩 浇水 2~3 次/年 修剪 1 次/年	14

忻太盆地立地亚区（Ⅳ-G）造林模式适宜立地类型检索表

序号	模式名称及模式号	整地方式	建设目标	配置形式	典型图式
		栽植树种		栽植要点	
		苗木规格		管护要点	适宜立地类型号
1	油松与牧草混交模式（11）	坡地用鱼鳞坑 80cm×60cm×40cm 梯田用穴状整地 60cm×60cm×60cm	生态林	行间混交 2m×3m	
		油松 间作紫花苜蓿 红豆草 小冠花等豆科牧草		直接栽植	
		1~2 年生容器苗或移植容器苗 1 级		连续 3 年中耕锄草（3、2、1）	2、3、6、7、8

序号	模式名称及模式号	整地方式	建设目标	配置形式	典型图式
		栽植树种		栽植要点	
		苗木规格		管护要点	适宜立地类型号
2	油松与连翘混交模式(12)	坡地鱼鳞坑整地油松 80cm×60cm×40cm 连翘 50cm×40cm×30cm 垣地穴状或小穴状整地 油松 50cm×50cm×40cm 连翘 30cm×30cm×30cm	生态林	1 行油松 3m×4m 2 行连翘 1m×2m	
		油松 连翘		直接栽植	
		油松 2 年生大规格容器苗 连翘 2 年生苗		连续 3 年中耕锄草（3、3、3）	1、2、3、6、7
3	油松与沙棘混交模式(15)	油松鱼鳞坑整地 80cm×60cm×40cm 沙棘穴状 40cm×40cm×30cm 品字形排列	生态林	带状混交 油松 2m×4m 沙棘 1m×1m	
		油松 沙棘		油松栽前用 ABT 生根粉浸根或用泥浆蘸根 沙棘可截杆造林再覆膜	
		油松 2 年生留床苗 d≥0.4cm H≥12cm 沙棘 1 年生 d≥0.6cm H≥60cm		连续 3 年中耕锄草（3、2、1）	2、4、5、6、7、8、9
4	油松与山桃（山杏）混交模式(16)	坡地鱼鳞坑整地油松 80cm×60cm×40cm 山桃山杏 50cm×40cm×30cm 平地穴状整地 油松 50cm×50cm×40cm 山桃山杏 30cm×30cm×30cm	生态林	带状（4 行油松 1 行山桃或山杏）混交 油松 1.5m×4m 山桃、山杏 2m×20m	
		油松 山桃 山杏		用 ABT 生根粉浸根或用保水剂蘸根处理	
		油松 2 年以上合格壮苗或移植苗（1-1）山桃山杏用合格壮苗或种子直播		连续 3 年中耕锄草（3、2、1）	2、3、4、6、7、8、9

序号	模式名称及模式号	整地方式	建设目标	配置形式	典型图式
		栽植树种		栽植要点	
		苗木规格		管护要点	适宜立地类型号
5	油松与山杨混交模式（17）	鱼鳞坑整地 80cm×60cm×40cm 品字形排列	生态林	带状 块状混交 3～5 行一带 2m×2m 或 4m×2m	
		油松 山杨		油松直接栽植 山杨截杆苗造林	
		油松用 2 年生容器苗 山杨采取天然或人工促进天然更新		连续 2 年松土除草 山杨平茬 断根促进更新	3、5、6、7、8、9
6	油松与天然灌木混交模式（19）	鱼鳞坑整地 80cm×60cm×40cm 品字形排列	生态林	3m 内坡面保留天然灌木树种 2cm×3cm	
		油松 天然灌木		直接栽植 栽后就地取碎石片覆盖	
		油松以 2 年生大规格容器苗为宜 根系发达的健壮苗		连续 3 年中耕锄草（3、2、1）	2、3、4、5、8、9
7	油松与元宝枫混交模式（20）	鱼鳞坑整地 80cm×60cm×40cm 品字形排列	生态林	带状或块状或行间混交 2m×3m	
		油松 元宝枫		元宝枫（五角枫）采用截杆造林	
		2 年生 H=1.2～1.5m		连续 3 年中耕锄草（3、2、1）栽植当年越冬掩盖	2、3、4、5、6、7、8、9
8	油松（樟子松）与五角枫混交模式（22）	鱼鳞坑整地 80cm×60cm×40cm 或穴状整地 60cm×60cm×60cm 品字形排列	生态林	针阔带状混交 油松 五角枫 2m×3m 樟子松 2.5m×3m	
		油松 樟子松 五角枫		用 ABT 生根粉浸根或用保水剂蘸根处理	
		油松 2 年以上合格状苗或移植苗（1-1）樟子松移植苗（2-1）五角枫 1 年生 d≥0.8cm		连续 3 年中耕锄草（3、2、1）	3、4、6、7、8、9

续表

序号	模式名称及模式号	整地方式	建设目标	配置形式	典型图式
		栽植树种		栽植要点	
		苗木规格		管护要点	适宜立地类型号
9	油松（樟子松）与刺槐混交模式（23）	鱼鳞坑整地 80cm×60cm×40cm 或穴状整地 60cm×60cm×60cm 品字形排列	生态林	针阔带状混交 油松、刺槐 2m×3m 樟子松 2.5m×3m	
		油松 樟子松 刺槐		用 ABT 生根粉浸根或用保水剂蘸根处理	
		油松 2 年以上合格壮苗或移植苗（1-1）樟子松移植苗（2-1）刺槐 d≥0.8cm		连续 3 年中耕锄草（3、2、1）	3、6、7、8、9
10	油松（侧柏）与山桃（山杏）混交模式（24）	鱼鳞坑整地 80cm×60cm×40cm 品字形排列	生态林	带状或行间混交 株行距 2m×3m	
		油松（侧柏）山桃（杏）		栽前用 ABT 生根粉浸根或用保水剂蘸根处理	
		乔以 2 年生大规格容器苗为宜 灌用 2 年生播种苗		连续 3 年中耕锄草（3、2、1）	3、4、6、7、9
11	侧柏与臭椿混交模式（31）	鱼鳞坑整地 80cm×60cm×40cm 或穴状整地 60cm×60cm×60cm	生态林	带状 块状或行间混交 2m×2m	
		侧柏 臭椿		臭椿以早春和晚秋栽植为宜 春季带杆栽植宜迟不宜早	
		侧柏 2 年生容器苗 臭椿 1 年生苗		连续 3 年松土除草 栽植当年越冬掩盖	3、4、7、8、9、10
12	侧柏与刺槐混交模式（32）	坡地鱼鳞坑整地 80cm×60cm×40cm 平地穴状整地 60cm×60cm×60cm	生态林	带状混交 一般 2～3 行为一带 1.5m×4m	
		侧柏 刺槐		栽后用石块覆盖或覆膜 ABT 生根粉和保水剂等蘸根处理	
		侧柏 2 年生大规格容器苗 刺槐 D≥0.8cm 根系发达的健壮苗		连续 2 年松土除草 数株苗木生长在一起的应 3 年内定株	3、6、7、10

序号	模式名称及模式号	整地方式	建设目标	配置形式	典型图式
		栽植树种		栽植要点	
		苗木规格		管护要点	适宜立地类型号
13	侧柏与柠条混交模式（33）	坡地鱼鳞坑整地侧柏80cm×60cm×40cm 柠条50cm×40cm×30cm 平地穴状整地侧柏50cm×50cm×40cm 柠条30cm×30cm×30cm	生态林	带状或行间混交 乔1.5m×6m 灌1m×6m	
		侧柏 柠条		栽后用石块覆盖或覆膜 ABT生根粉和保水剂等蘸根处理 宁条播种 植苗均可	
		侧柏以2年生大规格容器苗为宜 柠条播种或d≥0.3cm根系发达的健壮苗		连续2年松土除草 栽植当年越冬掩盖	2、3、4、6、8
14	侧柏与沙棘混交模式（34）	侧柏鱼鳞坑整地80cm×60cm×40cm 沙棘穴状整地40cm×40cm×30cm 品字形排列	生态林	带状或行间混交1m×3m	
		侧柏 沙棘		栽前用ABT生根粉浸根或用泥浆蘸根 沙棘可截杆造林再覆膜	
		侧柏2年生 d≥0.4cm H≥30cm 沙棘1年生 d≥0.6cm H≥60cm		连续3年中耕锄草（3、2、1）	2、3、4、6、7、8、10
15	侧柏（杜松）与天然灌木混交模式（36）	鱼鳞坑整地80cm×60cm×40cm 品字形排列	生态林	自然混交 3m内坡面保留天然灌木树种2m×3m	
		侧柏 杜松 天然灌木		春季 雨季 秋季均可造林 栽后就地取石碎片覆盖	
		侧柏2年生大规格容器苗 柠条播种或d≥0.5cm根系发达的健壮苗		连续3年中耕锄草 5月中旬与8月中旬为宜	3、4、10
16	圆柏造林模式（41）	穴状整地50cm×50cm×30cm	生态林 风景林	株行距1.5m×2m	
		圆柏		带土球随挖随栽 ABT生根粉或保水剂等蘸根处理	
		2年生苗		中耕除草（2、2、1）	3、4、5、6、7、9

续表

序号	模式名称及模式号	整地方式	建设目标	配置形式	典型图式
		栽植树种		栽植要点	
		苗木规格		管护要点	适宜立地类型号
17	杨树（柳树）与沙棘（柠条）混交模式(44)	穴状整地 60cm × 60cm × 60cm	生态林	乔灌带状或行间混交 乔 3m×6m 灌 1m×6m	
		杨树 柳树 柠条 沙棘		栽前可用 ABT 生根粉速蘸或打泥浆	
		乔 D≥3cm 灌用容器苗或合格种子		连续 3 年中耕锄草 每年 1 次	2、3、5、6、7、8、9、10、11
18	杨树造林模式(45)	穴状整地 100cm × 100cm × 80cm	生态林 用材林	片状 块状 3m×4m	
		杨树		植苗 浇水 覆盖塑膜 基肥有机肥 25～30kg/穴	
		H＞4.0m d＞3cm 的 2 年生根 1 年生干苗木		中耕除草（2、1）浇水（2、1）	1、3、5、6、7、8、9、10、11
19	杨树与刺槐混交模式(46)	杨树穴状整地 80cm×80cm×60cm 刺槐穴状整地 50cm×50cm×40cm	生态林 用材林	带状或行间混交 株行距 杨树 3m×6m 刺槐 2m×6m	
		杨树 刺槐		植苗 刺槐栽后根茎以上覆土 1.0cm 覆地膜	
		杨树 H＞3.5m d＞3.0cm 的 2 年根 1 年干苗 刺槐 H＞1.5m d＞1.5cm 的 1 年生实生苗		松土除草及整穴（2、1）除萌及抹芽 刺槐留一健壮直立枝条培养主茎 平茬 枯梢严重时秋季平茬	1、2、3、5、6、7、8、9、10、11
20	杨树林农复合经营模式(50)	穴状整地 80cm × 80cm × 60cm 品字形排列	生态林 用材林	杨树两行一带 带间距 8m 株行距（2～3）m×（2～3）m 带间套种低杆作物	
		杨树（新疆杨 毛白杨 速生杨）		植苗 ABT 生根粉速蘸或打泥浆 施足底肥	
		杨树 H≥3.0m D 径≥3cm		中耕除草(1～2、1～2、1～2)浇水（2～3）追肥 2 次/年 NP 肥为主 0.5kg/株	3、5、6、7、8、9、10、11

序号	模式名称及模式号	整地方式	建设目标	配置形式	典型图式
		栽植树种		栽植要点	
		苗木规格		管护要点	适宜立地类型号
21	杨树与紫花苜蓿林草复合经营模式（51）	穴状整地 杨树60cm×60cm×60cm 品字形排列 紫花苜蓿全面整地	生态林用材林	杨树两行一带 带间距8m 株行距2m×2m 带间套种紫花苜蓿	
		杨树（新疆杨 毛白杨 速生杨）紫花苜蓿		杨树植苗 ABT生根粉速蘸或打泥浆 紫花苜蓿撒种 施足底肥	
		杨树H≥3.0m D≥3cm		中耕除草（1~2、1~2、1~2）浇水（2~3）追肥2次/年 NP肥为主0.5kg/株或50kg/亩 割取枝叶 紫花苜蓿2次/年	2、3、5、6、7、9
22	中南部农田防护林针阔混交模式（52）	穴状整地 80cm×80cm×60cm 品字形排列	防护林带	带状混交 主林带2行 外行毛白杨（刺槐）内行条桧（侧柏）副林带1行毛白杨 株行距3m×2m	
		毛白杨（刺槐）条桧（侧柏）		植苗 ABT生根粉速蘸或打泥浆	
		毛白杨H≥3.0m D≥3cm 刺槐d＞0.8cm 条桧（侧柏）H≥1.5m		中耕除草（1~2、1~2、1~2）浇水（2~3）追肥2次/年 NP肥为主0.5kg/株	6、7、8
23	农田林网及行道树造林模式（53）	穴状整地 100cm×100cm×80cm	生态林用材林	一带两行 株行距2m×（3~8）m	
		三倍体毛白杨 欧美杨107 中金杨 中林46 欧美杨84		植苗 浇水 覆盖塑膜 基肥有机肥25~30kg/穴	
		H＞4.0m d＞3.0cm的2年生根1年生干苗木		中耕除草（2、1）浇水（2、1）	5、6、7、8、9、10、11

序号	模式名称及模式号	整地方式	建设目标	配置形式	典型图式
		栽植树种		栽植要点	适宜立地类型号
		苗木规格		管护要点	
24	杨柳滩涂地造林模式(54)	穴状整地 60cm × 60cm × 60cm 品字形排列	生态林 用材林	片林 株行距2m×4m	
		三倍体毛白杨 漳河柳 旱柳 垂柳		植苗 ABT 生根粉速蘸或打泥浆 施足底肥	
		三倍体毛白杨苗 H≥3.0m D≥3cm		中耕除草(1~2、1~2、1~2) 浇水(2~3) 追肥一年2次，以NP肥为主，0.5kg/株	5、8、9、10、11
25	青杨与紫穗槐混交模式(55)	穴状整地 60cm × 60cm × 50cm	生态林	带状或行间混交 株行距 青杨3m×4m 紫穗槐1m×4m	
		青杨 紫穗槐		植苗 修剪根系和梢头 春季栽植需浇水	
		青杨2年生大苗 紫穗槐1年生苗		中耕除草（2、1）修枝及定干 青杨树冠占全树的1/2 平茬 紫穗槐第二年后进行	2、3、5、6、7、8、9、10、11
26	垂柳与紫穗槐护岸林模式(57)	穴状整地 柳树 80cm × 80cm ×60cm 紫穗槐50cm×50cm×40cm	生态林	带状混交（4行：4行）株行距 柳树2m×2m 紫穗槐1m×2m	
		柳树 紫穗槐		植苗或播种 ABT 生根粉 根宝等催芽或蘸根处理	
		柳树 H≥2.5m d≥3cm 紫穗槐当年采收的合格种子		中耕除草（2、2、1）割条2次/年 夏沤肥 秋编织 追肥2次/年 NP肥为主100kg/亩	5、7、8、9、10、11

序号	模式名称及模式号	整地方式	建设目标	配置形式	典型图式
		栽植树种		栽植要点	
		苗木规格		管护要点	适宜立地类型号
27	中南部农田防护林乔灌混交模式（58）	穴状整地 乔木 80cm × 80cm ×60cm 灌木 50cm × 50cm × 40cm 品字形排列	生态林	带状混交 主林带2行 外行旱柳 内行沙棘 副林带1行旱柳 株行距 乔木 3m ×2m 灌木 1.5m×2m	
		旱柳（漳河柳 白蜡）沙棘（紫穗槐）		植苗 ABT 生根粉速蘸或打泥浆	
		旱柳（漳河柳、白蜡）H≥3.0m D≥3cm 沙棘（紫穗槐）1 年生苗		中耕除草（1～2、1～2、1～2）浇水（2～3）追肥 2 次/年 NP 肥为主 0.5kg/株	6、7、8、9
28	白榆造林模式（59）	穴状整地 50cm × 50cm × 50cm	生态林 用材林	片林 株行距 1.5m×2m 幼林间作矮杆作物	
		白榆		植苗 ABT 生根粉 保水剂等蘸根处理	
		H≥1.5m d=1～4cm 的 2 年生 I II 苗		中耕除草（2、2、1）	1、2、3
29	臭椿造林模式（62）	穴状整地 50cm × 50cm × 50cm	生态林 用材林	片林 株行距 1.5m×2m 幼林间作矮杆作物	
		臭椿		植苗 ABT 生根粉或根宝速蘸或打泥浆	
		H=1.0m d=1.5cm 的截干苗		连续 3 年中耕锄草（2、2、1）	3、4、10、11
30	臭椿与刺槐混交模式（63）	鱼鳞坑整地 80cm × 60cm × 40cm 品字形排列	生态林 用材林	带状或行间混交 株行距 1.5m×2m	
		臭椿 刺槐		植苗 ABT 生根粉或根宝速蘸或打泥浆	
		臭椿 H≥1m d>1.5cm 的 2 年生苗 刺槐 H≥1m d>0.8cm 的 1～2 年生健壮苗		幼林抚育（2、2、1）	3、4、10、11

序号	模式名称及模式号	整地方式	建设目标	配置形式	典型图式
		栽植树种		栽植要点	
		苗木规格		管护要点	适宜立地类型号
31	刺槐造林模式 (64)	鱼鳞坑整地 80cm×60cm×40cm 品字形排列	生态林 用材林	株行距 2m×3m	
		刺槐		截干栽植 苗根蘸保水剂 苗干上覆土 1.0cm 穴上覆盖塑料膜	
		H=1.5m d=1.5cm 的截干苗		抹芽除萌 萌芽时将塑膜开洞 萌条长到 30cm 时留一健壮直立者 其余抹去 并及时除萌 松土除草及整穴 第一年 2 次 第二年 1 次	1、2、3、6、7、10、11
32	刺槐与沙棘混交模式 (65)	穴状整地 50cm×50cm×50cm 品字形排列	生态林	带状混交 4 行一带 株行距 刺槐 2m×2m 沙棘 1m×1m	
		刺槐 沙棘		刺槐栽前平茬至 10~15cm ABT 生根粉速蘸或打泥浆	
		刺槐 H=1m d>0.8cm 的 1~2 年生苗 沙棘 d>0.5cm 的 1 年生健壮苗		中耕除草 2 次/年 追肥 2 次/年	2、3、4、6、7、10、11
33	刺槐与四翅滨藜混交模式 (66)	坡地鱼鳞坑整地 80cm×60cm×40cm 川、垣地穴状整地 50cm×50cm×40cm 品字形排列	生态林	带状混交 4 行一带 株行距 2m×2m	
		刺槐 四翅滨藜		刺槐栽前平茬至 10~15cm ABT 生根粉速蘸或打泥浆 栽后根部堆土 15~20cm	
		刺槐 d>0.8cm 的 1 年生苗 四翅滨藜 d>0.5cm 的一年生健壮苗		中耕除草 2 次/年 收割枝叶 四翅滨藜割取嫩枝叶作饲料 追肥 2 次/年 以 NP 肥为主 80kg/亩	3、4

序号	模式名称及模式号	整地方式	建设目标	配置形式	典型图式
		栽植树种		栽植要点	
		苗木规格		管护要点	适宜立地类型号
34	刺槐（白榆）与其他乔灌混交模式（67）	穴状 60cm×60cm×60cm	生态林	块状或与其他乔灌带状混交 2m×（3~4）m	
		刺槐 白榆		栽前可用 ABT 生根粉速蘸或打泥浆	
		d≥0.8		连续 3 年中耕锄草 每年 1 次	3、6、7、10、11
35	核桃梯田经营模式（73）	大穴整地 100cm×100cm×100cm	经济林	2~3 个品种 1:1 或 1:1:1 隔行混栽 株行距 3m×5m（晚实）3m×4m（早实）幼林间作矮杆作物	
		核桃		植苗 三埋两踩一提苗 底肥 农家肥 2750kg/亩	
		2 年生 I 级嫁接苗		中耕除草 3 次/年 追肥 2 次/年 厩肥：NPK = 20:11000kg/亩 浇水 2 次/年 修剪 1 次/年	2、3
36	核桃林农复合经营模式（77）	大穴整地 100cm×100cm×100cm	经济林	2~3 个品种按（2~3）:1 隔行混栽 株行距 3m×（10~15）m 长期间作矮杆作物	
		核桃		底肥：农家肥 750~1100kg/亩；截干植苗，三埋两踩一提苗	
		播种 2 年生 I 级嫁接苗		中耕除草 4 次/年 追肥 2 次/年 厩肥：NPK = 20:1550kg/亩 浇水 1 次/年 修剪 1 次/年	1、6、7、9

续表

序号	模式名称及模式号	整地方式		建设目标	配置形式	典型图式
		栽植树种			栽植要点	
		苗木规格			管护要点	适宜立地类型号
37	核桃与花椒地埂经营模式（78）	穴状整地 60cm × 60cm × 60cm		经济林	隔行混栽 每一梯田内行核桃 外行花椒 株距 核桃 3m 花椒 2m 幼林间作矮杆作物	
		核桃 花椒			截干植苗 三埋两踩一提苗 底肥 农家肥 2000kg/亩	
		播种 1 年生 I 级扦插苗			中耕除草 4 次/年 追肥 2 次/年 厩肥：NPK = 20：1 3000kg/亩 浇水 3 次/年 修剪 2 次/年	3
38	花椒地埂经营模式（85）	穴状整地 80cm × 80cm × 80cm 品字形排列		经济林	株距 3m 行距随地块大小而定 行间混交各种农作物	
		花椒			植苗（平埋压苗） ABT 生根粉 保水剂等蘸根处理 基肥 10kg/株	
		H = 86cm d = 0.5cm 的 1 年生 I 级播种苗			中耕除草（2、2、1） 追肥 NP 复合肥 0.5kg/株	2、3
39	花椒梯田经营模式（88）	穴状整地 80cm × 80cm × 80cm 品字形排列		生态林经济林	2 个品种按 4：4 或 5：5 混栽或单一品种栽植 株行距 2m × 4m 幼林间作矮杆作物	
		花椒			截干植苗 三埋两踩一提苗	
		1 年生 I 级播种苗			中耕除草 4 次/年 追肥 2 次/年 厩肥：NPK = 20：1 3000kg/亩 浇水 3 次/年 修剪 2 次/年	2、3

序号	模式名称及模式号	整地方式	建设目标	配置形式	典型图式
		栽植树种		栽植要点	
		苗木规格		管护要点	适宜立地类型号
40	火炬树造林模式(91)	穴状整地 50cm × 50cm × 30cm 品字形排列	生态林 风景林	纯林 株行距2m×3m	
		火炬树		山地截干造林 道路及村镇等带干造林 及时浇水	
		根系完整的1年生苗		中耕除草（2、2、1）	2、3、4、5、6、7、8、9、10、11
41	梨树平、川、垣经营模式(94)	水平沟整地 宽 100cm × 深 100cm	经济林	2个品种按（2~4）:2 或 2:2 隔行混栽 株行距 3m ×4m 幼林间作矮杆作物	
		梨		截干植苗 三埋两踩一提苗 底肥 农家肥2750kg/亩	
		2年生Ⅰ级嫁接苗		中耕除草4次/年 追肥2次/年 厩肥：NPK=20:11375kg/亩 浇水 每年3次 修剪1次/年	1、6、7
42	李树经营模式(95)	穴状整地 100cm × 100cm × 80cm 品字形排列	经济林	2~3个品种按（2~3）:1 隔行混栽 株行距 3m × 4m 幼林间作矮杆作物	
		李树		植苗 ABT生根粉 保水剂等蘸根处理 基肥 20kg/株	
		H＝100cm d＝1.0cm 的1~2年生Ⅰ级嫁接苗		中耕除草3次/年 追肥3年生以上 NP 复合肥 1.0kg/株	2、3、7

续表

序号	模式名称及模式号	整地方式		建设目标	配置形式	典型图式
		栽植树种			栽植要点	
		苗木规格			管护要点	适宜立地类型号
43	柠条与山杏混交模式（102）	鱼鳞坑整地 50cm×40cm×30cm 品字形排列		生态林 经济林	带状或块状混交 株行距 2m×2m	
		柠条 山杏			柠条播种 15~20 粒/穴 山杏截干植苗 ABT 生根粉 保水剂等蘸根处理 山杏农家肥 400kg/亩	
		柠条当年采收的合格种子 山杏 d>1cm 的 1~2 年生健壮苗			中耕除草（1~2、1~2、1~2）平茬 柠条三年后平茬复壮 追肥 2 次/年 NP 肥为主 80kg/亩	2、3、4、6
44	苹果片林经营模式（104）	穴状整地 100cm×100cm×100cm		经济林	1~2 个品种主栽按（1~8）:1 配置授粉树 株行距 3m×4m 幼林间作矮杆作物	
		苹果			基肥：20kg/株；春、秋季植苗，以春季为好，ABT 生根粉、保水剂等蘸根处理	
		H=100cm d=1.0cm 的 I 级嫁接苗			中耕除草（2、2、1）追肥 NP 肥 1.0kg/株	1、2、6、7
45	葡萄平、川、垣经营模式（106）	水平沟整地 宽 100cm×深 100cm		经济林	2 个品种按（2~4）:1 隔行混栽 株行距 1.5m×2m 幼林间作矮杆作物	
		葡萄（红提 黑提 红地球）			截干植苗 三埋两踩一提苗 底肥 农家肥 5500kg/亩	
		1 年生 I 级扦插苗			中耕除草 4 次/年 追肥 2 次/年 厩肥：NPK=20:1 3000kg/亩 浇水每年 3 次 修剪 2 次/年	1、6、7

序号	模式名称及模式号	整地方式	建设目标	配置形式	典型图式
		栽植树种		栽植要点	
		苗木规格		管护要点	适宜立地类型号
46	仁用杏片林经营模式（109）	穴状整地 80cm × 80cm × 80cm 品字形排列	经济林	2 品种按（1～2）∶1 隔行混栽 株行距 3m×4m 幼林间作矮杆作物	
		仁用杏		植苗 ABT 生根粉 保水剂等蘸根处理 基肥农家肥 20kg/株	
		H＝100cm d＝1.0cm 的 1～2 年生 I 级嫁接苗		中耕除草 3 次/年 追肥 3 年生以上 NP 复合肥 1.0kg/株	1、2、3、7
47	仁用杏林农复合经营模式（110）	穴状整地 80cm × 80cm × 80cm	经济林	2 品种按（1～4）∶1 行内混栽 株行距 3m×（8～15）m 行间混交矮杆农作物	
		仁用杏		植苗 ABT 生根粉 保水剂等蘸根处理 基肥（农家肥 20kg + 钙镁磷肥 1kg）/株	
		H＝100cm d＝1.0cm 的 1～2 年生 I 级嫁接苗		中耕除草 3 次/年 追肥 3 年生以上 NP 复合肥 1.0kg/株	1、3、6、7
48	沙棘、柠条、沙桑、紫穗槐混交模式（124）	穴状整地 40cm × 40cm × 30cm	生态林	块状或带状混交 3m×1m	
		沙棘 柠条 沙桑 紫穗槐		植苗或播种能截杆造林的可截杆造林	
		合格壮苗或经检验合格的种子		柠条播种后 3 年平茬 连续 3 年中耕锄草（3、2、1）	1、3、5、6、7、8、9、10、11
49	山杏林牧复合经营模式（126）	水平沟整地 宽 80cm × 深 60cm	经济林	山杏株行距 3m×（6～7）m 长期混交豆科牧草	
		山杏		三埋两踩一提苗 底肥 P 肥 100kg/亩	
		1～2 年生 I 级实生苗		中耕除草 2 次/年 追肥 2 次/年 厩肥∶N∶P∶K＝1∶2∶1 50kg/亩 修剪 2 次/年	1、3、4、6、7

续表

序号	模式名称及模式号	整地方式 / 栽植树种 / 苗木规格	建设目标	配置形式 / 栽植要点 / 管护要点	典型图式 / 适宜立地类型号
50	山杏与侧柏混交模式（127）	穴状整地 60cm × 60cm × 50cm	生态林 经济林 用材林	带状混交　山杏：侧柏＝1:4　山杏株距3m　侧柏株行距2m×2m	
		山杏　侧柏		植苗　ABT 生根粉　保水剂等蘸根处理　基肥　山杏（农家肥 10kg + 钙镁磷肥 1.0kg）/株	
		山杏 H = 85cm d = 0.8cm 的 1 年生 I 级实生苗　侧柏 H = 40cm d = 0.5cm 的 2 年生实生苗		中耕除草 3 次/年　追肥 3 年生以上 NP 肥各 1.0kg/株	3、6
51	山杏与连翘经营模式（128）	穴状整地　山杏 60cm × 60cm ×50cm　连翘 50cm × 50cm × 40cm	经济林	带状混交　山杏：连翘＝1:4　山杏株距3m　连翘株行距2m×1.5m	
		山杏　连翘		植苗　ABT 生根粉　保水剂等蘸根处理　基肥　山杏（农家肥 5kg + 钙镁磷肥 0.5kg）/株	
		山杏 H = 85cm d = 0.8cm 的 1 年生实生苗　连翘 H = 40cm d = 0.5cm 的 1 年生实生苗		中耕除草（2、2、1）追肥 3 年生以上 NP 肥各 1.0kg/株	2、3、6
52	桎柳与紫穗槐盐碱地造林模式（136）	穴状 40cm×40cm×30cm	生态林	块状或带状混交1m×3m	
		桎柳　紫穗槐		植苗或播种　用 ABT 生根粉或根宝催芽或蘸根处理	
		合格苗木或经检验合格的种子		柠条播种后 3 年平茬　连续 3 年中耕锄草（3、2、1）	8、9、10、11

续表

序号	模式名称及模式号	整地方式	建设目标	配置形式	典型图式
		栽植树种		栽植要点	
		苗木规格		管护要点	适宜立地类型号
53	果园防护林带造林模式（140）	规范整地	生态林	乔木林围经济林 带状或块状混交	
		杨树 樟子松等		用 ABT 生根粉浸根或用保水剂蘸根处理	
		生态林使用合格苗木 经济林使用优种成品合格壮苗		连续 3 年中耕锄草（3、2、1）	1、3、6、7
54	四翅滨藜造林模式（143）	穴状整地 50cm × 50cm × 40cm 品字形排列	经济林 生态林	株行距 2m×2m	
		四翅 滨藜		植苗 ABT 生根粉速蘸或打泥浆 栽后平茬至 10 ~ 15cm	
		d＞0.5cm 的 1 年生健壮苗		中耕除草 1 ~ 2 次/年 收割枝叶 2 次/年 追肥 2 次/年 NP 肥为主 80kg/亩	3
55	文冠果林牧复合经营模式（144）	水平带状或穴状整地 70cm ×70cm×50cm	生态林 经济林	文冠果株行距 3m × 4m 混交紫花苜蓿等豆科牧草	
		文冠果		栽植 打泥浆 随起随运随栽 栽植以低于根基 3 ~ 7cm 为宜	
		2 年生苗		中耕除草（1~2、1~2、1~2）施肥 1 次/年	2、3、4、6、7、8
56	香椿片林经营模式（145）	穴状整地 50cm × 50cm × 50cm	经济林	株行距 3m×3m	
		香椿		植苗 ABT 生根粉 保水剂等蘸根处理	
		H＞1m d＝1cm 2 年生苗		中耕除草（2、2、1）追肥 除芽截干	2、3、6、7

序号	模式名称及模式号	整地方式	建设目标	配置形式	典型图式
		栽植树种		栽植要点	
		苗木规格		管护要点	适宜立地类型号
57	杏树林农复合经营模式（146）	穴状整地 100cm × 100cm × 100cm	经济林	2 品种按（1～4）：1 混栽 株行距 3m×4m 幼林间作矮杆农作物	
		杏树		植苗 ABT 生根粉 保水剂等蘸根处理 基肥（有机肥 20kg + P 肥 1.0kg）/株	
		H = 100cm d = 1.0cm 的 1～2 年生 I 级嫁接苗		中耕除草 3 次/年 追肥 3 年生以上 NP 复合肥 1.0kg/株	1、2、3
58	杏树林药复合经营模式（147）	穴整地 100cm × 100cm × 100cm	经济林	2 品种按（2～4）：1 隔行混栽 株行距 3m×4m 幼林间作药草	
		杏树		底肥：农家肥 2750kg/亩；三埋两踩一提苗	
		2 年生 I 级嫁接苗		中耕除草 3 次/年 追肥 2 次/年 厩肥：NPK = 20：1600kg/亩 修剪 2 次/年	1、6、7
59	杏树林草复合经营模式（148）	水平沟整地 100m×80cm	生态林 经济林	2 品种按（2～4）：1 隔行混栽 株行距 3m×（6～7）m 长期间作豆科牧草	
		杏树		底肥：农家肥 1200kg/亩；三埋两踩一提苗	
		2 年生 I 级嫁接苗		中耕除草 3 次/年 追肥 2 次/年 厩肥：NPK = 20：1 600kg/亩 修剪 2 次/年	3
60	元宝枫造林模式（151）	坑状整地 80cm × 80cm × 60cm	生态林 经济林 风景林	片林 株行距 2m×5m 或散生栽植	
		元宝枫		栽后覆盖塑膜 基肥有机肥 25kg/穴	
		H = 1.5m d = 1.5cm 的 2 年生根 1 年生干嫁接苗		中耕除草及整穴（2、1）	2、6、8、9

续表

序号	模式名称及模式号	整地方式	建设目标	配置形式	典型图式
		栽植树种		栽植要点	
		苗木规格		管护要点	适宜立地类型号
61	枣树林农复合经营模式（152）	水平沟整地 100cm×80cm	经济林	1~2 品种按 1∶1 或 2∶2 隔行混栽 株行距 2.5m×（8~10）m 长期间作矮杆作物	
		枣树		底肥：农家肥 1350~1650kg/亩；截干植苗，三埋两踩一提苗	
		播种 2 年生Ⅰ级嫁接苗		中耕除草 4 次/年 追肥 2 次/年 厩肥：NPK=20∶1 675~875kg/亩 浇水 2~3 次/年 修剪 1 次/年	1、6、7
62	枣树片林经营模式（153）	水平沟整地 100cm×80cm	经济林	1~2 品种按 1∶1 或 2∶2 隔行混栽 株行距 2.5m×4m	
		枣树		截干植苗 三埋两踩一提苗 底肥 农家肥 3500kg/亩	
		2 年生嫁接苗		中耕除草 4 次/年 追肥 2 次/年 厩肥：NPK=20∶1 1750kg/亩 浇水 2~3 次/年 修剪 1 次/年	1、6、7
63	枣树梯田地梗经营模式（154）	穴状整地 80cm×80cm×80cm	经济林	株行距 2.5m×4m	
		枣树		截干植苗 三埋两踩一提苗 底肥 农家肥 3500kg/亩	
		播种 2 年生Ⅰ级嫁接苗		中耕除草 3 次/年 追肥 2 次/年 厩肥：NPK=20∶1 1000kg/亩 浇水 1~2 次/年 修剪 1 次/年	2、3

续表

序号	模式名称及模式号	整地方式	建设目标	配置形式	典型图式
		栽植树种		栽植要点	
		苗木规格		管护要点	适宜立地类型号
64	紫穗槐与山桃（山杏）混交模式（155）	鱼鳞坑整地 50cm × 40cm × 30cm	生态林 经济林	带状（4 行紫穗槐 1 行山桃或山杏）或块状混交 株行距 紫穗槐 2m×2m 山桃（山杏）2m×10m	
		紫穗槐 山桃（山杏）		植苗或播种 ABT 生根粉 根宝等催芽或蘸根处理	
		当年采收的合格种子		中耕除草（2、2、1）采收果实 秋季收获山杏 追肥 2 次/年 NP 肥为主 80kg/亩	3、4、7、9
65	枸杞与四翅滨藜混交模式（156）	坡地鱼鳞坑整地 80cm×60cm × 40cm 川、垣穴状整地 50cm×50cm×40cm 品字形排列	生态林 经济林	带状（4 行为一带）或块状混交 株行距 2m×3m	
		枸杞 四翅滨藜		植苗 四翅滨藜 ABT 生根粉速蘸或打泥浆 栽后平茬至 10 ~ 15cm	
		H≥30cm d≥0.5cm 的健壮苗		中耕除草（2、2、1）收割枝叶 四翅滨藜 2 次/年 追肥 2 次/年 NP 肥为主 110kg/亩	3、6
66	枸杞片林经营模式（158）	穴状整地 50cm × 50cm × 40cm	生态林 经济林	纯林 株行距 1.5m×3m	
		枸杞（宁杞 1 号 宁杞 2 号 大麻叶）		植苗 ABT 生根粉 保水剂等蘸根处理 基肥（农家肥 20kg + NP 肥 0.5kg）/株	
		H = 50cm d = 0.7cm 的 1 年生实生苗		中耕除草（2、2、1）追肥 3 年生以上施 NP 肥 1.0kg/株	3、6

晋南盆地立地亚区（Ⅳ-H）造林模式适宜立地类型检索表

序号	模式名称及模式号	整地方式 栽植树种 苗木规格	建设目标	配置形式 栽植要点 管护要点	典型图式 适宜立地类型号
1	油松与连翘混交模式（12）	坡地鱼鳞坑整地油松 80cm×60cm×40cm 连翘 50cm×40cm×30cm 垣地穴状或小穴状整地 油松 50cm×50cm×40cm 连翘 30cm×30cm×30cm	生态林	1 行油松 3m×4m 2 行连翘 1m×2m	
		油松 连翘		直接栽植	
		油松 2 年生大规格容器苗 连翘 2 年生苗		连续 3 年中耕锄草（3、3、3）	1、2、5、6、7
2	油松与沙棘混交模式（15）	油松鱼鳞坑整地 80cm×60cm×40cm 沙棘穴状 40cm×40cm×30cm 品字形排列	生态林	带状混交 油松 2m×4m 沙棘 1m×1m	
		油松 沙棘		油松栽前用 ABT 生根粉浸根或用泥浆蘸根 沙棘可截杆造林再覆膜	
		油松 2 年生留床苗 d≥0.4cm H≥12cm 沙棘 1 年生 d≥0.6cm H≥60cm		连续 3 年中耕锄草（3、2、1）	2、4、5、6、7、8、9
3	油松与天然灌木混交模式（19）	鱼鳞坑整地 80cm×60cm×40cm 品字形排列	生态林	3m 内坡面保留天然灌木树种 2cm×3cm	
		油松 天然灌木		直接栽植 栽后就地取碎石片覆盖	
		油松以 2 年生大规格容器苗为宜 根系发达的健壮苗		连续 3 年中耕锄草（3、2、1）	2、4、5、6、7、8、9
4	油松与元宝枫混交模式（20）	鱼鳞坑整地 80cm×60cm×40cm 品字形排列	生态林	带状或块状或行间混交 2m×3m	
		油松 元宝枫		元宝枫（五角枫）采用截杆造林	
		2 年生 H=1.2～1.5m		连续 3 年中耕锄草（3、2、1）栽植当年越冬掩盖	1、2、5、6、7、9

序号	模式名称及模式号	整地方式	建设目标	配置形式	典型图式
		栽植树种		栽植要点	
		苗木规格		管护要点	适宜立地类型号
5	油松（侧柏）与山桃（山杏）混交模式(24)	鱼鳞坑整地 80cm×60cm×40cm 品字形排列	生态林	带状或行间混交　株行距 2m×3m	
		油松（侧柏）山桃（杏）		栽前用 ABT 生根粉浸根或用保水剂蘸根处理	
		乔以 2 年生大规格容器苗为宜　灌用 2 年生播种苗		连续 3 年中耕锄草（3、2、1）	1、2、4、6
6	华山松与辽东栎混交模式(26)	鱼鳞坑整地 80cm×60cm×40cm 品字形排列	生态林 用材林	带状或行间混交　株行距 2m×3m	
		华山松　辽东栎		华山松植苗　ABT 生根粉或保水剂等蘸根处理　辽东栎直播 3~5 粒/穴	
		华山松 2 年生容器苗　辽东栎直播		中耕除草（2、2、1）	2、3
7	华山松与油松混交模式(27)	鱼鳞坑整地 80cm×60cm×40cm 品字形排列	生态林 用材林	带状或行间混交　株行距 2m×3m	
		华山松　油松		ABT 生根粉或保水剂等蘸根处理	
		2 年生容器苗		中耕除草（2、2、1）	2、3、4、6
8	白皮松与黄栌混交模式(28)	鱼鳞坑整地白皮松 80cm×60cm×40cm 黄栌 50cm×40cm×30cm 品字形排列	生态林 用材林 风景林	带状或行间混交　株行距 1.5m×3m	
		白皮松　黄栌		白皮松植苗　黄栌截干植苗　堆土防寒　用 ABT 生根粉或保水剂等蘸根处理	
		白皮松 H>10cm d≥0.2cm 或塑膜容器苗　黄栌 2~3 年生播种苗		中耕除草（2、2、1）	2、3、4、6

序号	模式名称及模式号	整地方式／栽植树种／苗木规格	建设目标	配置形式／栽植要点／管护要点	典型图式／适宜立地类型号
9	侧柏与臭椿混交模式（31）	鱼鳞坑整地 80cm×60cm×40cm 或穴状整地 60cm×60cm×60cm 侧柏 臭椿 侧柏 2 年生容器苗 臭椿 1 年生苗	生态林	带状 块状或行间混交 2m×2m 臭椿以早春和晚秋栽植为宜 春季带杆栽植宜迟不宜早 连续 3 年松土除草 栽植当年越冬掩盖	 1、3、4、7、8、9、10、11
10	侧柏与刺槐混交模式（32）	坡地鱼鳞坑整地 80cm×60cm×40cm 平地穴状整地 60cm×60cm×60cm 侧柏 刺槐 侧柏 2 年生大规格容器苗 刺槐 D≥0.8cm 根系发达的健壮苗	生态林	带状混交 一般 2~3 行为一带 1.5m×4m 栽后用石块覆盖或覆膜 ABT 生根粉和保水剂等蘸根处理 连续 2 年松土除草 数株苗木生长在一起的应 3 年内定株	 1、3、6、8、9、10、11
11	侧柏与沙棘混交模式（34）	侧柏鱼鳞坑整地 80cm×60cm×40cm 沙棘穴状整地 40cm×40cm×30cm 品字形排列 侧柏 沙棘 侧柏 2 年生 d≥0.4cm H≥30cm 沙棘 1 年生 d≥0.6cm H≥60cm	生态林	带状或行间混交 1m×3m 栽前用 ABT 生根粉浸根或用泥浆蘸根 沙棘可截杆造林再覆膜 连续 3 年中耕锄草（3、2、1）	 2、3、4、7、8
12	侧柏与天然野皂荚（荆条）混交模式（35）	鱼鳞坑整地 80cm×60cm×40cm 品字形排列 侧柏 野皂荚（荆条） 侧柏 2 年生大规格容器苗为宜 野皂荚平茬 复壮	生态林	自然或行间混交 侧柏 1.5m×3m 保留自然分布的野皂荚（荆条） 栽后用石块覆盖或覆膜 用 ABT 生根粉和保水剂等蘸根处理 连续 3 年中耕锄草（3、2、1）	 3、4

续表

序号	模式名称及模式号	整地方式 栽植树种 苗木规格	建设目标	配置形式 栽植要点 管护要点	典型图式 适宜立地类型号
13	侧柏（杜松）与天然灌木混交模式（36）	鱼鳞坑整地 80cm × 60cm × 40cm 品字形排列 侧柏 杜松 天然灌木 侧柏 2 年生大规格容器苗 柠条播种或 d≥0.5cm 根系发达的健壮苗	生态林	自然混交 3m 内坡面保留天然灌木树种 2m×3m 春季 雨季 秋季均可造林 栽后就地取石碎片覆盖 连续 3 年中耕锄草 5 月中旬与 8 月中旬为宜	 3、4
14	圆柏造林模式（41）	穴状整地 50cm × 50cm × 30cm 圆柏 2 年生苗	生态林 风景林	株行距 1.5m×2m 带土球随挖随栽 ABT 生根粉或保水剂等蘸根处理 中耕除草（2、2、1）	 1、2、5、7、9、10
15	杨树造林模式（45）	穴状整地 100cm × 100cm × 80cm 杨树 H＞4.0m d＞3cm 的 2 年生根 1 年生干苗木	生态林 用材林	片状 块状 植苗 浇水 覆盖塑膜 基肥有机肥 25～30kg/穴 中耕除草（2、1）浇水（2、1）	 1、2、5、6、7、8、9、10、11
16	杨树与刺槐混交模式（46）	杨树穴状整地 80cm×80cm×60cm 刺槐穴状整地 50cm×50cm×40cm 杨树 刺槐 杨树 H＞3.5m d＞3.0cm 的 2 年根 1 年干苗 刺槐 H＞1.5m d＞1.5cm 的 1 年生实生苗	生态林 用材林	带状或行间混交 株行距杨树 3m×6m 刺槐 2m×6m 植苗 刺槐栽后根茎以上覆土 1.0cm 覆地膜 松土除草及整穴（2、1）除萌及抹芽 刺槐留一健壮直立枝条培养主茎 平茬 枯梢严重时秋季平茬	 1、3、5、6、7、8、9、10、11

序号	模式名称及模式号	整地方式	建设目标	配置形式	典型图式
		栽植树种		栽植要点	适宜立地类型号
		苗木规格		管护要点	
17	杨树林农复合经营模式(50)	穴状整地 80cm × 80cm × 60cm 品字形排列	生态林 用材林	杨树两行一带 带间距 8m 株行距（2～3）m×（2～3）m 带间套种低杆作物	
		杨树（新疆杨 毛白杨 速生杨）		植苗 ABT 生根粉速蘸或打泥浆 施足底肥	
		杨树 H≥3.0m D 径≥3cm		中耕除草(1～2、1～2、1～2) 浇水（2～3）追肥 2 次/年 NP 肥为主 0.5kg/株	1、2、7、8
18	中南部农田防护林针阔混交模式(52)	穴状整地 80cm × 80cm × 60cm 品字形排列	防护林带	带状混交 主林带 2 行 外行毛白杨（刺槐）内行条桧（侧柏）副林带 1 行毛白杨 株行距 3m × 2m	
		毛白杨（刺槐）条桧（侧柏）		植苗 ABT 生根粉速蘸或打泥浆	
		毛白杨 H≥3.0m D≥3cm 刺槐 d＞0.8cm 条桧（侧柏）H≥1.5m		中耕除草(1～2、1～2、1～2) 浇水（2～3）追肥 2 次/年 NP 肥为主 0.5kg/株	7、8
19	农田林网及行道树造林模式(53)	穴状整地 100cm × 100cm × 80cm	生态林 用材林	一带两行 株行距 2m ×（3～8）m	
		三倍体毛白杨 欧美杨 107 中金杨 中林 46 欧美杨 84		植苗 浇水 覆盖塑膜 基肥有机肥 25～30kg/穴	
		H＞4.0m d＞3.0cm 的 2 年生根 1 年生干苗木		中耕除草（2、1）浇水（2、1）	1、7、8

续表

序号	模式名称及模式号	整地方式	建设目标	配置形式	典型图式
		栽植树种		栽植要点	
		苗木规格		管护要点	适宜立地类型号
20	杨柳滩涂地造林模式（54）	穴状整地 60cm × 60cm × 60cm 品字形排列	生态林 用材林	片林 株行距 2m×4m	
		三倍体毛白杨 漳河柳 旱柳 垂柳		植苗 ABT 生根粉速蘸或打泥浆 施足底肥	
		三倍体毛白杨苗 H≥3.0m D≥3cm		中耕除草（1～2、1～2、1～2）浇水（2～3）追肥一年 2 次，以 NP 肥为主，0.5kg/株	5、8、9、10、11
21	青杨与紫穗槐混交模式（55）	穴状整地 60cm × 60cm × 50cm	生态林	带状或行间混交 株行距 青杨 3m×4m 紫穗槐 1m ×4m	
		青杨 紫穗槐		植苗 修剪根系和梢头 春季栽植需浇水	
		青杨 2 年生大苗 紫穗槐 1 年生苗		中耕除草（2、1）修枝及定干 青杨树冠占全树的 1/2 平茬 紫穗槐第二年后进行	5、6、7、8、9、10、11
22	旱柳（漳河柳）与紫穗槐混交模式（56）	穴状整地 柳树 80cm×80cm ×60cm 紫穗槐 50cm×50cm ×40cm 品字型排列	生态林	带状或块状混交 株行距 柳树 2m×2m 紫穗槐 1m ×1m	
		旱柳 漳河柳 紫穗槐		植苗 ABT 生根粉 根宝等催芽或蘸根处理	
		柳树 H≥2m 紫穗槐 d≥0.6m H≥1cm		中耕除草（2、2、1）收割枝条 2 次/年 追肥 2 次/年	2、5、7、9、10、11
23	垂柳与紫穗槐护岸林模式（57）	穴状整地 柳树 80cm×80cm ×60cm 紫穗槐 50cm×50cm ×40cm	生态林	带状混交（4 行:4 行）株行距 柳树 2m×2m 紫穗槐 1m×2m	
		柳树 紫穗槐		植苗或播种 ABT 生根粉 根宝等催芽或蘸根处理	
		柳树 H≥2.5m d≥3cm 紫穗槐当年采收的合格种子		中耕除草（2、2、1）割条 2 次/年 夏沤肥 秋编织 追肥 2 次/年 NP 肥为主 100kg/亩	7、8、9、10

序号	模式名称及模式号	整地方式		建设目标	配置形式	典型图式
		栽植树种			栽植要点	
		苗木规格			管护要点	适宜立地类型号
24	板栗片林经营模式（60）	穴状整地 100cm × 100cm × 100cm		经济林	片林 株行距（3～4）m×（4～5）m 幼林间作矮秆农作物	
		板栗			植苗 ABT 生根粉 保水剂等蘸根处理 基肥 20kg/株	
		H≥90cm d=1.2cm 的 1～2 年生Ⅰ级嫁接苗			中耕除草 3 次/年 追肥 NP 肥 1.0kg/株	2、6、7
25	臭椿造林模式（62）	穴状整地 50cm × 50cm × 50cm		生态林用材林	片林 株行距 1.5m×2m 幼林间作矮秆作物	
		臭椿			植苗 ABT 生根粉或根宝速蘸或打泥浆	
		H=1.0m d=1.5cm 的截干苗			连续 3 年中耕锄草（2、2、1）	1、3、4、7、9、10、11
26	臭椿与刺槐混交模式（63）	鱼鳞坑整地 80cm × 60cm × 40cm 品字形排列		生态林用材林	带状或行间混交 株行距 1.5m×2m	
		臭椿 刺槐			植苗 ABT 生根粉或根宝速蘸或打泥浆	
		臭椿 H≥1m d＞1.5cm 的 2 年生苗 刺槐 H≥1m d＞0.8cm 的 1～2 年生健壮苗			幼林抚育（2、2、1）	1、3、7、8、9、10
27	刺槐造林模式（64）	鱼鳞坑整地 80cm × 60cm × 40cm 品字形排列		生态林用材林	株行距 2m×3m	
		刺槐			截干栽植 苗根蘸保水剂 苗干上覆土 1.0cm 穴上覆盖塑料膜	
		H=1.5m d=1.5cm 的截干苗			抹芽除萌 萌芽时将塑膜开洞 萌条长到 30cm 时留一健壮直立者 其余抹去 并及时除萌 松土除草及整穴 第一年 2 次 第二年 1 次	1、3、5、6、7、8、9、10

续表

序号	模式名称及模式号	整地方式 栽植树种 苗木规格	建设目标	配置形式 栽植要点 管护要点	典型图式 适宜立地类型号
28	泡桐造林模式（69）	穴状整地 100cm × 100cm ×80cm 泡桐 H = 4m　d = 6cm 的 Ⅰ 级嫁接苗	用材林	片林　株行距 4m×5m 截干植苗　施肥 平茬 1 ~ 2 次　幼林抚育 5年（2、2、2、2、2）	 7、8
29	杜仲片林经营模式（71）	坡地鱼鳞坑整地 80cm×60cm×40cm　川、垣地穴状整地 50cm × 50cm × 40cm　品字形排列 杜仲 H = 50 ~ 70cm　d = 0.5cm 的 1年生以上苗	生态林 用材林 经济林	株行距 2m × 2m　幼林行间种植低秆农作物 根系蘸泥浆 摘除下部侧芽　只留顶部 1 ~ 2 饱满侧芽　松土除草 2 次/年　追肥　修枝除蘖修剪萌蘖枝和侧旁枝	 2、6、7
30	构树造林模式（72）	水平带状或穴状整地 50cm ×50cm×50cm 构树 2 年生苗	生态林 经济林	片林　株行距 2m×3m 或 4m×1.5m 起苗后及时打泥浆　并随起随运随栽　秋季截干面埋土 5 ~ 6cm 中耕除草（1 ~ 2、1 ~ 2）封山育林　有种源地区可封山育林	 3、4、5、6、7、8、9、10、11
31	核桃梯田经营模式（73）	大穴整地 100cm × 100cm ×100cm 核桃 2 年生 Ⅰ 级嫁接苗	经济林	2 ~ 3 个品种 1:1 或 1:1:1 隔行混栽　株行距 3m×5m（晚实）3m×4m（早实）幼林间作矮秆作物 植苗　三埋两踩一提苗　底肥 农家肥 2750kg/亩 中耕除草 3 次/年　追肥 2次/年　厩肥：NPK = 20：11000kg/亩　浇水 2 次/年 修剪 1 次/年	 3

序号	模式名称及模式号	整地方式	建设目标	配置形式	典型图式
		栽植树种		栽植要点	适宜立地类型号
		苗木规格		管护要点	
32	核桃平、川、垣经营模式（76）	大穴整地 100cm×100cm×100cm	经济林	2~3个品种按(2~3):1隔行混栽 株行距 3m×5m 幼林间作矮杆作物	
		核桃		截干植苗 三埋两踩一提苗 底肥农家肥 1500kg/亩	
		播种2年生Ⅰ级嫁接苗		中耕除草4次 追肥：每年2次，厩肥：NPK=20:1，1125kg/亩 浇水：每年2次 修剪：每年1次	1、6、7
33	核桃林农复合经营模式（77）	大穴整地 100cm×100cm×100cm	经济林	2~3个品种按(2~3):1隔行混栽 株行距 3m×(10~15)m 长期间作矮杆作物	
		核桃		底肥：农家肥 750~1100kg/亩；截干植苗，三埋两踩一提苗	
		播种2年生Ⅰ级嫁接苗		中耕除草4次/年 追肥2次/年 厩肥：NPK=20:1550kg/亩 浇水1次/年 修剪1次/年	1、6、7
34	核桃与花椒地埂经营模式（78）	穴状整地 60cm×60cm×60cm	经济林	隔行混栽 每一梯田内行核桃 外行花椒 株距 核桃3m 花椒2m 幼林间作矮杆作物	
		核桃 花椒		截干植苗 三埋两踩一提苗 底肥 农家肥 2000kg/亩	
		播种1年生Ⅰ级扦插苗		中耕除草4次/年 追肥2次/年 厩肥：NPK=20:1 3000kg/亩 浇水3次/年 修剪2次/年	3

序号	模式名称及模式号	整地方式	建设目标	配置形式	典型图式
		栽植树种		栽植要点	
		苗木规格		管护要点	适宜立地类型号
35	黑椋子梯田地埂经营模式（84）	穴状整地 50cm × 50cm × 50cm 品字形排列	经济林	株距 3m 行距 3m 或随地块大小而定 行间混交各种农作物	黑椋子
		黑椋子		植苗（平埋压苗）ABT 生根粉 施肥	
		H = 50cm d = 0.5cm 的 2 年生苗		中耕除草（2、2、1）	2、3、8
36	花椒地埂经营模式（85）	穴状整地 80cm × 80cm × 80cm 品字形排列	经济林	株距 3m 行距随地块大小而定 行间混交各种农作物	花椒树
		花椒		植苗（平埋压苗）ABT 生根粉 保水剂等蘸根处理 基肥 10kg/株	
		H = 86cm d = 0.5cm 的 1 年生 I 级播种苗		中耕除草（2、2、1）追肥 NP 复合肥 0.5kg/株	3
37	黄连木造林模式（90）	鱼鳞坑整地 80cm × 60cm × 40cm 品字形排列	生态林 用材林 经济林	株行距 生态林 2m × 2m 或 2m × 3m 经济林 3m × 3m 或 4m × 4m 或秋季采种后即播 5 ~ 10 粒/穴 行间间作豆科牧草	黄连木
		黄连木		植苗 条件差者可截干栽植 留干 5 ~ 10cm ABT 生根粉 ak 保水剂等蘸根处理	
		1 ~ 2 年生苗 以 2 年生苗为好		中耕除草（2、2、1）	2、3、4、5、6、7
38	火炬树造林模式（91）	穴状整地 50cm × 50cm × 30cm 品字形排列	生态林 风景林	纯林 株行距 2m × 3m	火炬树
		火炬树		山地截干造林 道路及村镇等带干造林 及时浇水	
		根系完整的 1 年生苗		中耕除草（2、2、1）	1、2、3、5、6、7、8、9、10、11

序号	模式名称及模式号	整地方式	建设目标	配置形式	典型图式
		栽植树种		栽植要点	
		苗木规格		管护要点	适宜立地类型号
39	梨树平、川、垣经营模式(94)	水平沟整地 宽100cm×深100cm	经济林	2个品种按（2～4）：或2：2隔行混栽 株行距3m×4m 幼林间作矮杆作物	
		梨		截干植苗 三埋两踩一提苗 底肥 农家肥2750kg/亩	
		2年生Ⅰ级嫁接苗		中耕除草4次/年 追肥2次/年 厩肥：NPK＝20：11375kg/亩 浇水 每年3次 修剪1次/年	1、6、7
40	李树经营模式(95)	穴状整地 100cm×100cm×80cm 品字形排列	经济林	2～3个品种按（2～3）：1隔行混栽 株行距3m×4m 幼林间作矮杆作物	
		李树		植苗 ABT生根粉 保水剂等蘸根处理 基肥20kg/株	
		H＝100cm d＝1.0cm的1～2年生Ⅰ级嫁接苗		中耕除草3次/年 追肥3年生以上 NP复合肥1.0kg/株	1、6、7
41	楝树与紫穗槐混交模式(97)	穴状整地 60cm×60cm×50cm 品字形排列	生态林	带状或行间混交 株行距楝树2m×2m 紫穗槐1m×2m	
		楝树 紫穗槐		楝树从2/3处截干 栽植深度约35cm 紫穗槐截干栽植	
		楝树 H＞1.5cm 紫穗槐1年生苗		中耕除草（1～2、1～2、1～2）施肥1次/年 斩梢抹芽 楝树结合抚育修枝整理	2、3、5、7、8、9、10、11

序号	模式名称及模式号	整地方式	建设目标	配置形式	典型图式
		栽植树种		栽植要点	
		苗木规格		管护要点	适宜立地类型号
42	苹果片林经营模式（104）	穴状整地 100cm × 100cm × 100cm	经济林	1～2 个品种主栽按（1～8）：1 配置授粉树 株行距 3m × 4m 幼林间作矮杆作物	
		苹果		基肥：20kg/株；春、秋季植苗，以春季为好，ABT 生根粉、保水剂等蘸根处理	
		H＝100cm d＝1.0cm 的 I 级嫁接苗		中耕除草（2、2、1）追肥 NP 肥 1.0kg/株	1、3、6、7
43	葡萄平、川、垣经营模式（106）	水平沟整地 宽 100cm × 深 100cm	经济林	2 个品种按（2～4）：1 隔行混栽 株行距 1.5m × 2m 幼林间作矮杆作物	
		葡萄（红提 黑提 红地球）		截干植苗 三埋两踩一提苗 底肥 农家肥 5500kg/亩	
		1 年生 I 级扦插苗		中耕除草 4 次/年 追肥 2 次/年 厩肥：NPK＝20：1 3000kg/亩 浇水每年 3 次 修剪 2 次/年	1、6、7
44	雪松造林模式（107）	穴状整地 80cm × 80cm × 80cm	生态林用材林	片林 株行距 3m × 4m	
		雪松		苗木蘸生根粉 3 号及泥浆	
		H≥1.5m 的大苗		中耕除草（2、2、1）	5、6、7

序号	模式名称及模式号	整地方式		建设目标	配置形式	典型图式
		栽植树种			栽植要点	
		苗木规格			管护要点	适宜立地类型号
45	楸树与紫穗槐混交模式（108）	水平带状或穴状整地　楸树 60cm×60cm×50cm　紫穗槐 30cm×30cm×30cm		生态林用材林	带状或行间混交　株行距楸树 2m×3m　紫穗槐 1m×3m	
		楸树　紫穗槐			植苗　打泥浆　随起随运随栽　楸树挖取 2～3 年生根蘖苗造林时　距母株 30cm 以外	
		楸树 H=1.5m d>1.5cm 的 2 年生苗　紫穗槐 1 年生苗			中耕除草（2、2、1）除蘖　除去幼树基部萌蘖条施肥　第三年秋在距根株 50cm 处挖壕压埋紫穗槐绿肥	3、5、6、7、8、9、10
46	桑树片林经营模式（115）	穴状整地 80cm×80cm×80cm		生态林经济林	片林　株行距 2m×4m 幼林间作矮杆农作物	
		桑树			植苗　ABT 生根粉　保水剂等蘸根处理　基肥 10kg/株	
		H=100cm d=1.0cm 的 1～2 年生实生苗			中耕除草 2～3 次/年　追肥 NP 肥 0.5kg/株	3、5、6、7、8、9、10
47	桑树林农复合经营模式（117）	穴状整地 80cm×80cm×80cm		经济林	单行或双行　株行距 3m×（8～15）m 行间混交各类农作物	
		桑树			植苗　ABT 生根粉　保水剂等蘸根处理　基肥 10kg/株	
		H=100cm d=1.0cm 的 1～2 年生实生苗			中耕除草 2～3 次/年　追肥 NP 肥 0.5kg/株　压绿肥 1 次/年 15kg/株	3、5、6、7、8、9、10、11

序号	模式名称及模式号	整地方式	建设目标	配置形式	典型图式
		栽植树种		栽植要点	
		苗木规格		管护要点	适宜立地类型号
48	柿树片林经营模式（119）	穴状整地 100cm × 100cm × 100cm	经济林	2 个品种按（1~4）:1 混栽 株行距（3~4）m ×（4~5）m 幼林行间混交矮杆农作物	
		涩柿 甜柿		植苗 ABT 生根粉 保水剂等蘸根处理 基肥 农家肥 10kg/株	
		H = 100cm d = 1.0cm 的 1~2 年生 I 级嫁接苗		中耕除草 3 次/年 追肥 NP 肥 0.5kg/株	1、3、6、7
49	柿树林农复合经营模式（120）	穴状整地 100cm × 100cm × 100cm	经济林	2 个品种按（1~4）:1 行内混栽 株行距 3m ×（8~15）m 行间混交农作物	
		涩柿 甜柿		植苗 ABT 生根粉 保水剂等蘸根处理 基肥 15kg/株	
		H = 100cm d = 1.0cm 的 1~2 年生 I 级嫁接苗		中耕除草 3~4 次/年 追肥 NP 肥 0.5kg/株	1、3、6、7
50	山杏与侧柏混交模式（127）	穴状整地 60cm × 60cm × 50cm	生态林 经济林 用材林	带状混交 山杏:侧柏 = 1:4 山杏株距 3m 侧柏株行距 2m × 2m	
		山杏 侧柏		植苗 ABT 生根粉 保水剂等蘸根处理 基肥 山杏（农家肥 10kg + 钙镁磷肥 1.0kg）/株	
		山杏 H = 85cm d = 0.8cm 的 1 年生 I 级实生苗 侧柏 H = 40cm d = 0.5cm 的 2 年生实生苗		中耕除草 3 次/年 追肥 3 年生以上 NP 肥各 1.0kg/株	3、4
51	山楂片林经营模式（129）	穴状整地 100cm × 100cm × 100cm	经济林	2~3 个品种按（1~3）:1 隔行混栽，株行距 3m × 4m 幼林间作矮杆农作物	
		山楂		植苗 ABT 生根粉 保水剂等蘸根处理 基肥 20kg/株	
		H = 90cm d = 1.1cm 的 1~2 年生 I 级嫁接苗		中耕除草 3 次/年 追肥 NP 肥 1.0kg/株	1、3、5、6、7

续表

序号	模式名称及模式号	整地方式 栽植树种 苗木规格	建设目标	配置形式 栽植要点 管护要点	典型图式 适宜立地类型号
52	山楂梯田地埂经营模式（131）	穴状整地 100cm × 100cm × 100cm 山楂 H = 90cm d = 1.1cm 的 1～2 年生Ⅰ级嫁接苗	经济林	株距 3m 行距随地块大小而定 行间混交农作物 植苗 ABT 生根粉 保水剂 等蘸根处理 基肥 20kg/株 中耕除草 3 次/年 追肥 NP 肥 1.0kg/株	 2、3
53	桃树片林经营模式（135）	穴状整地 100cm × 100cm × 100cm 桃树 H = 100cm d = 1.1cm 的 1～2 年生Ⅰ级嫁接苗	经济林	按（1～3）：1 隔行混栽 株行距(2～3)m×4m 幼林间作矮杆农作物 植苗 ABT 生根粉 保水剂 等蘸根处理 基肥 20kg/株 中耕除草 3 次/年 追肥 NP 肥 1.0kg/株	 1、3、7
54	柽柳与紫穗槐盐碱地造林模式（136）	穴状 40cm×40cm×30cm 柽柳 紫穗槐 合格苗木或经检验合格的种子	生态林	块状或带状混交 1m×3m 植苗或播种 用 ABT 生根粉或根宝催芽或蘸根处理 柠条播种后 3 年平茬 连续 3 年中耕锄草(3、2、1)	 5、9、10、11
55	翅果油片林经营模式（137）	穴状整地 50cm × 50cm × 30cm 翅果油 H = 50cm d = 0.5cm 的 2 年生苗	经济林	株行距 2m×2m 植苗（平埋压苗）ABT 生根粉 施肥 中耕除草(2、2、1)	 2、3

续表

序号	模式名称及模式号	整地方式	建设目标	配置形式	典型图式
		栽植树种		栽植要点	
		苗木规格		管护要点	适宜立地类型号
56	石榴林农复合经营模式 (138)	穴状整地 100cm × 100cm × 80cm	经济林	2~3 品种按(1~3)：1 行内混栽 株行距 3m×(8~15)m 行间混交矮杆农作物	
		石榴		植苗 ABT 生根粉 保水剂等蘸根处理 基肥（农家肥 20kg + 钙镁磷肥 1kg）/株	
		H = 80cm d = 0.8cm 的 1~2 年生嫁接苗		中耕除草 3 次/年 追肥 3 年生以上 NP 复合肥 1.0kg/株	1、3、5、6、7
57	石榴片林经营模式 (139)	穴状整地 100cm × 100cm × 80cm	经济林	2~3 品种(1~6)：1 隔行混栽 株行距 3m×(3~4)m 幼林间作矮杆作物	
		石榴		植苗 ABT 生根粉 保水剂等蘸根处理 基肥（农家肥 2000kg + 钙镁磷肥 75kg）/亩	
		H = 80cm d = 0.8cm 的 1~2 年生嫁接苗		中耕除草 3 次/年 追肥 NP 肥 1.0kg/株	1、3、5、7
58	水杉造林模式 (142)	穴状整地 70cm × 70cm × 50cm 品字形排列	生态林用材林	株行距 2m×3m 或 4m×1.5m 行间种植低秆农作物	
		水杉		苗木打泥浆 随起随运随栽 栽植以低于根基 1~2 寸为宜	
		H≈1.5m d>2cm 的 2 年生移植健壮实生苗		结合管理间作物加强水杉幼林抚育管理 在幼林期不宜修枝	7
59	文冠果林牧复合经营模式 (144)	水平带状或穴状整地 70cm ×70cm×50cm	生态林经济林	文冠果株行距 3m×4m 混交紫花苜蓿等豆科牧草	
		文冠果		栽植 打泥浆 随起随运随栽 栽植以低于根基 3~7cm 为宜	
		2 年生苗		中耕除草（1~2、1~2、1~2）施肥 1 次/年	2、3、4、6、7、8

续表

序号	模式名称及模式号	整地方式	建设目标	配置形式	典型图式
		栽植树种		栽植要点	
		苗木规格		管护要点	适宜立地类型号
60	香椿片林经营模式（145）	穴状整地 50cm×50cm×50cm	经济林	株行距 3m×3m	
		香椿		植苗 ABT 生根粉 保水剂等蘸根处理	
		H＞1m d＝1cm 2 年生苗		中耕除草（2、2、1）追肥 除芽截干	3
61	杏树林药复合经营模式（147）	穴整地100cm×100cm×100cm	经济林	2 品种按（2~4）：1 隔行混栽 株行距 3m×4m 幼林间作药草	
		杏树		底肥：农家肥 2750kg/亩；三埋两踩一提苗	
		2 年生Ⅰ级嫁接苗		中耕除草 3 次/年 追肥 2次/年 厩肥：NPK＝20：1600kg/亩 修剪 2 次/年	1、6、7
62	银杏林草复合经营模式（150）	穴状整地 80cm×80cm×80cm	生态林 经济林	片林 株行距（2.5~3）m×（3~3.5）m 行间混交紫花苜蓿 红豆草 小冠花等	
		银杏		植苗 ABT 生根粉 保水剂等蘸根处理 基肥 20kg/株	
		H＝28cm d＝0.9cm 的 1~2 年生Ⅰ级嫁接苗		中耕除草（2、2、1）追肥 NP 肥 0.5kg/株 压绿肥 1 次/年 15kg/株	3、7
63	元宝枫造林模式（151）	坑状整地 80cm×80cm×60cm	生态林 经济林 风景林	片林 株行距 2m×5m 或散生栽植	
		元宝枫		栽后覆盖塑膜 基肥有机肥 25kg/穴	
		H＝1.5m d＝1.5cm 的 2 年生根 1 年生干嫁接苗		中耕除草及整穴（2、1）	2、3、5

序号	模式名称及模式号	整地方式	建设目标	配置形式	典型图式
		栽植树种		栽植要点	
		苗木规格		管护要点	适宜立地类型号
64	枣树林农复合经营模式（152）	水平沟整地 100cm×80cm	经济林	1~2 品种按 1:1 或 2:2 隔行混栽 株行距 2.5m×（8~10）m 长期间作矮杆作物	
		枣树		底肥：农家肥 1350~1650kg/亩；截干植苗，三埋两踩一提苗	
		播种 2 年生Ⅰ级嫁接苗		中耕除草 4 次/年 追肥 2 次/年 厩肥：NPK=20:1 675~875kg/亩 浇水 2~3 次/年 修剪 1 次/年	1、6、7
65	枣树梯田地梗经营模式（154）	穴状整地 80cm×80cm×80cm	经济林	株行距 2.5m×4m	
		枣树		截干植苗 三埋两踩一提苗 底肥 农家肥 3500kg/亩	
		播种 2 年生Ⅰ级嫁接苗		中耕除草 3 次/年 追肥 2 次/年 厩肥：NPK=20:1 1000kg/亩 浇水 1~2 次/年 修剪 1 次/年	3
66	枸杞片林经营模式（158）	穴状整地 50cm×50cm×40cm	生态林 经济林	纯林 株行距 1.5m×3m	
		枸杞（宁杞 1 号 宁杞 2 号 大麻叶）		植苗 ABT 生根粉 保水剂等蘸根处理 基肥（农家肥 20kg + NP 肥 0.5kg）/株	
		H=50cm d=0.7cm 的 1 年生实生苗		中耕除草（2、2、1）追肥 3 年生以上施 NP 肥 1.0kg/株	3、5、6、8、9、10、11

太行山北段山地立地亚区（V-I）造林模式适宜立地类型检索表

序号	模式名称及模式号	整地方式	建设目标	配置形式	典型图式
		栽植树种		栽植要点	
		苗木规格		管护要点	适宜立地类型号
1	华北落叶松造林模式（1）	鱼鳞坑 80cm×60cm×40cm 穴状整地 60cm×60cm×60cm 品字形排列	用材林	片林 株行距 1m×4m	
		华北落叶松		用 ABT 生根粉浸根或用保水剂蘸根处理	
		2 年生壮苗 H≥30cm d≥0.4cm		连续 3 年中耕锄草（3、2、1）	2、3、4、5、6、7、8、12、13
2	华北落叶松与阔叶乔灌树种混交模式（2）	坡地鱼鳞坑 80cm×60cm×40cm 平地穴状整地 60cm×60cm×60cm 品字形排列	生态林	华北落叶松片林与阔叶乔灌带状或块状混交 2m×（3~5）m	
		华北落叶松 其他阔叶乔灌		用 ABT 生根粉浸根或用保水剂蘸根处理	
		2 年以上合格壮苗移植苗（1-1）		连续 3 年中耕锄草（3、2、1）	1、4、5、6、7、8、12、13
3	华北落叶松与胡枝子混交模式（3）	鱼鳞坑整地 80cm×60cm×40cm 品字形排列	生态林	带状混交 4 行一带 2m×（2~3）m	
		华北落叶松 胡枝子		用 ABT 生根粉 根宝等蘸根处理	
		华北落叶松 2 年生壮苗 H=30~40cm d≥0.4cm 胡枝子 2 年生苗分枝 3~7 头		连续 3 年中耕锄草（3、2、1）	1、2、3、4、5、6、7、8、12、13
4	华北落叶松与桦树（山杨）混交模式（4）	鱼鳞坑整地 80cm×60cm×40cm 品字形排列	生态林	人工与天然自然配置 行间混交 2m×3m	
		华北落叶松 桦树 山杨（天然萌生苗）		用 ABT 生根粉浸根或用保水剂蘸根处理	
		2 年生壮苗 H=30~40cm d≥0.4cm		连续 3 年中耕锄草（3、2、1）	1、2、4、5、7、8

续表

序号	模式名称及模式号	整地方式	建设目标	配置形式	典型图式
		栽植树种		栽植要点	
		苗木规格		管护要点	适宜立地类型号
5	华北落叶松与五角枫（元宝枫）混交模式(6)	鱼鳞坑整地 80cm × 60cm × 40cm 品字形排列	生态林	带状混交 7∶3 株行距 1m × 2m	
		华北落叶松 五角枫（元宝枫）		用 ABT 生根粉浸根或用保水剂蘸根处理	
		华北落叶松 2 年生壮苗 H = 15 ~ 20cm d≥0.3cm 五角枫 1 ~ 2 年生 H = 50cm d≥0.5cm		连续 3 年中耕锄草（2、2、1）	7、8
6	华北落叶松与油松混交模式(7)	鱼鳞坑整地 80cm × 60cm × 40cm 品字形排列	生态林	块状混交 株行距 1.5m × 1.5m	
		华北落叶松 油松		用 ABT 生根粉浸根或用保水剂蘸根处理	
		2 年生壮苗		连续 3 年中耕锄草（2、2、1）	7、8、9、10、12、13
7	华北落叶松与云杉混交模式(8)	鱼鳞坑整地 80cm × 60cm × 40cm 品字形排列	生态林	带状混交 4 行一带 1∶1 的比例混栽 2m × 2m	
		华北落叶松 云杉		用 ABT 生根粉浸根或用保水剂蘸根处理	
		华北落叶松 2 年生壮苗 H = 30 ~ 40cm d≥0.4cm 云杉 3 ~ 4 年生换床苗 H = 25 ~ 30cm d≥0.5cm		连续 3 年中耕锄草（2、2、1）	1、2、3、7、8
8	日本落叶松造林模式(9)	鱼鳞坑整地 80cm × 60cm × 40cm 品字形排列	生态林	片林 株行距 2m × 3m	
		日本落叶松		植苗造林	
		2 年生容器苗		连续 3 年中耕锄草（2、2、1）	7、12

序号	模式名称及模式号	整地方式	建设目标	配置形式	典型图式
		栽植树种		栽植要点	
		苗木规格		管护要点	适宜立地类型号
9	云杉与忍冬混交模式(10)	鱼鳞坑整地 80cm×60cm×40cm 品字形排列	生态林	带状混交 4 行一带 2m×2m	
		云杉　忍冬		植苗造林 用 ABT 生根粉根宝等蘸根处理	
		云杉 3~4 年生换床苗 H=25~30cm d≥0.5cm 忍冬 2 年生苗 H=60~80cm d≥0.5cm		栽后 2~4 年穴中除草	1、2、3、7、8
10	油松与牧草混交模式(11)	坡地用鱼鳞坑 80cm×60cm×40cm 梯田用穴状整地 60cm×60cm×60cm	生态林	行间混交 2m×3m	
		油松 间作 紫花 苜蓿 红豆草 小冠花等豆科牧草		直接栽植	
		1~2 年生容器苗或移植容器苗 1 级		连续 3 年中耕锄草（3、2、1）	7、8、9、10、12、13、15、17、19、21、22、24、27、28、29、33
11	油松与辽东栎（白桦）混交模式(13)	鱼鳞坑整地 80cm×60cm×40cm 品字形排列	生态林	带状 块状或行间混交 2m×3m	
		油松 辽东栎（白桦）		栽前用 ABT 生根粉浸根或用保水剂蘸根处理	
		油松 2 年生大规格容器苗 辽东栎（白桦）自然萌芽更新		连续 3 年中耕锄草（3、2、1）	7、8、9、11、14
12	油松与沙棘混交模式(15)	油松 鱼鳞坑整地 80cm×60cm×40cm 沙棘穴状 40cm×40cm×30cm 品字形排列	生态林	带状混交 油松 2m×4m 沙棘 1m×1m	
		油松 沙棘		油松栽前用 ABT 生根粉浸根或用泥浆蘸根 沙棘可截杆造林再覆膜	
		油松 2 年生留床苗 d≥0.4cm H≥12cm 沙棘 1 年生 d≥0.6cm H≥60cm		连续 3 年中耕锄草（3、2、1）	7、8、9、10、11、12、13、15、16、17、18、21、23、24、27、28、29、31、32、33

续表

序号	模式名称及模式号	整地方式	建设目标	配置形式	典型图式
		栽植树种		栽植要点	
		苗木规格		管护要点	适宜立地类型号
13	油松与山桃（山杏）混交模式(16)	坡地鱼鳞坑整地油松 80cm×60cm×40cm 山桃山杏 50cm×40cm×30cm 平地穴状整地油松 50cm×50cm×40cm 山桃山杏 30cm×30cm×30cm	生态林	带状（4 行油松 1 行山桃或山杏）混交 油松 1.5m×4m 山桃、山杏 2m×20m	
		油松 山桃 山杏		用 ABT 生根粉浸根或用保水剂蘸根处理	
		油松 2 年以上合格壮苗或移植苗（1-1）山桃山杏用合格壮苗或种子直播		连续 3 年中耕锄草（3、2、1）	9、10、11、14、15、16、23、25、26、28
14	油松与山杨混交模式(17)	鱼鳞坑整地 80cm×60cm×40cm 品字形排列	生态林	带状 块状混交 3～5 行一带 2m×2m 或 4m×2m	
		油松 山杨		油松直接栽植 山杨截杆苗造林	
		油松用 2 年生容器苗 山杨采取天然或人工促进天然更新		连续 2 年松土除草 山杨平茬 断根促进更新	9、10、15、16、17、18、21、26、29
15	油松与天然灌木混交模式(19)	鱼鳞坑整地 80cm×60cm×40cm 品字形排列	生态林	3m 内坡面保留天然灌木树种 2cm×3cm	
		油松 天然灌木		直接栽植 栽后就地取碎石片覆盖	
		油松以 2 年生大规格容器苗为宜 根系发达的健壮苗		连续 3 年中耕锄草（3、2、1）	7、8、9、10、11、12、13、14、15、16、17、18、19、20、21、22、23、24、25、26、29、31、32、33

序号	模式名称及模式号	整地方式	建设目标	配置形式	典型图式
		栽植树种		栽植要点	适宜立地类型号
		苗木规格		管护要点	
16	油松（樟子松）与五角枫混交模式(22)	鱼鳞坑整地 80cm × 60cm × 40cm 或穴状整地 60cm × 60cm×60cm 品字形排列	生态林	针阔带状混交 油松 五角枫 2m×3m 樟子松 2.5m×3m	
		油松 樟子松 五角枫		用 ABT 生根粉浸根或用保水剂蘸根处理	
		油松 2 年以上合格状苗或移植苗（1-1）樟子松移植苗（2-1）五角枫 1 年生 d≥0.8cm		连续 3 年中耕锄草（3、2、1）	12、13、15、16、17、18、19、21、22、23、24、26、27、25、26
17	油松（樟子松）与刺槐混交模式(23)	鱼鳞坑整地 80cm × 60cm × 40cm 或穴状整地 60cm × 60cm×60cm 品字形排列	生态林	针阔带状混交 油松、刺槐 2m × 3m 樟子松 2.5m × 3m	
		油松 樟子松 刺槐		用 ABT 生根粉浸根或用保水剂蘸根处理	
		油松 2 年以上合格壮苗或移植苗（1-1）樟子松移植苗（2-1）刺槐 d≥0.8cm		连续 3 年中耕锄草（3、2、1）	22、26、27、28、29
18	油松（侧柏）与山桃（山杏）混交模式(24)	鱼鳞坑整地 80cm × 60cm × 40cm 品字形排列	生态林	带状或行间混交 株行距 2m×3m	
		油松（侧柏）山桃（杏）		栽前用 ABT 生根粉浸根或用保水剂蘸根处理	
		乔以 2 年生大规格容器苗为宜 灌用 2 年生播种苗		连续 3 年中耕锄草（3、2、1）	9、10、11、14、15、16、19、20、22、25、26、28
19	樟子松与沙棘等灌木混交模式(29)	鱼鳞坑整地樟子松 80cm × 60cm × 40cm 沙棘 50cm × 40cm×30cm 品字形排列	生态林	乔灌带状 块状或行间混交 乔 2.5m×6m 灌 1m×6m	
		樟子松 沙棘 柠条等		用 ABT 生根粉浸根或用保水剂蘸根处理	
		乔 2 年以上合格状苗或移植苗（2-1）灌用容器苗合格种子		连续 3 年中耕锄草（3、2、1）	7、8、9、10、11、12、13、15、16、21、22、23、24、25、26、28、33

续表

序号	模式名称及模式号	整地方式	建设目标	配置形式	典型图式
		栽植树种		栽植要点	
		苗木规格		管护要点	适宜立地类型号
20	樟子松与山桃（山杏）混交模式(30)	坡地鱼鳞坑整地 80cm × 60cm × 40cm 平地穴状整地 60cm × 60cm × 60cm 品字形排列	生态林	带状（4 行樟子松 1 行山桃或山杏）或点缀式不规则混交 乔 2m × 4m 灌 2m × 20m	
		樟子松 山桃或 山杏		用 ABT 生根粉浸根或手根保蘸根处理	
		乔 2 年以上合格状苗或移植苗（2-1）灌用合格壮苗或合格种子直播		连续 3 年中耕锄草（3、2、1）	9、10、15、16、17、25、26、28
21	侧柏与臭椿混交模式(31)	鱼鳞坑整地 80cm × 60cm × 40cm 或穴状整地 60cm × 60cm × 60cm	生态林	带状 块状或行间混交 2m × 2m	
		侧柏 臭椿		臭椿以早春和晚秋栽植为宜 春季带杆栽植宜迟不宜早	
		侧柏 2 年生容器苗 臭椿 1 年生苗		连续 3 年松土除草 栽植当年越冬掩盖	14、15、16、19、20、22、26、28、32、33
22	侧柏与刺槐混交模式(32)	坡地鱼鳞坑整地 80cm × 60cm × 40cm 平地穴状整地 60cm × 60cm × 60cm	生态林	带状混交 一般 2~3 行为一带 1.5m × 4m	
		侧柏 刺槐		栽后用石块覆盖或覆膜 ABT 生根粉和保水剂等蘸根处理	
		侧柏 2 年生大规格容器苗 刺槐 D ≥ 0.8cm 根系发达的健壮苗		连续 2 年松土除草 数株苗木生长在一起的应 3 年内定株	17、19、20、22、25、26、27、28、29、33
23	侧柏与沙棘混交模式(34)	侧柏鱼鳞坑整地 80cm × 60cm × 40cm 沙棘穴状整地 40cm × 40cm × 30cm 品字形排列	生态林	带状或行间混交 1m × 3m	
		侧柏 沙棘		栽前用 ABT 生根粉浸根或用泥浆蘸根 沙棘可截杆造林再覆膜	
		侧柏 2 年生 d ≥ 0.4cm H ≥ 30cm 沙棘 1 年生 d ≥ 0.6cm H ≥ 60cm		连续 3 年中耕锄草（3、2、1）	14、19、20、22、25、26、27、28、29、31、32、33

序号	模式名称及模式号	整地方式	建设目标	配置形式	典型图式
		栽植树种		栽植要点	
		苗木规格		管护要点	适宜立地类型号
24	侧柏（杜松）与天然灌木混交模式（36）	鱼鳞坑整地 80cm×60cm×40cm 品字形排列	生态林	自然混交 3m 内坡面保留天然灌木树种 2m×3m	
		侧柏 杜松 天然灌木		春季 雨季 秋季均可造林 栽后就地取石碎片覆盖	
		侧柏 2 年生大规格容器苗 柠条播种或 d≥0.5cm 根系发达的健壮苗		连续 3 年中耕锄草 5 月中旬与 8 月中旬为宜	
					11、14、19、20、22、25、26、31、32
25	杜松与椴树混交模式（37）	鱼鳞坑整地 80cm×60cm×40cm 品字形排列	生态林 用材林	1:1 带状混栽 4 行一带 株行距 2m×2m	
		杜松 椴树		植苗 ABT 生根粉或根宝速蘸或打泥浆	
		杜松 H=30~40cm d≥0.4cm 椴树 H=25~30cm d≥0.5cm		中耕除草（2、2、1）追肥 2 次/年 以 NP 肥为主 80kg/亩	
					5、6、9、10、11、15、16
26	杜松与华北驼绒藜等混交模式（38）	鱼鳞坑整地 80cm×60cm×40cm 穴状整地 60cm×60cm×60cm 品字形排列	生态林	1:1 带状混栽 4 行一带 株行距 2m×2m	
		杜松 华北驼绒藜 蒙古莸 四翅滨藜		春季植苗 ABT 生根粉或根宝速蘸或打泥浆	
		杜松 H=30~40cm d≥0.4cm 华北驼绒藜 H=25~30cm d≥0.5cm		中耕除草（2、2、1）收割枝叶年 2 次/年 华北驼绒藜嫩枝叶作饲料 追肥 2 次/年 以 NP 肥为主 80kg/亩	
					22、26、27、32
27	杜松与天然黄刺梅混交模式（39）	鱼鳞坑整地杜松 80cm×60cm×40cm 黄刺玫 60cm×60cm×60cm 品字形排列	生态林	带状或行间混交 杜松株行距 1.5m×3m 保留自然分布的黄刺玫	
		杜松 黄刺梅		杜松植苗 黄刺玫分株 压条或埋根造林 ABT 生根粉或保水剂等蘸根处理	
		杜松 1~2 年生苗		中耕除草（2、2、1）	9、10、11、14、15、16、31、32

序号	模式名称及模式号	整地方式 栽植树种 苗木规格	建设目标	配置形式 栽植要点 管护要点	典型图式 适宜立地类型号
28	杜松与油松混交模式（40）	鱼鳞坑整地 80cm×60cm×40cm 穴状整地 50cm×50cm×40cm 品字形排列 杜松　油松 杜松 H=30~40cm d≥0.4cm 油松 H=25~30cm d≥0.5cm	生态林 用材林	1:1 带状混栽 4 行一带 株行距2m×2m 植苗 ABT 生根粉或根宝速蘸或打泥浆 中耕除草（2、2、1）追肥 2 次/年 以 NP 肥为主	 11、15、17、19、20、33
29	圆柏造林模式（41）	穴状整地 50cm×50cm×30cm 圆柏 2 年生苗	生态林 风景林	株行距1.5m×2m 带土球随挖随栽 ABT 生根粉或保水剂等蘸根处理 中耕除草（2、2、1）	 19、20、21、22、26、27、28、29
30	杨树（柳树）与其他乔灌混交模式（42）	穴状整地 80cm×80cm×80cm 杨树　柳树　其他乔灌 D≥3cm	生态林	片林与其他乔灌块状或带状混交3m×3m 栽前可用 ABT 生根粉速蘸或打泥浆 连续 3 年中耕锄草 每年 1 次	 21、26、27、29、31、32、33
31	杨树造林模式（45）	穴状整地 100cm×100cm×80cm 杨树 H>4.0m d>3cm 的 2 年生根 1 年生干苗木	生态林 用材林	片状 块状 株行距 3m×4m 植苗 浇水 覆盖塑膜 基肥有机肥25~30kg/穴 中耕除草（2、1）浇水（2、1）	 21、27、28、29、31、32、33

序号	模式名称及模式号	整地方式	建设目标	配置形式	典型图式
		栽植树种		栽植要点	
		苗木规格		管护要点	适宜立地类型号
32	杨树与刺槐混交模式(46)	杨树穴状整地 80cm×80cm×60cm 刺槐穴状整地 50cm×50cm×40cm	生态林用材林	带状或行间混交 株行距杨树 3m×6m 刺槐 2m×6m	
		杨树 刺槐		植苗 刺槐栽后根茎以上覆土 1.0cm 覆地膜	
		杨树 H>3.5m d>3.0cm 的 2 年根 1 年干苗 刺槐 H>1.5m d>1.5cm 的 1 年生实生苗		松土除草及整穴（2、1）除萌及抹芽 刺槐留一健壮直立枝条培养主茎 平茬 枯梢严重时秋季平茬	27、28、29、33
33	杨树与复叶槭混交模式(47)	穴状整地 70cm×70cm×70cm	生态林用材林	带状或行间 1:1 混交 株行距 2m×2m	
		杨树 复叶槭		植苗 ABT 生根粉 保水剂等蘸根处理	
		H=2.5m d≥1.8cm 2 年生苗		幼林抚育（2、2、1）	15、19、21、22、26、27、29、30、32、33
34	杨树与紫花苜蓿林草复合经营模式(51)	穴状整地杨树 60cm×60cm×60cm 品字形排列 紫花苜蓿全面整地	生态林用材林	杨树两行一带 带间距 8m 株行距 2m×2m 带间套种紫花苜蓿	
		杨树（新疆杨 毛白杨 速生杨）紫花苜蓿		杨树植苗 ABT 生根粉速蘸或打泥浆 紫花苜蓿撒种 施足底肥	
		杨树 H≥3.0m D≥3cm		中耕除草(1~2、1~2、1~2) 浇水（2~3）追肥 2 次/年 NP 肥为主 0.5kg/株或 50kg/亩 割取枝叶 紫花苜蓿 2 次/年	27、32、33

续表

序号	模式名称及模式号	整地方式	建设目标	配置形式	典型图式
		栽植树种		栽植要点	
		苗木规格		管护要点	适宜立地类型号
35	农田林网及行道树造林模式（53）	穴状整地 100cm × 100cm × 80cm	生态林 用材林	一带两行　株行距 2m ×（3 ~ 8）m	
		三倍体毛白杨　欧美杨 107 中金杨　中林 46　欧美杨 84		植苗　浇水　覆盖塑膜　基肥有机肥 25 ~ 30kg/穴	
		H > 4.0m　d > 3.0cm 的 2 年生根 1 年生干苗木		中耕除草（2、1）浇水（2、1）	21、22、26、27、29、33
36	白榆造林模式（59）	穴状整地　50cm × 50cm × 50cm	生态林 用材林	片林　株行距 1.5m × 2m 幼林间作矮秆作物	
		白榆		植苗　ABT 生根粉　保水剂等蘸根处理	
		H ≥ 1.5m　d = 1 ~ 4cm 的 2 年生 I Ⅱ 苗		中耕除草（2、2、1）	22、26、27、28、33
37	刺槐造林模式（64）	鱼鳞坑整地 80cm × 60cm × 40cm 品字形排列	生态林 用材林	株行距 2m × 3m	
		刺槐		截干栽植　苗根蘸保水剂苗干上覆土 1.0cm　穴上覆盖塑料膜	
		H = 1.5m　d = 1.5cm 的截干苗		抹芽除萌　萌芽时将塑膜开洞　萌条长到 30cm 时留一健壮直立者　其余抹去　并及时除萌　松土除草及整穴　第一年 2 次　第二年 1 次	22、26、27、28、29、33

序号	模式名称及模式号	整地方式	建设目标	配置形式	典型图式
		栽植树种		栽植要点	
		苗木规格		管护要点	适宜立地类型号
38	刺槐与沙棘混交模式（65）	穴状整地 50cm×50cm×50cm 品字形排列	生态林	带状混交 4 行一带 株行距 刺槐2m×2m 沙棘1m×1m	
		刺槐 沙棘		刺槐栽前平茬至 10～15cm ABT 生根粉速蘸或打泥浆	
		刺槐 H＝1m d＞0.8cm 的 1～2 年生苗 沙棘 d＞0.5cm 的 1 年生健壮苗		中耕除草 2 次/年 追肥 2 次/年	22、24、25、26、27、28、29、32、33
39	刺槐与四翅滨藜混交模式（66）	坡地鱼鳞坑整地80cm×60cm×40cm 川、垣地穴状整地50cm×50cm×40cm 品字形排列	生态林	带状混交 4 行一带 株行距2m×2m	
		刺槐 四翅滨藜		刺槐栽前平茬至 10～15cm ABT 生根粉速蘸或打泥浆 栽后根部堆土 15～20cm	
		刺槐 d＞0.8cm 的 1 年生苗 四翅滨藜 d＞0.5cm 的一年生健壮苗		中耕除草 2 次/年 收割枝叶 四翅滨藜割取嫩枝叶作饲料 追肥 2 次/年 以 NP 肥为主 80kg/亩	22、26、27、33
40	刺槐（白榆）与其他乔灌混交模式（67）	穴状 60cm×60cm×60cm	生态林	块状或与其他乔灌带状混交 2m×（3～4）m	
		刺槐 白榆		栽前可用 ABT 生根粉速蘸或打泥浆	
		d≥0.8		连续 3 年中耕锄草 每年 1 次	22、25、26、27、33

序号	模式名称及模式号	整地方式	建设目标	配置形式	典型图式
		栽植树种		栽植要点	
		苗木规格		管护要点	适宜立地类型号
41	核桃梯田经营模式（73）	大穴整地 100cm × 100cm × 100cm	经济林	2～3 个品种 1:1 或 1:1:1 隔行混栽 株行距 3m×5m（晚实）3m×4m（早实）幼林间作矮杆作物	
		核桃		植苗 三埋两踩一提苗 底肥 农家肥 2750kg/亩	
		2 年生 I 级嫁接苗		中耕除草 3 次/年 追肥 2 次/年 厩肥:NPK = 20:1 1000kg/亩 浇水 2 次/年 修剪 1 次/年	19、21、22、26、29
42	核桃与牧草复合经营模式（74）	大穴整地 100cm × 100cm × 100cm	生态林 经济林	2～3 个品种按（2～3）:1 隔行混栽 株行距 3m×5m 行间混交紫花苜蓿 红豆草等	
		核桃		核桃植苗 ABT 生根粉 保水剂等处理 基肥 10kg/株 牧草在植树后的翌春播种	
		H = 1.5m d = 2.5cm 的 2～3 年生嫁接苗		中耕除草（2、2、1）追肥 NP 肥 0.5kg/株 压绿肥 1 次/年 15kg/株	19、21、22、26、27、33
43	核桃与花椒地埂经营模式（78）	穴状整地 60cm × 60cm × 60cm	经济林	隔行混栽 每一梯田内行核桃 外行花椒 株距 核桃 3m 花椒 2m 幼林间作矮杆作物	
		核桃 花椒		截干植苗 三埋两踩一提苗 底肥 农家肥 2000kg/亩	
		播种 1 年生 I 级扦插苗		中耕除草 4 次/年 追肥 2 次/年 厩肥:NPK = 20:1 3000kg/亩 浇水 3 次/年 修剪 2 次/年	19、21、22、24、26、29

续表

序号	模式名称及模式号	整地方式	建设目标	配置形式	典型图式
		栽植树种		栽植要点	
		苗木规格		管护要点	适宜立地类型号
44	核桃与紫穗槐林牧复合经营模式（79）	穴状整地 核桃100cm×100cm×100cm 紫穗槐40cm×40cm×30cm 品字形排列	经济林 生态林	带状混交 核桃2~3个品种按（2~3）:1隔行混栽 株行距4m×8m 紫穗槐株行距2m×1.5m 行间播种紫花苜蓿	
		核桃 紫穗槐		植苗 ABT生根粉 保水剂等处理 基肥10kg/株	
		核桃2年生嫁接苗 紫穗槐1年生实生苗		中耕除草（2、2、1）追肥 NP肥0.5kg/株 压绿肥1次/年 15kg/株	19、21、22、24、26、29
45	核桃与连翘经营模式（80）	穴状整地 核桃100cm×100cm×100cm 连翘40cm×40cm×30cm 品字形排列	经济林 生态林	带状混交 核桃(2~3):1隔行混栽 株行距核桃4m×8m 连翘2m×1.5m	
		核桃 连翘		植苗 ABT生根粉 保水剂等处理 基肥10kg/株	
		核桃H=1.5m d=2.5cm的2~3年生嫁接苗 连翘1年生苗		中耕除草（2、2、1）追肥 NP肥0.5kg/株 压绿肥1次/年 15kg/株	19、21、22、24、26、29
46	花椒地埂经营模式（85）	穴状整地 80cm×80cm×80cm 品字形排列	经济林	株距3m 行距随地块大小而定 行间混交各种农作物	
		花椒		植苗（平埋压苗）ABT生根粉 保水剂等蘸根处理 基肥10kg/株	
		H=86cm d=0.5cm的1年生I级播种苗		中耕除草（2、2、1）追肥 NP复合肥0.5kg/株	19、21、22、26、29
47	火炬树造林模式(91)	穴状整地 50cm×50cm×30cm 品字形排列	生态林 风景林	纯林 株行距2m×3m	
		火炬树		山地截干造林 道路及村镇等带干造林 及时浇水	
		根系完整的1年生苗		中耕除草（2、2、1）	11、14、19、20、21、25、26、27、28、29、31、32、33

序号	模式名称及模式号	整地方式	建设目标	配置形式	典型图式
		栽植树种		栽植要点	
		苗木规格		管护要点	适宜立地类型号
48	梨树平、川、垣经营模式（94）	水平沟整地 宽 100cm × 深 100cm	经济林	2 个品种按（2~4）：或 2:2 隔行混栽 株行距 3m ×4m 幼林间作矮杆作物	
		梨		截干植苗 三埋两踩一提苗 底肥 农家肥 2750kg/亩	
		2 年生 I 级嫁接苗		中耕除草 4 次/年 追肥 2 次/年 厩肥：NPK = 20：1 1375kg/亩 浇水 每年 3 次 修剪 1 次/年	22、26、29、33
49	李树经营模式（95）	穴状整地 100cm × 100cm × 80cm 品字形排列	经济林	2~3 个品种按（2~3）：1 隔行混栽 株行距 3m × 4m 幼林间作矮杆作物	
		李树		植苗 ABT 生根粉 保水剂等蘸根处理 基肥 20kg/株	
		H = 100cm d = 1.0cm 的 1~2 年生 I 级嫁接苗		中耕除草 3 次/年 追肥 3 年生以上 NP 复合肥 1.0kg/株	22、26、29、33
50	辽东栎与云杉混交模式（98）	鱼鳞坑整地 80cm × 60cm × 40cm 品字形排列	生态林 用材林	块状混交 辽东栎疏林内栽植云杉 株行距 2m × 3m	
		辽东栎 云杉		植苗 ABT 生根粉或根宝等蘸根处理	
		辽东栎 d = 0.8cm 的 2 年生苗 云杉 H = 25~30cm d≥0.5cm 的 3~4 年生换床容器苗		中耕除草（2、2、1）追肥 2 次/年，以 NP 肥为主 80kg/亩	7、8

序号	模式名称及模式号	整地方式	建设目标	配置形式	典型图式
		栽植树种		栽植要点	
		苗木规格		管护要点	适宜立地类型号
51	柠条与山杏混交模式（102）	鱼鳞坑整地 50cm×40cm×30cm 品字形排列	生态林 经济林	带状或块状混交 株行距 2m×2m	
		柠条 山杏		柠条播种 15~20 粒/穴 山杏截干植苗 ABT 生根粉 保水剂等蘸根处理 山杏农家肥 400kg/亩	
		柠条当年采收的合格种子 山杏 d>1cm 的 1~2 年生健壮苗		中耕除草（1~2、1~2、1~2）平茬 柠条三年后平茬复壮 追肥 2 次/年 NP 肥为主 80kg/亩	14、15、16、19、20、22、25、26、27、28、29、30
52	柠条（紫穗槐）与山桃（山杏）混交模式（103）	坡地鱼鳞坑整地 50cm×40cm×30cm 平地穴状整地 40cm×40cm×30cm	生态林	带状混交或点缀式混交 柠条或紫穗槐 1m×3m 山杏或山桃 3m×12m	
		柠条 紫穗槐 山杏 山桃		植苗或播种能截杆造林的可截杆造林	
		合格种子或苗木		柠条播种后 3 年平茬 连续 3 年中耕锄草（3、2、1）	11、14、15、16、19、20、22、25、26、27、28、29、30
53	苹果片林经营模式（104）	穴状整地 100cm×100cm×100cm	经济林	1~2 个品种主栽按（1~8）:1 配置授粉树 株行距 3m×4m 幼林间作矮杆作物	
		苹果		基肥：20kg/株；春、秋季植苗，以春季为好，ABT 生根粉、保水剂等蘸根处理	
		H=100cm d=1.0cm 的 I 级嫁接苗		中耕除草（2、2、1）追肥 NP 肥 1.0kg/株	21、22、26、28、29、33

序号	模式名称及模式号	整地方式 / 栽植树种 / 苗木规格	建设目标	配置形式 / 栽植要点 / 管护要点	典型图式 / 适宜立地类型号
54	葡萄平、川、垣经营模式（106）	水平沟整地 宽 100cm × 深 100cm 葡萄（红提 黑提 红地球） 1 年生 I 级扦插苗	经济林	2 个品种按（2～4）∶1 隔行混栽 株行距 1.5m × 2m 幼林间作矮杆作物 截干植苗 三埋两踩一提苗 底肥 农家肥 5500kg/亩 中耕除草 4 次/年 追肥 2 次/年 厩肥∶NPK = 20∶1 3000kg/亩 浇水每年 3 次 修剪 2 次/年	 26、29、33
55	仁用杏林农复合经营模式（110）	穴状整地 80cm × 80cm × 80cm 仁用杏 H = 100cm d = 1.0cm 的 1～2 年生 I 级嫁接苗	经济林	2 品种按（1～4）∶1 行内混栽 株行距 3m ×（8～15）m 行间混交矮杆农作物 植苗 ABT 生根粉 保水剂等蘸根处理 基肥（农家肥 20kg + 钙镁磷肥 1kg）/株 中耕除草 3 次/年 追肥 3 年生以上 NP 复合肥 1.0kg/株	 22、26、27、28、30、33
56	仁用杏与侧柏混交模式（112）	穴状整地 仁用杏 80cm × 80cm × 80cm 侧柏 60cm × 60cm × 60cm 仁用杏 侧柏 仁用杏 H = 100cm d = 1.0cm 的 1～2 年生嫁接苗 侧柏 H = 40cm d = 0.5cm 的 2 年生实生苗	经济林 用材林	带状混交 仁用杏∶侧柏 1∶3 仁用杏 2 品种按（1～4）∶1 行内混栽 株距 3m 侧柏株行距 2m × 2m 植苗 ABT 生根粉 保水剂等蘸根处理 基肥仁用杏（农家肥 10kg + 钙镁磷肥 1kg）/株 中耕除草 3 次/年 追肥 仁用杏 3 年生以上 NP 肥各 1.0kg/株	 22、26、27、28、30、33

序号	模式名称及模式号	整地方式	建设目标	配置形式	典型图式
		栽植树种		栽植要点	
		苗木规格		管护要点	适宜立地类型号
57	仁用杏与连翘混交模式（113）	穴状整地 仁用杏 80cm × 80cm × 80cm 连翘 50cm × 50cm × 40cm	经济林 生态林	带状混交 仁用杏：连翘 1：4 仁用杏 2 品种按 (1~4)：1 行内混栽 株距 3m 连翘株行距 2m × 1.5m	
		仁用杏 连翘		植苗 ABT 生根粉 保水剂 等蘸根处理 基肥仁用杏 （农家肥 10kg + 钙镁磷肥 1kg）/株	
		仁用杏 H = 100cm d = 1.0cm 的 1~2 年生嫁接苗 连翘 H = 40cm d = 0.5cm 的 1 年生实生苗		中耕除草 3 次/年 追肥 仁用杏 3 年生以上 NP 肥 1.0kg/株	22、26、27、28、30、33
58	沙棘林牧复合经营模式（122）	水平沟整地宽 60cm × 深 60cm	生态林 经济林	沙棘株行距 1.5m × (5~6)m 长期混交豆科牧草	
		沙棘		三埋两踩一提苗 基肥 P 肥 45~50kg/亩	
		2 年生Ⅰ级扦插苗		中耕除草 2 次/年 追肥 1 次/年 N：P：K = 1：2：1 30kg/亩 修剪 2 次/年	11、12、13、14、15、16、17、18、19、20、23、24、27、31、32
59	灌木农田防护林模式（123）	穴状整地 40cm × 40cm × 30cm 品字形排列	农田防护林	主林带加生物地埂 网格控制不大于 100 亩	
		沙棘 柠条 沙桑 紫穗槐		植苗或播种能截杆造林的可截杆造林	
		最好使用容器苗		柠条播种后 3 年平茬 连续 3 年中耕锄草（3、2、1）	22、28、29、30、33

续表

序号	模式名称及模式号	整地方式	建设目标	配置形式	典型图式
		栽植树种		栽植要点	
		苗木规格		管护要点	适宜立地类型号
60	沙棘、柠条、沙桑、紫穗槐混交模式（124）	穴状整地 40cm × 40cm × 30cm	生态林	块状或带状混交 3m×1m	
		沙棘 柠条 沙桑 紫穗槐		植苗或播种能截杆造林的可截杆造林	
		合格壮苗或经检验合格的种子		柠条播种后 3 年平茬 连续 3 年中耕锄草（3、2、1）	9、10、11、13、14、15、16、17、18、19、20、21、22、23、24、25、26、27、28、29、30、31、32、33
61	山杏林牧复合经营模式（126）	水平沟整地 宽 80cm × 深 60cm	经济林	山杏株行距 3m ×（6～7）m 长期混交豆科牧草	
		山杏		三埋两踩一提苗 底肥 P 肥 100kg/亩	
		1～2 年生Ⅰ级实生苗		中耕除草 2 次/年 追肥 2 次/年 厩肥：N∶P∶K = 1∶2∶1 50kg/亩 修剪 2 次/年	15、16、19、20、26、28
62	四翅滨藜造林模式（143）	穴状整地 50cm × 50cm × 40cm 品字形排列	经济林 生态林	株行距 2m×2m	
		四翅 滨藜		植苗 ABT 生根粉速蘸或打泥浆 栽后平茬至 10～15cm	
		d>0.5cm 的 1 年生健壮苗		中耕除草 1～2 次/年 收割枝叶 2 次/年 追肥 2 次/年 NP 肥为主 80kg/亩	22、24、26、27、28、29
63	文冠果林牧复合经营模式（144）	水平带状或穴状整地 70cm ×70cm×50cm	生态林 经济林	文冠果株行距 3m × 4m 混交紫花苜蓿等豆科牧草	
		文冠果		栽植 打泥浆 随起随运随栽 栽植以低于根基 3～7cm 为宜	
		2 年生苗		中耕除草（1～2、1～2、1～2）施肥 1 次/年	15、16、19、20、22、23、25、26、27、28

序号	模式名称及模式号	整地方式	建设目标	配置形式	典型图式
		栽植树种		栽植要点	
		苗木规格		管护要点	适宜立地类型号
64	杏树林农复合经营模式（146）	穴状整地 100cm × 100cm × 100cm	经济林	2 品种按（1～4）：1 混栽 株行距 3m × 4m 幼林间作矮杆农作物	
		杏树		植苗 ABT 生根粉 保水剂等蘸根处理 基肥（有机肥 20kg＋P 肥 1.0kg）/株	
		H＝100cm d＝1.0cm 的 1～2 年生 I 级嫁接苗		中耕除草 3 次/年 追肥 3 年生以上 NP 复合肥 1.0kg/株	19、22、26、27、29、32、33
65	枣树林农复合经营模式（152）	水平沟整地 100cm×80cm	经济林	1～2 品种按 1：1 或 2：2 隔行混栽 株行距 2.5m×（8～10）m 长期间作矮杆作物	
		枣树		底肥：农家肥 1350～1650kg/亩；截干植苗，三埋两踩一提苗	
		播种 2 年生 I 级嫁接苗		中耕除草 4 次/年 追肥 2 次/年 厩肥：NPK＝20：1 675～875kg/亩 浇水 2～3 次/年 修剪 1 次/年	22、26、27、28、29、33

晋东土石山立地亚区（V-J）造林模式适宜立地类型检索表

序号	模式名称及模式号	整地方式	建设目标	配置形式	典型图式
		栽植树种		栽植要点	
		苗木规格		管护要点	适宜立地类型号
1	华北落叶松造林模式（1）	鱼鳞坑 80cm × 60cm × 40cm 穴状整地 60cm × 60cm × 60cm 品字形排列	用材林	片林 1m×4m	
		华北落叶松		用 ABT 生根粉浸根或用保水剂蘸根处理	
		2 年生壮苗 H≥30cm d≥0.4cm		连续 3 年中耕锄草（3、2、1）	1、2、3、4、5、6、7、8

序号	模式名称及模式号	整地方式		建设目标	配置形式	典型图式
		栽植树种			栽植要点	
		苗木规格			管护要点	适宜立地类型号
2	华北落叶松与桦树（山杨）混交模式（4）	鱼鳞坑整地 80cm × 60cm × 40cm 品字形排列		生态林	人工与天然自然配置 行间混交 2m × 3m	
		华北落叶松 桦树 山杨（天然萌生苗）			用 ABT 生根粉浸根或用保水剂蘸根处理	
		2 年生壮苗 H = 30 ~ 40cm d≥0.4cm			连续 3 年中耕锄草（3、2、1）	1、3、4、5、7、8
3	华北落叶松与五角枫（元宝枫）混交模式（6）	鱼鳞坑整地 80cm × 60cm × 40cm 品字形排列		生态林	带状混交 7∶3 株行距 1m × 2m	
		华北落叶松 五角枫（元宝枫）			用 ABT 生根粉浸根或用保水剂蘸根处理	
		华北落叶松 2 年生壮苗 H = 15 ~ 20cm d≥0.3cm 五角枫 1 ~ 2 年生 H = 50cm d≥0.5cm			连续 3 年中耕锄草（2、2、1）	5、6、7、8
4	华北落叶松与油松混交模式（7）	鱼鳞坑整地 80cm × 60cm × 40cm 品字形排列		生态林	块状混交 株行距 1.5m × 1.5m	
		华北落叶松 油松			用 ABT 生根粉浸根或用保水剂蘸根处理	
		2 年生壮苗			连续 3 年中耕锄草（2、2、1）	5、6、7、8、9
5	华北落叶松与云杉混交模式（8）	鱼鳞坑整地 80cm × 60cm × 40cm 品字形排列		生态林	带状混交 4 行一带 1∶1 的比例混栽 2m × 2m	
		华北落叶松 云杉			用 ABT 生根粉浸根或用保水剂蘸根处理	
		华北落叶松 2 年生壮苗 H = 30 ~ 40cm d≥0.4cm 云杉 3 ~ 4 年生换床苗 H = 25 ~ 30cm d≥0.5cm			连续 3 年中耕锄草（2、2、1）	1、2、3、4、5、6、7、8

序号	模式名称及模式号	整地方式	建设目标	配置形式	典型图式
		栽植树种		栽植要点	
		苗木规格		管护要点	适宜立地类型号
6	日本落叶松造林模式(9)	鱼鳞坑整地 80cm×60cm×40cm 品字形排列	生态林	片林 株行距2m×3m	
		日本落叶松		植苗造林	
		2年生容器苗		连续3年中耕锄草（2、2、1）	5、12
7	云杉与忍冬混交模式(10)	鱼鳞坑整地 80cm×60cm×40cm 品字形排列	生态林	带状混交 4行一带 2m×2m	
		云杉 忍冬		植苗造林 用 ABT 生根粉根宝等蘸根处理	
		云杉3~4年生换床苗 H=25~30cm d≥0.5cm 忍冬2年生苗 H=60~80cm d≥0.5cm		栽后2~4年穴中除草	1、2、3、4、5、6
8	油松与辽东栎（白桦）混交模式(13)	鱼鳞坑整地 80cm×60cm×40cm 品字形排列	生态林	带状 块状或行间混交 2m×3m	
		油松 辽东栎（白桦）		栽前用 ABT 生根粉浸根或用保水剂蘸根处理	
		油松2年生大规格容器苗 辽东栎（白桦）自然萌芽更新		连续3年中耕锄草（3、2、1）	4、5、6、7、8、9、10
9	油松与沙棘混交模式(15)	油松鱼鳞坑整地 80cm×60cm×40cm 沙棘穴状 40cm×40cm×30cm 品字形排列	生态林	带状混交 油松2m×4m 沙棘1m×1m	
		油松 沙棘		油松栽前用 ABT 生根粉浸根或用泥浆蘸根 沙棘可截杆造林再覆膜	
		油松2年生留床苗 d≥0.4cm H≥12cm 沙棘1年生 d≥0.6cm H≥60cm		连续3年中耕锄草（3、2、1）	4、5、6、7、8、9、10、11、12、13、14、15、16、17、18、20、21、22、23、28、29、30

续表

序号	模式名称及模式号	整地方式	建设目标	配置形式	典型图式
		栽植树种		栽植要点	
		苗木规格		管护要点	适宜立地类型号
10	油松与栓皮栎混交模式（18）	鱼鳞坑整地 80cm×60cm×40cm 品字形排列 栓皮栎直播穴径 25cm	生态林	带状或块状或行间混交 株行距 2m×3m	
		油松 栓皮栎		油松用 ABT 生根粉浸根或用保水剂蘸根处理	
		油松 2 年生大规格容器苗 栓皮栎直播造林		连续 3 年中耕锄草（1、2、2）栓皮栎间苗数年完成	14、15
11	油松与元宝枫混交模式（20）	鱼鳞坑整地 80cm×60cm×40cm 品字形排列	生态林	带状或块状或行间混交 2m×3m	
		油松 元宝枫		元宝枫（五角枫）采用截杆造林	
		2 年生 H=1.2~1.5m		连续 3 年中耕锄草（3、2、1）栽植当年越冬掩盖	10、11、12、14、15、16、18
12	油松（侧柏）与山桃（山杏）混交模式（24）	鱼鳞坑整地 80cm×60cm×40cm 品字形排列	生态林	带状或行间混交 株行距 2m×3m	
		油松（侧柏）山桃（杏）		栽前用 ABT 生根粉浸根或用保水剂蘸根处理	
		乔以 2 年生大规格容器苗为宜 灌用 2 年生播种苗		连续 3 年中耕锄草（3、2、1）	14、15、18、24、25、26、27、28
13	白皮松与黄栌混交模式（28）	鱼鳞坑整地白皮松 80cm×60cm×40cm 黄栌 50cm×40cm×30cm 品字形排列	生态林 用材林 风景林	带状或行间混交 株行距 1.5m×3m	
		白皮松 黄栌		白皮松植苗 黄栌截干植苗 堆土防寒 用 ABT 生根粉或保水剂等蘸根处理	
		白皮松 H>10cm d≥0.2cm 或塑膜容器苗 黄栌 2~3 年生播种苗		中耕除草（2、2、1）	13、14、15、18、26、28、31

序号	模式名称及模式号	整地方式	建设目标	配置形式	典型图式
		栽植树种		栽植要点	
		苗木规格		管护要点	适宜立地类型号
14	侧柏与臭椿混交模式（31）	鱼鳞坑整地 80cm×60cm×40cm 或穴状整地 60cm×60cm×60cm	生态林	带状 块状或行间混交 2m×2m	
		侧柏 臭椿		臭椿以早春和晚秋栽植为宜 春季带杆栽植宜迟不宜早	
		侧柏2年生容器苗 臭椿1年生苗		连续3年松土除草 栽植当年越冬掩盖	13、14、15、16、18、19、25、26、27、28、29、30、31
15	侧柏与刺槐混交模式（32）	坡地鱼鳞坑整地 80cm×60cm×40cm 平地穴状整地 60cm×60cm×60cm	生态林	带状混交 一般2~3行为一带 1.5m×4m	
		侧柏 刺槐		栽后用石块覆盖或覆膜 ABT生根粉和保水剂等蘸根处理	
		侧柏2年生大规格容器苗 刺槐D≥0.8cm 根系发达的健壮苗		连续2年松土除草 数株苗木生长在一起的应3年内定株	17、18、19、26、28、31
16	侧柏与柠条混交模式（33）	坡地鱼鳞坑整地侧柏 80cm×60cm×40cm 柠条 50cm×40cm×30cm 平地穴状整地侧柏 50cm×50cm×40cm 柠条 30cm×30cm×30cm	生态林	带状或行间混交 乔 1.5m×6m 灌 1m×6m	
		侧柏 柠条		栽后用石块覆盖或覆膜 ABT生根粉和保水剂等蘸根处理 宁条播种 植苗均可	
		侧柏以2年生大规格容器苗为宜 柠条播种或 d≥0.3cm 根系发达的健壮苗		连续2年松土除草 栽植当年越冬掩盖	13、14、15、18、19、26、28

续表

序号	模式名称及模式号	整地方式 栽植树种 苗木规格	建设目标	配置形式 栽植要点 管护要点	典型图式 适宜立地类型号
17	侧柏与天然野皂荚（荆条）混交模式（35）	鱼鳞坑整地 80cm × 60cm × 40cm 品字形排列 侧柏 野皂荚（荆条） 侧柏 2 年生大规格容器苗为宜 野皂荚平茬 复壮	生态林	自然或行间混交 侧柏 1.5m×3m 保留自然分布的野皂荚（荆条） 栽后用石块覆盖或覆膜 用 ABT 生根粉和保水剂等蘸根处理 连续 3 年中耕锄草（3、2、1）	13、14、15、16、18
18	侧柏（杜松）与天然灌木混交模式（36）	鱼鳞坑整地 80cm × 60cm × 40cm 品字形排列 侧柏 杜松 天然灌木 侧柏 2 年生大规格容器苗 柠条播种或 d≥0.5cm 根系发达的健壮苗	生态林	自然混交 3m 内坡面保留天然灌木树种 2m×3m 春季 雨季 秋季均可造林 栽后就地取石碎片覆盖 连续 3 年中耕锄草 5 月中旬与 8 月中旬为宜	7、8、9、13、14、15、18、19、26、27、28
19	圆柏造林模式（41）	穴状整地 50cm × 50cm × 30cm 圆柏 2 年生苗	生态林 风景林	株行距 1.5m×2m 带土球随挖随栽 ABT 生根粉或保水剂等蘸根处理 中耕除草（2、2、1）	18、19、26、27、28、31
20	杨树造林模式（45）	穴状整地 100cm × 100cm × 80cm 杨树 H>4.0m d>3cm 的 2 年生根 1 年生干苗木	生态林 用材林	片状 块状 3m×4m 植苗 浇水 覆盖塑膜 基肥有机肥 25~30kg/穴 中耕除草（2、1）浇水（2、1）	19、22、26、28、29、30、31

序号	模式名称及模式号	整地方式	建设目标	配置形式	典型图式
		栽植树种		栽植要点	
		苗木规格		管护要点	适宜立地类型号
21	杨树与刺槐混交模式（46）	杨树穴状整地 80cm×80cm×60cm 刺槐穴状整地 50cm×50cm×40cm	生态林 用材林	带状或行间混交 株行距 杨树 3m×6m 刺槐 2m×6m	
		杨树 刺槐		植苗 刺槐栽后根茎以上覆土 1.0cm 覆地膜	
		杨树 H>3.5m d>3.0cm 的 2 年根 1 年干苗 刺槐 H>1.5m d>1.5cm 的 1 年生实生苗		松土除草及整穴（2、1）除萌及抹芽 刺槐留一健壮直立枝条培养主茎 平茬 枯梢严重时秋季平茬	19、22、23、26、27、28、30、31
22	杨树与复叶槭混交模式（47）	穴状整地 70cm×70cm×70cm	生态林 用材林	带状或行间 1:1 混交 株行距 2m×2m	
		杨树 复叶槭		植苗 ABT 生根粉 保水剂等蘸根处理	
		H=2.5m d≥1.8cm 2 年生苗		幼林抚育（2、2、1）	12、14、16、17、18、19、22、23、26、27、28、30、31
23	杨树林农复合经营模式（50）	穴状整地 80cm×80cm×60cm 品字形排列	生态林 用材林	杨树两行一带 带间距 8m 株行距（2~3）m×（2~3）m 带间套种低杆作物	
		杨树（新疆杨 毛白杨 速生杨）		植苗 ABT 生根粉速蘸或打泥浆 施足底肥	
		杨树 H≥3.0m D 径≥3cm		中耕除草（1~2、1~2、1~2）浇水（2~3）追肥 2 次/年 NP 肥为主 0.5kg/株	28、31
24	农田林网及行道树造林模式（53）	穴状整地 100cm×100cm×80cm	生态林 用材林	一带两行 株行距 2m×（3~8）m	
		三倍体毛白杨 欧美杨 107 中金杨 中林 46 欧美杨 84		植苗 浇水 覆盖塑膜 基肥有机肥 25~30kg/穴	
		H>4.0m d>3.0cm 的 2 年生根 1 年生干苗木		中耕除草（2、1）浇水（2、1）	19、28、30、31

续表

序号	模式名称及模式号	整地方式	建设目标	配置形式	典型图式
		栽植树种		栽植要点	
		苗木规格		管护要点	适宜立地类型号
25	青杨与紫穗槐混交模式(55)	穴状整地 60cm × 60cm × 50cm	生态林	带状或行间混交 株行距 青杨 3m × 4m 紫穗槐 1m × 4m	
		青杨 紫穗槐		植苗 修剪根系和梢头 春季栽植需浇水	
		青杨 2 年生大苗 紫穗槐 1 年生苗		中耕除草（2、1）修枝及定干 青杨树冠占全树的 1/2 平茬 紫穗槐第二年后进行	28、29、30
26	垂柳与紫穗槐护岸林模式(57)	穴状整地 柳树 80cm × 80cm × 60cm 紫穗槐 50cm × 50cm × 40cm	生态林	带状混交（4 行：4 行）株行距 柳树 2m × 2m 紫穗槐 1m × 2m	
		柳树 紫穗槐		植苗或播种 ABT 生根粉根宝等催芽或蘸根处理	
		柳树 H≥2.5m d≥3cm 紫穗槐当年采收的合格种子		中耕除草（2、2、1）割条 2 次/年 夏沤肥 秋编织 追肥 2 次/年 NP 肥为主 100kg/亩	28、29、30、31
27	白榆造林模式(59)	穴状整地 50cm × 50cm × 50cm	生态林 用材林	片林 株行距 1.5m × 2m 幼林间作矮杆作物	
		白榆		植苗 ABT 生根粉 保水剂等蘸根处理	
		H≥1.5m d = 1~4cm 的 2 年生ⅠⅡ苗		中耕除草（2、2、1）	19、22、23、24、25、26、27、28、29、30、31
28	臭椿造林模式(62)	穴状整地 50cm × 50cm × 50cm	生态林 用材林	片林 株行距 1.5m × 2m 幼林间作矮杆作物	
		臭椿		植苗 ABT 生根粉或根宝速蘸或打泥浆	
		H = 1.0m d = 1.5cm 的截干苗		连续 3 年中耕锄草（2、2、1）	10、11、12、13、14、15、16、17、18、19、20、22、23、24、25、26、27、28、29、30、31

序号	模式名称及模式号	整地方式	建设目标	配置形式	典型图式
		栽植树种		栽植要点	
		苗木规格		管护要点	适宜立地类型号
29	臭椿与刺槐混交模式（63）	鱼鳞坑整地 80cm × 60cm × 40cm 品字形排列	生态林 用材林	带状或行间混交 株行距 1.5m×2m	
		臭椿 刺槐		植苗 ABT 生根粉或根宝速蘸或打泥浆	
		臭椿 H≥1m d>1.5cm 的 2 年生苗 刺槐 H≥1m d>0.8cm 的 1～2 年生健壮苗		幼林抚育（2、2、1）	19、24、25、26、27、28、30、31
30	刺槐造林模式（64）	鱼鳞坑整地 80cm × 60cm × 40cm 品字形排列	生态林 用材林	株行距 2m×3m	
		刺槐		截干栽植 苗根蘸保水剂 苗干上覆土 1.0cm 穴上覆盖塑料膜	
		H = 1.5m d = 1.5cm 的截干苗		抹芽除萌 萌芽时将塑膜开洞 萌条长到 30cm 时留一健壮直立者 其余抹去 并及时除萌 松土除草及整穴 第一年 2 次 第二年 1 次	19、24、25、26、27、28、31
31	刺槐与沙棘混交模式（65）	穴状整地 50cm × 50cm × 50cm 品字形排列	生态林	带状混交 4 行一带 株行距 刺槐 2m×2m 沙棘 1m×1m	
		刺槐 沙棘		刺槐栽前平茬至 10～15cm ABT 生根粉速蘸或打泥浆	
		刺槐 H = 1m d>0.8cm 的 1～2 年生苗 沙棘 d>0.5cm 的 1 年生健壮苗		中耕除草 2 次/年 追肥 2 次/年	19、20、21、22、23、24、26、27、28、31

续表

序号	模式名称及模式号	整地方式	建设目标	配置形式	典型图式
		栽植树种		栽植要点	
		苗木规格		管护要点	适宜立地类型号
32	泡桐造林模式 (69)	穴状整地 100cm × 100cm × 80cm	用材林	片林　株行距 4m×5m	
		泡桐		截干植苗　施肥	
		H = 4m　d = 6cm 的 I 级嫁接苗		平茬 1～2 次　幼林抚育 5 年（2、2、2、2、2）	30、31
33	杜梨造林模式 (70)	鱼鳞坑整地 80cm × 60cm × 40cm 品字形排列	生态林	片林　株行距 1m×2m	
		杜梨		植苗　ABT 生根粉或根宝速蘸或打泥浆	
		2 年生苗		中耕除草（2、2、2）	5、6、7、8、9、10、11、12、14、15、17、18、19、20、21、22、23、24、25、26、27、28、29、30、31
34	杜仲片林经营模式 (71)	坡地鱼鳞坑整地 80cm×60cm ×40cm　川、垣地穴状整地 50cm × 50cm × 40cm 品字形排列	生态林 用材林 经济林	株行距 2m×2m 幼林行间种植低秆农作物	
		杜仲		根系蘸泥浆	
		H = 50～70cm　d = 0.5cm 的 1 年生以上苗		摘除下部侧芽　只留顶部 1～2 饱满侧芽　松土除草 2 次/年　追肥　修枝除蘖修剪萌蘖枝和侧旁枝	14、18、28
35	构树造林模式 (72)	水平带状或穴状整地 50cm × 50cm×50cm	生态林 经济林	片林　株行距 2m×3m 或 4m×1.5m	
		构树		起苗后及时打泥浆　并随起随运随栽　秋季截干面埋土 5～6cm	
		2 年生苗		中耕除草（1～2、1～2）封山育林　有种源地区可封山育林	11、12、14、15、17、18、22、26、28、29、30、31

序号	模式名称及模式号	整地方式	建设目标	配置形式	典型图式
		栽植树种		栽植要点	
		苗木规格		管护要点	适宜立地类型号
36	核桃梯田经营模式（73）	大穴整地 100cm × 100cm × 100cm	经济林	2~3 个品种 1:1 或 1:1:1 隔行混栽 株行距 3m × 5m（晚实）3m × 4m（早实）幼林间作矮杆作物	
		核桃		植苗 三埋两踩一提苗 底肥 农家肥 2750kg/亩	
		2 年生 I 级嫁接苗		中耕除草 3 次/年 追肥 2 次/年 厩肥：NPK = 20:11000kg/亩 浇水 2 次/年 修剪 1 次/年	14、18、19、26
37	核桃与花椒地埂经营模式（78）	穴状整地 60cm × 60cm × 60cm	经济林	隔行混栽 每一梯田内行核桃 外行花椒 株距 核桃 3m 花椒 2m 幼林间作矮杆作物	
		核桃 花椒		截干植苗 三埋两踩一提苗 底肥 农家肥 2000kg/亩	
		播种 1 年生 I 级扦插苗		中耕除草 4 次/年 追肥 2 次/年 厩肥：NPK = 20:13000kg/亩 浇水 3 次/年 修剪 2 次/年	14、18、19、26
38	核桃与紫穗槐林牧复合经营模式（79）	穴状整地 核桃 100cm × 100cm × 100cm 紫穗槐 40cm × 40cm × 30cm 品字形排列	经济林 生态林	带状混交 核桃 2~3 个品种按（2~3）:1 隔行混栽 株行距 4m × 8m 紫穗槐 株行距 2m × 1.5m 行间播种紫花苜蓿	
		核桃 紫穗槐		植苗 ABT 生根粉 保水剂等处理 基肥 10kg/株	
		核桃 2 年生嫁接苗 紫穗槐 1 年生实生苗		中耕除草（2、2、1）追肥 NP 肥 0.5kg/株 压绿肥 1 次/年 15kg/株	14、16、18、19、26、28、31

序号	模式名称及模式号	整地方式	建设目标	配置形式	典型图式
		栽植树种		栽植要点	
		苗木规格		管护要点	适宜立地类型号
39	核桃与连翘经营模式（80）	穴状整地 核桃 100cm × 100cm × 100cm 连翘 40cm × 40cm × 30cm 品字形排列	经济林 生态林	带状混交 核桃（2~3）:1 隔行混栽 株行距核桃 4m × 8m 连翘 2m × 1.5m	
		核桃 连翘		植苗 ABT 生根粉 保水剂等处理 基肥 10kg/株	
		核桃 H = 1.5m d = 2.5cm 的 2 ~ 3 年生嫁接苗 连翘 1 年生苗		中耕除草（2、2、1）追肥 NP 肥 0.5kg/株 压绿肥 1 次/年 15kg/株	14、16、18、19、26、28、31
40	核桃楸与山杨（白桦）混交模式（81）	穴状整地 50cm × 50cm × 40cm 品字形排列	生态林 用材林 经济林	带状或行间混交 株行距 2m × 3m	
		核桃楸 山杨 白桦		核桃楸起苗时要保护根系	
		2 年生大苗		中耕除草（2、1）人工更新 山杨及白桦平茬 断根等 促进更新	8、14、18
41	黑核桃片林经营模式（82）	穴状整地 80cm × 80cm × 80cm 品字形排列	经济林 用材林	2 个品种按（1~6）:1 混栽 株行距（1.5~2）m ×（3~4）m 幼林行间混交矮杆农作物 豆科牧草	
		黑核桃		植苗 ABT 生根粉 保水剂等蘸根处理 基肥 10kg/株	
		H = 50cm d = 1.2cm 的 1 ~ 2 年生 I 级嫁接苗		中耕除草（2、2、1）追肥 NP 肥 0.5kg/株	14、16、18、19、26、28、31
42	黑核桃林草复合经营模式（83）	穴状整地 80cm × 80cm × 80cm 品字形排列	经济林 用材林	2 个品种按（1~6）:1 混栽 株行距（2~3）m ×（3~4）m 行间混交紫花苜蓿 沙打旺 草木樨等	
		黑核桃		植苗 ABT 生根粉 保水剂等蘸根处理 基肥 10kg/株	
		H = 50cm d = 1.2cm 的 1 ~ 2 年生 I 级嫁接苗		中耕除草（2、2、1）追肥 NP 肥 1.5kg/株 压绿肥 1 次/年 15kg/株	14、16、18、19、26、28、31

序号	模式名称及模式号	整地方式	建设目标	配置形式	典型图式
		栽植树种		栽植要点	
		苗木规格		管护要点	适宜立地类型号
43	黑椋子梯田地埂经营模式（84）	穴状整地 50cm × 50cm × 50cm 品字形排列	经济林	株距 3m 行距 3m 或随地块大小而定 行间混交各种农作物	
		黑椋子		植苗（平埋压苗）ABT 生根粉 施肥	
		H = 50cm d = 0.5cm 的 2 年生苗		中耕除草（2、2、1）	19、22、23、26、27、28、31
44	花椒地埂经营模式（85）	穴状整地 80cm × 80cm × 80cm 品字形排列	经济林	株距 3m 行距随地块大小而定 行间混交各种农作物	
		花椒		植苗（平埋压苗）ABT 生根粉 保水剂等蘸根处理 基肥 10kg/株	
		H = 86cm d = 0.5cm 的 1 年生Ⅰ级播种苗		中耕除草（2、2、1）追肥 NP 复合肥 0.5kg/株	14、18、19、26
45	花椒片林经营模式（86）	穴状整地 60cm × 60cm × 60cm 品字形排列	生态林 经济林	株行距 1m×（1~2）m	
		花椒		植苗（平埋压苗）ABT 生根粉 保水剂等蘸根处理 基肥 5kg/株	
		H = 86cm d = 0.5cm 的 1 年生Ⅰ级播种苗		中耕除草（2、2、1）追肥 NP 肥 0.5kg/株	14、16、18、19、26
46	花椒林牧复合经营模式（87）	穴状整地 100cm × 100cm × 100cm 品字形排列	生态林 经济林	株行距 3m × 5m 行间混交紫花苜蓿	
		花椒		植苗（平埋压苗）ABT 生根粉 保水剂等蘸根处理 基肥 10kg/株	
		2 年生Ⅰ级播种苗		中耕除草（2、2、1）追肥 NP 肥 0.5kg/株 压绿肥 1 次/年 15kg/株	14、16、18、19、26

续表

序号	模式名称及模式号	整地方式	建设目标	配置形式	典型图式
		栽植树种		栽植要点	
		苗木规格		管护要点	适宜立地类型号
47	黄菠萝造林模式（89）	穴状整地 50cm × 50cm × 50cm 品字形排列	生态林 用材林	片林 株行距 1.5m × 2m 幼林间作矮杆作物	
		黄菠萝		植苗 三埋两踩一提苗	
		H = 0.7m d = 0.4cm 的 2 年生苗		中耕除草 5 年内 4 次/年 平茬 幼树平茬后摘芽定干	12、14、17、18
48	黄连木造林模式（90）	鱼鳞坑整地 80cm × 60cm × 40cm 品字形排列	生态林 用材林 经济林	株行距 生态林 2m × 2m 或 2m × 3m 经济林 3m × 3m 或 4m × 4m 或秋季采种后即播 5 ~ 10 粒/穴 行间间作豆科牧草	
		黄连木		植苗 条件差者可截干栽植 留干 5 ~ 10cm ABT 生根粉 ak 保水剂等蘸根处理	
		1 ~ 2 年生苗 以 2 年生苗为好		中耕除草（2、2、1）	18、26、28、31
49	火炬树造林模式（91）	穴状整地 50cm × 50cm × 30cm 品字形排列	生态林 风景林	纯林 株行距 2m × 3m	
		火炬树		山地截干造林 道路及村镇等带干造林 及时浇水	
		根系完整的 1 年生苗		中耕除草（2、2、1）	13、14、15、18、24、25、26、27、28、29、30、31
50	荆条造林模式（92）	穴状整地 40cm × 40cm × 30cm 品字形排列	生态林	片林 直播 10 ~ 15 粒/穴 植苗株行距 1m × 2m	
		荆条		直播覆土 <0.5cm 或植苗	
		直播或 2 年生苗		管护 封山育林 中耕除草 据情况进行 平茬 3 ~ 5 年后可隔带平茬	17、18、28、29、30

续表

序号	模式名称及模式号	整地方式 / 栽植树种 / 苗木规格	建设目标	配置形式 / 栽植要点 / 管护要点	典型图式 / 适宜立地类型号
51	狼牙刺与侧柏混交模式（93）	穴状整地 50cm×50cm×40cm 品字形排列 狼牙刺 侧柏 侧柏2年生大规格容器苗 狼牙刺2年生苗或直播	生态林	带状或行间混交 株行距1m×2m 狼牙刺直播10~15粒/穴 截干植苗 打泥浆 随起随运随栽 或雨季播种 播种前需浸种 中耕除草（1~2、1~2、1~2）平茬 3~5年后可隔带平茬	 17、18
52	梨树平、川、垣经营模式（94）	水平沟整地 宽100cm×深100cm 梨 2年生Ⅰ级嫁接苗	经济林	2个品种按（2~4）：或2:2隔行混栽 株行距3m×4m 幼林间作矮杆作物 截干植苗 三埋两踩一提苗 底肥 农家肥2750kg/亩 中耕除草4次/年 追肥2次/年 厩肥：NPK=20:11375kg/亩 浇水 每年3次 修剪1次/年	 19、26、31
53	李树经营模式（95）	穴状整地 100cm×100cm×80cm 品字形排列 李树 H=100cm d=1.0cm的1~2年生Ⅰ级嫁接苗	经济林	2~3个品种按（2~3）:1隔行混栽 株行距3m×4m 幼林间作矮杆作物 植苗 ABT生根粉 保水剂等蘸根处理 基肥20kg/株 中耕除草3次/年 追肥3年生以上NP复合肥1.0kg/株	 19、26、31
54	连翘经营模式（96）	水平带状或穴状整地40cm×40cm×30cm 品字形排列 连翘 H>40cm的2年生苗或直播	生态林 经济林	纯林 株行距1m×2m 直播10~15粒/穴 截干植苗 打泥浆 随起随运随栽 或雨季播种 播种前需浸种 管护 防牲畜啃吃幼苗 中耕除草2次/年 平茬3~5年后可隔带平茬	 5、6、8、9、11、12、14、15、17、18、19、20、22、26、28、31

续表

序号	模式名称及模式号	整地方式	建设目标	配置形式	典型图式
		栽植树种		栽植要点	
		苗木规格		管护要点	适宜立地类型号
55	楝树与紫穗槐混交模式(97)	穴状整地 60cm × 60cm × 50cm 品字形排列	生态林	带状或行间混交 株行距 楝树 2m×2m 紫穗槐 1m×2m	
		楝树 紫穗槐		楝树从 2/3 处截干 栽植深度约 35cm 紫穗槐截干栽植	
		楝树 H > 1.5cm 紫穗槐 1 年生苗		中耕除草（1～2、1～2、1～2）施肥 1 次/年 斩梢抹芽 楝树结合抚育修枝整理	28、29、30、31
56	辽东栎与云杉混交模式(98)	鱼鳞坑整地 80cm × 60cm × 40cm 品字形排列	生态林 用材林	块状混交 辽东栎疏林内栽植云杉 行距 2m×3m	
		辽东栎 云杉		植苗 ABT 生根粉或根宝等蘸根处理	
		辽东栎 d = 0.8cm 的 2 年生苗 云杉 H = 25～30cm d≥0.5cm 的 3～4 年生换床容器苗		中耕除草（2、2、1）追肥 2 次/年，以 NP 肥为主 80kg/亩	5、6
57	麻栎与油松混交模式(99)	麻栎直播穴状整地 30cm × 30cm × 30cm 油松（侧柏）鱼鳞坑整地 80cm × 60cm × 40cm	生态林 用材林	带状混交 2 行麻栎 1 行油松株行距 2m×3m 麻栎直播 5～6 粒/穴	
		麻栎 油松		麻栎直播 7～8 年后行间栽植油松	
		麻栎直播 油松 2 年生容器苗		间苗 麻栎间苗 2 次 中耕除草（3、2、1）踏穴培土 防冻拔害 平茬 麻栎 3～4 年在休眠期平茬 翌年选 1 健壮萌条培养	14、15、18

序号	模式名称及模式号	整地方式	建设目标	配置形式	典型图式
		栽植树种		栽植要点	
		苗木规格		管护要点	适宜立地类型号
58	毛梾与胡枝子混交林模式（100）	水平带状或穴状整地毛梾60cm×60cm×50cm 胡枝子30cm×30cm×30cm	生态林 经济林	带状混交 株行距 毛梾4m×6m 胡枝子1m×2m	
		毛梾 胡枝子		植苗 打泥浆 随起随运随栽 毛梾挖取2～3年生根蘖苗造林时 距母株30cm以外	
		毛梾 H=1.5m d>1.5cm 的2年生苗 胡枝子1年生苗		中耕除草 2～3次/年 毛梾2～3年除蘖定干 干高1.5m～2m	5、6、8、9、10、11、12、13、14、15、17、18
59	柠条与山杏混交模式（102）	鱼鳞坑整地50cm×40cm×30cm 品字形排列	生态林 经济林	带状或块状混交 株行距2m×2m	
		柠条 山杏		柠条播种15～20粒/穴 山杏截干植苗 ABT生根粉 保水剂等蘸根处理 山杏农家肥400kg/亩	
		柠条当年采收的合格种子 山杏 d>1cm 的1～2年生健壮苗		中耕除草（1～2、1～2、1～2）平茬 柠条三年后平茬复壮 追肥2次/年 NP肥为主80kg/亩	13、14、15、18
60	苹果片林经营模式（104）	穴状整地100cm×100cm×100cm	经济林	1～2个品种主栽按（1～8）:1配置授粉树 株行距3m×4m 幼林间作矮杆作物	
		苹果		基肥：20kg/株；春、秋季植苗，以春季为好，ABT生根粉、保水剂等蘸根处理	
		H=100cm d=1.0cm 的Ⅰ级嫁接苗		中耕除草（2、2、1）追肥 NP肥 1.0kg/株	19、26、28、31

续表

序号	模式名称及模式号	整地方式	建设目标	配置形式	典型图式
		栽植树种		栽植要点	
		苗木规格		管护要点	适宜立地类型号
61	楸树与紫穗槐混交模式（108）	水平带状或穴状整地　楸树 60cm×60cm×50cm　紫穗槐 30cm×30cm×30cm	生态林用材林	带状或行间混交　株行距 楸树 2m×3m　紫穗槐 1m×3m	
		楸树　紫穗槐		植苗　打泥浆　随起随运随栽　楸树挖取 2～3 年生根蘖苗造林时　距母株 30cm 以外	
		楸树 H = 1.5m d > 1.5cm 的 2 年生苗　紫穗槐 1 年生苗		中耕除草（2、2、1）除蘖　除去幼树基部萌蘖条　施肥　第三年秋在距根株 50cm 处挖壕压埋紫穗槐绿肥	28、31
62	仁用杏林农复合经营模式（110）	穴状整地 80cm×80cm×80cm	经济林	2 品种按（1～4）∶1 行内混栽　株行距 3m×（8～15）m 行间混交矮杆农作物	
		仁用杏		植苗　ABT 生根粉　保水剂等蘸根处理　基肥（农家肥 20kg + 钙镁磷肥 1kg）/株	
		H = 100cm d = 1.0cm 的 1～2 年生 I 级嫁接苗		中耕除草 3 次/年　追肥 3 年生以上 NP 复合肥 1.0kg/株	19、26、28、31
63	桑树林农复合经营模式（117）	穴状整地 80cm×80cm×80cm	经济林	单行或双行　株行距 3m×（8～15）m 行间混交各类农作物	
		桑树		植苗　ABT 生根粉　保水剂等蘸根处理　基肥 10kg/株	
		H = 100cm d = 1.0cm 的 1～2 年生实生苗		中耕除草 2～3 次/年　追肥 NP 肥 0.5kg/株　压绿肥 1 次/年 15kg/株	19、26、28、31

序号	模式名称及模式号	整地方式	建设目标	配置形式	典型图式
		栽植树种		栽植要点	
		苗木规格		管护要点	适宜立地类型号
64	柿树林农复合经营模式（120）	穴状整地 100cm × 100cm × 100cm	经济林	2 个品种按（1~4）：1 行内混栽 株行距 3m×（8~15）m 行间混交农作物	
		涩柿 甜柿		植苗 ABT 生根粉 保水剂等蘸根处理 基肥 15kg/株	
		H＝100cm d＝1.0cm 的 1~2 年生Ⅰ级嫁接苗		中耕除草 3~4 次/年 追肥 NP 肥 0.5kg/株	14、17、18、19、22、23、26、27、28、31
65	山合欢与连翘混交模式（125）	水平带状或穴状整地 50cm × 50cm × 50cm	生态林 经济林	行间混交 株行距 山合欢 2m×3m 连翘 1m×3m	
		山合欢 连翘		植苗 打泥浆 随起随运随栽 春季干旱可截干造林或萌芽更新	
		2 年生苗		中耕除草（1~2、1~2）定干 保留一健壮萌条培养 封山育林 有种源地区可封山育林	12、14、17、18
66	山杏与连翘经营模式（128）	穴状整地 山杏 60cm × 60cm ×50cm 连翘 50cm × 50cm × 40cm	经济林	带状混交 山杏：连翘 ＝ 1：4 山杏株距 3m 连翘株行距 2m×1.5m	
		山杏 连翘		植苗 ABT 生根粉 保水剂等蘸根处理 基肥 山杏（农家肥 5kg + 钙镁磷肥 0.5kg）/株	
		山杏 H＝85cm d＝0.8cm 的 1 年生实生苗 连翘 H＝40cm d＝0.5cm 的 1 年生实生苗		中耕除草（2、2、1）追肥 3 年生以上 NP 肥各 1.0kg/株	13、14、15、18
67	山楂林农复合经营模式（130）	穴状整地 100cm × 100cm × 100cm	经济林	2~3 个品种按（1~4）：1 行内混栽 株行距 3m×（8~15）m 行间长期混交农作物	
		山楂		植苗 ABT 生根粉 保水剂等蘸根处理 基肥 20kg/株	
		H＝90cm d＝1.1cm 的 1~2 年生Ⅰ级嫁接苗		中耕除草 3 次/年 追肥 NP 肥 1.0kg/株	14、16、18、19、26、28、31

续表

序号	模式名称及模式号	整地方式	建设目标	配置形式	典型图式
		栽植树种		栽植要点	
		苗木规格		管护要点	适宜立地类型号
68	山楂梯田地埂经营模式 (131)	穴状整地 100cm × 100cm × 100cm	经济林	株距 3m 行距随地块大小而定 行间混交农作物	
		山楂		植苗 ABT 生根粉 保水剂等蘸根处理 基肥 20kg/株	
		H = 90cm d = 1.1cm 的 1~2 年生 I 级嫁接苗		中耕除草 3 次/年 追肥 NP 肥 1.0kg/株	14、16、18、19、26、28、31
69	山茱萸片林经营模式 (132)	穴状整地 70cm × 70cm × 50cm	经济林	株行距 3m×5m 幼林间作矮杆农作物	
		山茱萸		植苗 ABT 生根粉 保水剂等蘸根处理	
		2 年生苗		幼林抚育（2、2、1）浇水 2 次/年 追肥	12、14、16、17、18、19、22、23、26、27、28、31
70	柽柳与紫穗槐盐碱地造林模式 (136)	穴状 40cm×40cm×30cm	生态林	块状或带状混交 1m×3m	
		柽柳 紫穗槐		植苗或播种 用 ABT 生根粉或根宝催芽或蘸根处理	
		合格苗木或经检验合格的种子		柠条播种后 3 年平茬 连续 3 年中耕锄草（3、2、1）	16、29、30、31
71	翅果油片林经营模式 (137)	穴状整地 50cm × 50cm × 30cm	经济林	株行距 2m×2m	
		翅果油		植苗（平埋压苗）ABT 生根粉 施肥	
		H = 50cm d = 0.5cm 的 2 年生苗		中耕除草（2、2、1）	12、14、15、16、17、18、19、22、23、24、25、26、27

续表

序号	模式名称及模式号	整地方式	建设目标	配置形式	典型图式
		栽植树种		栽植要点	
		苗木规格		管护要点	适宜立地类型号
72	文冠果林牧复合经营模式（144）	水平带状或穴状整地 70cm×70cm×50cm	生态林 经济林	文冠果株行距 3m×4m 混交紫花苜蓿等豆科牧草	文冠果 豆科牧草 3M 3M 4M 4M
		文冠果		栽植 打泥浆 随起随运随栽 栽植以低于根基 3～7cm 为宜	
		2 年生苗		中耕除草（1～2、1～2、1～2）施肥 1 次/年	14、18、22、23、24、25、26、27、28、31
73	香椿片林经营模式（145）	穴状整地 50cm×50cm×50cm	经济林	株行距 3m×3m	香椿 随地块大小定 随地块大小定 随地块大小定
		香椿		植苗 ABT 生根粉 保水剂等蘸根处理	
		H>1m d=1cm 2 年生苗		中耕除草（2、2、1）追肥 除芽截干	12、16、17、22、23、28、31
74	杏树林农复合经营模式（146）	穴状整地 100cm×100cm×100cm	经济林	2 品种按（1～4）:1 混栽 株行距 3m×4m 幼林间作矮杆农作物	杏树 矮杆农作物 3M 4M 4M 4M
		杏树		植苗 ABT 生根粉 保水剂等蘸根处理 基肥（有机肥 20kg+P 肥 1.0kg）/株	
		H=100cm d=1.0cm 的 1～2 年生Ⅰ级嫁接苗		中耕除草 3 次/年 追肥 3 年生以上 NP 复合肥 1.0kg/株	16、19、26、28、31
75	野皂荚与臭椿混交模式（149）	穴状整地 40cm×40cm×30cm	生态林 经济林	片状或带状混交 臭椿株行距 2m×3m 野皂荚 1m×2m 直播 10～15 粒/穴	臭椿 野皂荚 2M 1M 2M 2M 3M
		野皂荚 臭椿		截干植苗 或直播覆土 2cm	
		臭椿 2 年生以上壮苗 野皂荚也可直播		管护 封山育林 中耕除草 据情况进行 平茬 3～5 年后可隔带平茬	10、11、12、13、14、15、16、17、18

续表

序号	模式名称及模式号	整地方式 / 栽植树种 / 苗木规格	建设目标	配置形式 / 栽植要点 / 管护要点	典型图式 / 适宜立地类型号
76	银杏林草复合经营模式（150）	穴状整地 80cm × 80cm × 80cm	生态林　经济林	片林　株行距（2.5～3）m ×（3～3.5）m 行间混交 紫花苜蓿 红豆草 小冠花等	
		银杏		植苗 ABT 生根粉 保水剂等蘸根处理 基肥 20kg/株	
		H = 28cm d = 0.9cm 的 1～2 年生 I 级嫁接苗		中耕除草（2、2、1）追肥 NP 肥 0.5kg/株 压绿肥 1 次/年 15kg/株	31
77	元宝枫造林模式（151）	坑状整地 80cm × 80cm × 60cm	生态林　经济林　风景林	片林　株行距 2m×5m 或散生栽植	
		元宝枫		栽后覆盖塑膜 基肥有机肥 25kg/穴	
		H = 1.5m d = 1.5cm 的 2 年生根 1 年生干嫁接苗		中耕除草及整穴（2、1）	11、14、18、19、20、21、22、23、25、27、28、31
78	枣树林农复合经营模式（152）	水平沟整地 100cm×80cm	经济林	1～2 品种按 1∶1 或 2∶2 隔行混栽 株行距 2.5m ×（8～10）m 长期间作矮杆作物	
		枣树		底肥：农家肥 1350～1650kg/亩；截干植苗，三埋两踩一提苗	
		播种 2 年生 I 级嫁接苗		中耕除草 4 次/年 追肥 2 次/年 厩肥：NPK = 20∶1 675～875kg/亩 浇水 2～3 次/年 修剪 1 次/年	19、26、28、31

中条山土石山立地亚区（V-K）造林模式适宜立地类型检索表

序号	模式名称及模式号	整地方式 / 栽植树种 / 苗木规格	建设目标	配置形式 / 栽植要点 / 管护要点	典型图式 / 适宜立地类型号
1	华北落叶松造林模式（1）	鱼鳞坑 80cm×60cm×40cm 穴状整地 60cm×60cm×60cm 品字形排列 华北落叶松 2 年生壮苗 H≥30cm d≥0.4cm	用材林	片林 株行距 1m×4m 用 ABT 生根粉浸根或用保水剂蘸根处理 连续 3 年中耕锄草（3、2、1）	 1、3、5、8
2	华北落叶松与桦树（山杨）混交模式（4）	鱼鳞坑整地 80cm×60cm×40cm 品字形排列 华北落叶松 桦树 山杨（天然萌生苗） 2 年生壮苗 H=30~40cm d≥0.4cm	生态林	人工与天然自然配置 行间混交 2m×3m 用 ABT 生根粉浸根或用保水剂蘸根处理 连续 3 年中耕锄草（3、2、1）	 1、3、5、8
3	油松与连翘混交模式（12）	坡地鱼鳞坑整地油松 80cm×60cm×40cm 连翘 50cm×40cm×30cm 垣地穴状或小穴状整地 油松 50cm×50cm×40cm 连翘 30cm×30cm×30cm 油松 连翘 油松 2 年生大规格容器苗 连翘 2 年生苗	生态林	1 行油松 3m×4m 2 行连翘 1m×2m 直接栽植 连续 3 年中耕锄草（3、3、3）	 4、5、6、7、8、9、12、13
4	油松与沙棘混交模式（15）	油松鱼鳞坑整地 80cm×60cm×40cm 沙棘穴状 40cm×40cm×30cm 品字形排列 油松 沙棘 油松 2 年生留床苗 d≥0.4cm H≥12cm 沙棘 1 年生 d≥0.6cm H≥60cm	生态林	带状混交 油松 2m×4m 沙棘 1m×1m 油松栽前用 ABT 生根粉浸根或用泥浆蘸根 沙棘可截杆造林再覆膜 连续 3 年中耕锄草（3、2、1）	 4、5、6、7、8、9、12、13、23、24

续表

序号	模式名称及模式号	整地方式 / 栽植树种 / 苗木规格	建设目标	配置形式 / 栽植要点 / 管护要点	典型图式 / 适宜立地类型号
5	油松与山杨混交模式（17）	鱼鳞坑整地 80cm × 60cm × 40cm 品字形排列 油松 山杨 油松用 2 年生容器苗 山杨采取天然或人工促进天然更新	生态林	带状 块状混交 3～5 行一带 2m×2m 或 4m×2m 油松直接栽植 山杨截杆苗造林 连续 2 年松土除草 山杨平茬 断根促进更新	 5、6、8、9、10、11、12
6	油松与栓皮栎混交模式（18）	鱼鳞坑整地 80cm × 60cm × 40cm 品字形排列 栓皮栎直播穴径 25cm 油松 栓皮栎 油松 2 年生大规格容器苗 栓皮栎直播造林	生态林	带状或块状或行间混交 株行距 2m×3m 油松用 ABT 生根粉浸根或用保水剂蘸根处理 连续 3 年中耕锄草（1、2、2）栓皮栎间苗数年完成	 10、11、12、14、15
7	油松与天然灌木混交模式（19）	鱼鳞坑整地 80cm × 60cm × 40cm 品字形排列 油松 天然灌木 油松以 2 年生大规格容器苗为宜 根系发达的健壮苗	生态林	3m 内坡面保留天然灌木树种 2m×3m 直接栽植 栽后就地取碎石片覆盖 连续 3 年中耕锄草（3、2、1）	 4、5、6、7、8、9、10、11、12、13、14、15
8	油松与元宝枫混交模式（20）	鱼鳞坑整地 80cm × 60cm × 40cm 品字形排列 油松 元宝枫 2 年生 H = 1.2～1.5m	生态林	带状或块状或行间混交 2m×3m 元宝枫（五角枫）采用截杆造林 连续 3 年中耕锄草（3、2、1）栽植当年越冬掩盖	 10、12、13、14

续表

序号	模式名称及模式号	整地方式	建设目标	配置形式	典型图式
		栽植树种		栽植要点	
		苗木规格		管护要点	适宜立地类型号
9	油松（侧柏）与山桃（山杏）混交模式(24)	鱼鳞坑整地 80cm×60cm×40cm 品字形排列	生态林	带状或行间混交　株行距 2m×3m	
		油松（侧柏）山桃（杏）		栽前用 ABT 生根粉浸根或用保水剂蘸根处理	
		乔以 2 年生大规格容器苗为宜　灌用 2 年生播种苗		连续 3 年中耕锄草（3、2、1）	4、5、6、7、8、9、10、11、12、13、14、15、16、18、19
10	华山松与槲子栎混交林模式(25)	鱼鳞坑整地 80cm×60cm×40cm 品字形排列	生态林 用材林	带状 块状或行间混交　华山松株行距 2m×3m	
		华山松　槲子栎		华山松植苗　槲子栎 直播 5～6 粒/穴	
		华山松 2 年生容器苗 槲子栎直播		松土除草（2、2）间苗 槲子栎 2～3 年后开始间苗	13、14、15
11	华山松与辽东栎混交模式(26)	鱼鳞坑整地 80cm×60cm×40cm 品字形排列	生态林 用材林	带状或行间混交　株行距 2m×3m	
		华山松　辽东栎		华山松植苗 ABT 生根粉或保水剂等蘸根处理 辽东栎直播 3～5 粒/穴	
		华山松 2 年生容器苗 辽东栎直播		中耕除草（2、2、1）	1、2、3、4、5、6、7、8、9、10、11、12、13、14
12	华山松与油松混交模式(27)	鱼鳞坑整地 80cm×60cm×40cm 品字形排列	生态林 用材林	带状或行间混交　株行距 2m×3m	
		华山松　油松		ABT 生根粉或保水剂等蘸根处理	
		2 年生容器苗		中耕除草（2、2、1）	4、5、6、7、8、9、10、11、12、13、14

续表

序号	模式名称及模式号	整地方式 / 栽植树种 / 苗木规格	建设目标	配置形式 / 栽植要点 / 管护要点	典型图式 / 适宜立地类型号
13	白皮松与黄栌混交模式(28)	鱼鳞坑整地白皮松80cm×60cm×40cm 黄栌50cm×40cm×30cm 品字形排列 白皮松 黄栌 白皮松 H>10cm d≥0.2cm 或塑膜容器苗 黄栌2~3年生播种苗	生态林 用材林 风景林	带状或行间混交 株行距1.5m×3m 白皮松植苗 黄栌截干植苗 堆土防寒 用ABT生根粉或保水剂等蘸根处理 中耕除草(2、2、1)	 4、5、6、7、8、9、10、11、12、13、14、16、17、18、19
14	侧柏与臭椿混交模式(31)	鱼鳞坑整地80cm×60cm×40cm 或穴状整地60cm×60cm×60cm 侧柏 臭椿 侧柏2年生容器苗 臭椿1年生苗	生态林	带状 块状或行间混交 2m×2m 臭椿以早春和晚秋栽植为宜 春季带杆栽植宜迟不宜早 连续3年松土除草 栽植当年越冬掩盖	 16、17、18、19、22
15	侧柏与刺槐混交模式(32)	坡地鱼鳞坑整地80cm×60cm×40cm 平地穴状整地60cm×60cm×60cm 侧柏 刺槐 侧柏2年生大规格容器苗 刺槐D≥0.8cm 根系发达的健壮苗	生态林	带状混交 一般2~3行为一带 1.5m×4m 栽后用石块覆盖或覆膜 ABT生根粉和保水剂等蘸根处理 连续2年松土除草 数株苗木生长在一起的应3年内定株	 22、25、26、27、28

续表

序号	模式名称及模式号	整地方式	建设目标	配置形式	典型图式
		栽植树种		栽植要点	
		苗木规格		管护要点	适宜立地类型号
16	侧柏与柠条混交模式（33）	坡地鱼鳞坑整地侧柏 80cm×60cm×40cm 柠条 50cm×40cm×30cm 平地穴状整地侧柏 50cm×50cm×40cm 柠条 30cm×30cm×30cm	生态林	带状或行间混交 乔1.5m×6m 灌 1m×6m	
		侧柏 柠条		栽后用石块覆盖或覆膜 ABT 生根粉和保水剂等蘸根处理 宁条播种 植苗均可	
		侧柏以 2 年生大规格容器苗为宜 柠条播种或 d≥0.3cm 根系发达的健壮苗		连续 2 年松土除草 栽植当年越冬掩盖	22、25
17	侧柏与天然野皂荚（荆条）混交模式（35）	鱼鳞坑整地 80cm×60cm×40cm 品字形排列	生态林	自然或行间混交 侧柏1.5m×3m 保留自然分布的野皂荚（荆条）	
		侧柏 野皂荚（荆条）		栽后用石块覆盖或覆膜用 ABT 生根粉和保水剂等蘸根处理	
		侧柏 2 年生大规格容器苗为宜 野皂荚平茬 复壮		连续 3 年中耕锄草（3、2、1）	16、17、18、19
18	侧柏（杜松）与天然灌木混交模式（36）	鱼鳞坑整地 80cm×60cm×40cm 品字形排列	生态林	自然混交 3m 内坡面保留天然灌木树种 2m×3m	
		侧柏 杜松 天然灌木		春季 雨季 秋季均可造林栽后就地取石碎片覆盖	
		侧柏 2 年生大规格容器苗 柠条播种或d≥0.5cm 根系发达的健壮苗		连续 3 年中耕锄草 5 月中旬与 8 月中旬为宜	16、17、18、19、22

续表

序号	模式名称及模式号	整地方式	建设目标	配置形式	典型图式
		栽植树种		栽植要点	
		苗木规格		管护要点	适宜立地类型号
19	圆柏造林模式（41）	穴状整地 50cm×50cm×30cm	生态林风景林	株行距 1.5m×2m	
		圆柏		带土球随挖随栽 ABT 生根粉或保水剂等蘸根处理	
		2 年生苗		中耕除草（2、2、1）	22、27、28
20	杨树（柳树）与其他乔灌混交模式（42）	穴状整地 80cm×80cm×80cm	生态林	片林与其他乔灌块状或带状混交3m×3m	
		杨树 柳树 其他乔灌		栽前可用 ABT 生根粉速蘸或打泥浆	
		D≥3cm		连续 3 年中耕锄草 每年 1 次	27、28、29、30、31
21	杨树造林模式（45）	穴状整地 100cm×100cm×80cm	生态林用材林	片状 块状 3m×4m	
		杨树		植苗 浇水 覆盖塑膜 基肥有机肥 25~30kg/穴	
		H>4.0m d>3cm 的 2 年生根 1 年生干苗木		中耕除草（2、1）浇水（2、1）	27、28、29、30、31
22	杨树与刺槐混交模式（46）	杨树穴状整地 80cm×80cm×60cm 刺槐穴状整地 50cm×50cm×40cm	生态林用材林	带状或行间混交 株行距 杨树 3m×6m 刺槐 2m×6m	
		杨树 刺槐		植苗 刺槐栽后根茎以上覆土 1.0cm 覆地膜	
		杨树 H>3.5m d>3.0cm 的 2 年根 1 年干苗 刺槐 H>1.5m d>1.5cm 的 1 年生实生苗		松土除草及整穴（2、1）除萌及抹芽 刺槐留一健壮直立枝条培养主茎 平茬 枯梢严重时秋季平茬	27、28、29、30、31

序号	模式名称及模式号	整地方式	建设目标	配置形式	典型图式
		栽植树种		栽植要点	
		苗木规格		管护要点	适宜立地类型号
23	杨树与复叶槭混交模式(47)	穴状整地 70cm × 70cm × 70cm	生态林 用材林	带状或行间 1：1 混交 株行距 2m×2m	
		杨树 复叶槭		植苗 ABT 生根粉 保水剂等蘸根处理	
		H = 2.5m d≥1.8cm 2 年生苗		幼林抚育（2、2、1）	14、16、18、20、21、22、23、24、25、26、27、28、31
24	杨树林农复合经营模式(50)	穴状整地 80cm × 80cm × 60cm 品字形排列	生态林 用材林	杨树两行一带 带间距 8m 株行距（2～3）m ×（2～3）m 带间套种低杆作物	
		杨树（新疆杨 毛白杨 速生杨）		植苗 ABT 生根粉速蘸或打泥浆 施足底肥	
		杨树 H≥3.0m D 径≥3cm		中耕除草(1～2、1～2、1～2) 浇水（2～3）追肥 2 次/年 NP 肥为主 0.5kg/株	27、28、29、30、31
25	中南部农田防护林针阔混交模式(52)	穴状整地 80cm × 80cm × 60cm 品字形排列	防护林带	带状混交 主林带 2 行 外行毛白杨（刺槐）内行条桧（侧柏）副林带 1 行毛白杨 株行距 3m × 2m	
		毛白杨（刺槐）条桧（侧柏）		植苗 ABT 生根粉速蘸或打泥浆	
		毛白杨 H≥3.0m D≥3cm 刺槐 d＞0.8cm 条桧（侧柏）H≥1.5m		中耕除草(1～2、1～2、1～2) 浇水（2～3）追肥 2 次/年 NP 肥为主 0.5kg/株	30、31

序号	模式名称及模式号	整地方式	建设目标	配置形式	典型图式
		栽植树种		栽植要点	
		苗木规格		管护要点	适宜立地类型号
26	杨柳滩涂地造林模式(54)	穴状整地 60cm × 60cm × 60cm 品字形排列	生态林 用材林	片林 株行距2m×4m	
		三倍体毛白杨 漳河柳 旱柳 垂柳		植苗 ABT 生根粉速蘸或打泥浆 施足底肥	
		三倍体毛白杨苗 H≥3.0m D≥3cm		中耕除草(1~2、1~2、1~2) 浇水 (2~3) 追肥一年 2 次，以 NP 肥为主，0.5kg/株	29、30、31
27	旱柳（漳河柳）与紫穗槐混交模式(56)	穴状整地 柳树80cm×80cm×60cm 紫穗槐50cm×50cm×40cm 品字型排列	生态林	带状或块状混交 株行距柳树2m×2m 紫穗槐 1m×1m	
		旱柳 漳河柳 紫穗槐		植苗 ABT 生根粉 根宝等催芽或蘸根处理	
		柳树 H≥2m 紫穗槐 d≥0.6m H≥1cm		中耕除草（2、2、1）收割枝条 2 次/年 追肥 2 次/年	29、30、31
28	垂柳与紫穗槐护岸林模式(57)	穴状整地 柳树80cm×80cm×60cm 紫穗槐50cm×50cm×40cm	生态林	带状混交（4 行：4 行）株行距 柳树2m×2m 紫穗槐1m×2m	
		柳树 紫穗槐		植苗或播种 ABT 生根粉 根宝等催芽或蘸根处理	
		柳树H≥2.5m d≥3cm 紫穗槐当年采收的合格种子		中耕除草（2、2、1）割条 2 次/年 夏沤肥 秋编织 追肥 2 次/年 NP 肥为主100kg/亩	29、30、31
29	白榆造林模式(59)	穴状整地 50cm × 50cm × 50cm	生态林 用材林	片林 株行距 1.5m × 2m 幼林间作矮杆作物	
		白榆		植苗 ABT 生根粉 保水剂等蘸根处理	
		H≥1.5m d = 1~4cm 的 2 年生 I Ⅱ苗		中耕除草（2、2、1）	29、30、31

序号	模式名称及模式号	整地方式	建设目标	配置形式	典型图式
		栽植树种		栽植要点	
		苗木规格		管护要点	适宜立地类型号
30	板栗片林经营模式（60）	穴状整地 100cm×100cm×100cm	经济林	片林 株行距（3~4）m×（4~5）m 幼林间作矮杆农作物	
		板栗		植苗 ABT 生根粉 保水剂等蘸根处理 基肥 20kg/株	
		H≥90cm d=1.2cm 的 1~2 年生Ⅰ级嫁接苗		中耕除草 3 次/年 追肥 NP 肥 1.0kg/株	14、18、20、21、25、27、28
31	板栗林草复合经营模式（61）	穴状整地 100cm×100cm×100cm	生态林经济林	片林 株行距 3m×5m 行间混交紫花苜蓿 红豆草 小冠花等	
		板栗		植苗（平埋压苗）ABT 生根粉 保水剂等蘸根处理 基肥 20kg/株	
		H≥90cm d=1.2cm 的 1~2 年生Ⅰ级嫁接苗		中耕除草（2、2、1）追肥 NP 肥 0.5kg/株 压绿肥 1 次/年 15kg/株	14、18、25、27、28
32	臭椿与刺槐混交模式（63）	鱼鳞坑整地 80cm×60cm×40cm 品字形排列	生态林用材林	带状或行间混交 株行距 1.5m×2m	
		臭椿 刺槐		植苗 ABT 生根粉或根宝速蘸或打泥浆	
		臭椿 H≥1m d>1.5cm 的 2 年生苗 刺槐 H≥1m d>0.8cm 的 1~2 年生健壮苗		幼林抚育（2、2、1）	16、17、18、19、20、21、22、23、24
33	刺槐造林模式（64）	鱼鳞坑整地 80cm×60cm×40cm 品字形排列	生态林用材林	株行距 2m×3m	
		刺槐		截干栽植 苗根蘸保水剂 苗干上覆土 1.0cm 穴上覆盖塑料膜	
		H=1.5m d=1.5cm 的截干苗		抹芽除萌 萌芽时将塑膜开洞 萌条长到 30cm 时留一健壮直立者 其余抹去 并及时除萌 松土除草及整穴 第一年 2 次 第二年 1 次	16、17、18、19、20、21、22、23、24

续表

序号	模式名称及模式号	整地方式	建设目标	配置形式	典型图式
		栽植树种		栽植要点	
		苗木规格		管护要点	适宜立地类型号
34	刺槐与沙棘混交模式（65）	穴状整地 50cm × 50cm × 50cm 品字形排列	生态林	带状混交 4 行一带　株行距 刺槐 2m×2m 沙棘 1m ×1m	
		刺槐 沙棘		刺槐栽前平茬至 10 ~ 15cm ABT 生根粉速蘸或打泥浆	
		刺槐 H = 1m d > 0.8cm 的 1 ~ 2 年生苗 沙棘 d > 0.5cm 的 1 年生健壮苗		中耕除草 2 次/年 追肥 2 次/年	16、17、18、19、20、21、22、23、24
35	泡桐造林模式（69）	穴状整地 100cm × 100cm × 80cm	用材林	片林 株行距 4m×5m	
		泡桐		截干植苗 施肥	
		H = 4m d = 6cm 的 I 级嫁接苗		平茬 1 ~ 2 次 幼林抚育 5 年（2、2、2、2、2）	29、30、31
36	杜仲片林经营模式（71）	坡地鱼鳞坑整地 80cm×60cm ×40cm 川、垣地穴状整地 50cm × 50cm × 40cm 品字形排列	生态林 用材林 经济林	株行距 2m × 2m 幼林行间种植低秆农作物	
		杜仲		根系蘸泥浆	
		H = 50 ~ 70cm d = 0.5cm 的 1 年生以上苗		摘除下部侧芽 只留顶部 1 ~ 2 饱满侧芽 松土除草 2 次/年 追肥 修枝除蘖 修剪萌蘗枝和侧旁枝	27、28、29、30、31
37	构树造林模式（72）	水平带状或穴状整地 50cm × 50cm×50cm	生态林 经济林	片林 株行距 2m×3m 或 4m × 1.5m	
		构树		起苗后及时打泥浆 并随起随运随栽 秋季截干面埋土 5 ~ 6cm	
		2 年生苗		中耕除草（1 ~ 2、1 ~ 2） 封山育林 有种源地区可封山育林	27、28

序号	模式名称及模式号	整地方式	建设目标	配置形式	典型图式
		栽植树种		栽植要点	
		苗木规格		管护要点	适宜立地类型号
38	核桃梯田经营模式（73）	大穴整地 100cm×100cm×100cm	经济林	2~3个品种 1:1或1:1:1 隔行混栽 株行距 3m×5m（晚实）3m×4m（早实）幼林间作矮杆作物	
		核桃		植苗 三埋两踩一提苗 底肥 农家肥 2750kg/亩	
		2年生Ⅰ级嫁接苗		中耕除草 3次/年 追肥 2次/年 厩肥：NPK=20:11000kg/亩 浇水 2次/年 修剪 1次/年	18、20、25
39	核桃与蔬菜复合经营模式（75）	大穴整地 100cm×100cm×100cm	经济林	2~3个品种按（2~3）:1隔行混栽 株行距 3m×5m 行间混交豆角 辣椒 白菜等	
		核桃		核桃 植苗 ABT生根粉 保水剂等处理 基肥 10kg/株	
		H=1.5m d=2.5cm 的 2~3年生嫁接苗		中耕除草（2、2、1）追肥 NP肥 0.5kg/株 压绿肥 1次/年 15kg/株	27、28
40	核桃与花椒地埂经营模式（78）	穴状整地 60cm×60cm×60cm	经济林	隔行混栽 每一梯田内行核桃 外行花椒 株距 核桃 3m 花椒 2m 幼林间作矮杆作物	
		核桃 花椒		截干植苗 三埋两踩一提苗 底肥 农家肥 2000kg/亩	
		播种 1年生Ⅰ级扦插苗		中耕除草 4次/年 追肥 2次/年 厩肥：NPK=20:13000kg/亩 浇水 3次/年 修剪 2次/年	18、19、20、25

续表

序号	模式名称及模式号	整地方式	建设目标	配置形式	典型图式
		栽植树种		栽植要点	
		苗木规格		管护要点	适宜立地类型号
41	黑椋子梯田地埂经营模式（84）	穴状整地 50cm × 50cm × 50cm 品字形排列	经济林	株距 3m 行距 3m 或随地块大小而定 行间混交各种农作物	
		黑椋子		植苗（平埋压苗）ABT 生根粉 施肥	
		H = 50cm d = 0.5cm 的 2 年生苗		中耕除草（2、2、1）	27、28
42	花椒地埂经营模式（85）	穴状整地 80cm × 80cm × 80cm 品字形排列	经济林	株距 3m 行距随地块大小而定 行间混交各种农作物	
		花椒		植苗（平埋压苗）ABT 生根粉 保水剂等蘸根处理 基肥 10kg/株	
		H = 86cm d = 0.5cm 的 1 年生 I 级播种苗		中耕除草（2、2、1）追肥 NP 复合肥 0.5kg/株	18、19、20、25、28
43	花椒片林经营模式（86）	穴状整地 60cm × 60cm × 60cm 品字形排列	生态林 经济林	株行距 1m×（1~2）m	
		花椒		植苗（平埋压苗）ABT 生根粉 保水剂等蘸根处理 基肥 5kg/株	
		H = 86cm d = 0.5cm 的 1 年生 I 级播种苗		中耕除草（2、2、1）追肥 NP 肥 0.5kg/株	18、19、20、25、28
44	黄菠萝造林模式（89）	穴状整地 50cm × 50cm × 50cm 品字形排列	生态林 用材林	片林 株行距 1.5m × 2m 幼林间作矮杆作物	
		黄菠萝		植苗 三埋两踩一提苗	
		H = 0.7m d = 0.4cm 的 2 年生苗		中耕除草 5 年内 4 次/年 平茬 幼树平茬后摘芽定干	27、28、29、30、31

续表

序号	模式名称及模式号	整地方式 / 栽植树种 / 苗木规格	建设目标	配置形式 / 栽植要点 / 管护要点	典型图式 / 适宜立地类型号
45	黄连木造林模式（90）	鱼鳞坑整地 80cm×60cm×40cm 品字形排列 黄连木 1~2 年生苗 以 2 年生苗为好	生态林 用材林 经济林	株行距 生态林 2m×2m 或 2m×3m 经济林 3m×3m 或 4m×4m 或秋季采种后即播 5~10 粒/穴 行间间作豆科牧草 植苗 条件差者可截干栽植 留干 5~10cm ABT 生根粉 ak 保水剂等蘸根处理 中耕除草（2、2、1）	 25、26、27
46	火炬树造林模式（91）	穴状整地 50cm×50cm×30cm 品字形排列 火炬树 根系完整的 1 年生苗	生态林 风景林	纯林 株行距 2m×3m 山地截干造林 道路及村镇等带干造林 及时浇水 中耕除草（2、2、1）	 20、21、22、23、24、25、26
47	荆条造林模式（92）	穴状整地 40cm×40cm×30cm 品字形排列 荆条 直播或 2 年生苗	生态林	片林 直播 10~15 粒/穴 植苗株行距 1m×2m 直播覆土<0.5cm 或植苗 管护 封山育林 中耕除草 据情况进行 平茬 3~5 年后可隔带平茬	 17、18、19、22

序号	模式名称及模式号	整地方式 / 栽植树种 / 苗木规格	建设目标	配置形式 / 栽植要点 / 管护要点	典型图式 / 适宜立地类型号
48	狼牙刺与侧柏混交模式（93）	穴状整地 50cm × 50cm × 40cm 品字形排列 狼牙刺 侧柏 侧柏 2 年生大规格容器苗 狼牙刺 2 年生苗或直播	生态林	带状或行间混交 株行距 1m×2m 狼牙刺直播 10～15 粒/穴 截干植苗 打泥浆 随起随运随栽 或雨季播种 播种前需浸种 中耕除草（1～2、1～2、1～2）平茬 3～5 年后可隔带平茬	 18、19、22、25、26
49	梨树平、川、垣经营模式（94）	水平沟整地 宽 100cm × 深 100cm 梨 2 年生 I 级嫁接苗	经济林	2 个品种按（2～4）：或 2:2 隔行混栽 株行距 3m ×4m 幼林间作矮秆作物 截干植苗 三埋两踩一提苗 底肥 农家肥 2750kg/亩 中耕除草 4 次/年 追肥 2 次/年 厩肥：NPK = 20:1 1375kg/亩 浇水 每年 3 次 修剪 1 次/年	 27、28、30、31
50	李树经营模式（95）	穴状整地 100cm × 100cm × 80cm 品字形排列 李树 H = 100cm d = 1.0cm 的 1～2 年生 I 级嫁接苗	经济林	2～3 个品种按（2～3）：1 隔行混栽 株行距 3m × 4m 幼林间作矮秆作物 植苗 ABT 生根粉 保水剂等蘸根处理 基肥 20kg/株 中耕除草 3 次/年 追肥 3 年生以上 NP 复合肥 1.0kg/株	 27、28、30、31
51	连翘经营模式（96）	水平带状或穴状整地 40cm × 40cm×30cm 品字形排列 连翘 H >40cm 的 2 年生苗或直播	生态林 经济林	纯林 株行距 1m×2m 直播 10～15 粒/穴 截干植苗 打泥浆 随起随运随栽 或雨季播种 播种前需浸种 管护 防牲畜啃吃幼苗 中耕除草 2 次/年 平茬 3～5 年后可隔带平茬	 4、5、6、7、8、9、10、11、12、13、14、15、16、17、18、19、20、21

序号	模式名称及模式号	整地方式	建设目标	配置形式	典型图式
		栽植树种		栽植要点	
		苗木规格		管护要点	适宜立地类型号
52	楝树与紫穗槐混交模式（97）	穴状整地 60cm × 60cm × 50cm 品字形排列	生态林	带状或行间混交 株行距 楝树 2m × 2m 紫穗槐 1m × 2m	
		楝树 紫穗槐		楝树从 2/3 处截干 栽植深度约 35cm 紫穗槐截干栽植	
		楝树 H > 1.5cm 紫穗槐 1 年生苗		中耕除草（1~2、1~2、1~2）施肥 1 次/年 斩梢抹芽 楝树结合抚育修枝整理	27、28、30、31
53	苹果片林经营模式（104）	穴状整地 100cm × 100cm × 100cm	经济林	1~2 个品种主栽按（1~8）:1 配置授粉树 株行距 3m × 4m 幼林间作矮杆作物	
		苹果		基肥：20kg/株；春、秋季植苗，以春季为好，ABT 生根粉、保水剂等蘸根处理	
		H = 100cm d = 1.0cm 的Ⅰ级嫁接苗		中耕除草（2、2、1）追肥 NP 肥 1.0kg/株	27、28、30、31
54	葡萄平、川、垣经营模式（106）	水平沟整地 宽 100cm × 深 100cm	经济林	2 个品种按（2~4）:1 隔行混栽 株行距 1.5m × 2m 幼林间作矮杆作物	
		葡萄（红提 黑提 红地球）		截干植苗 三埋两踩一提苗 底肥 农家肥 5500kg/亩	
		1 年生Ⅰ级扦插苗		中耕除草 4 次/年 追肥 2 次/年 厩肥：NPK = 20:1 3000kg/亩 浇水每年 3 次 修剪 2 次/年	27、28、30、31

续表

序号	模式名称及模式号	整地方式	建设目标	配置形式	典型图式
		栽植树种		栽植要点	
		苗木规格		管护要点	适宜立地类型号
55	楸树与紫穗槐混交模式（108）	水平带状或穴状整地 楸树 60cm×60cm×50cm 紫穗槐 30cm×30cm×30cm	生态林 用材林	带状或行间混交 株行距 楸树2m×3m 紫穗槐1m×3m	
		楸树 紫穗槐		植苗 打泥浆 随起随运随栽 楸树挖取2～3年生根蘖苗造林时 距母株30cm以外	
		楸树 H=1.5m d＞1.5cm 的 2年生苗 紫穗槐1年生苗		中耕除草（2、2、1）除蘖 除去幼树基部萌蘖条 施肥 第三年秋在距根株50cm处挖壕压埋紫穗槐绿肥	10、12、13、14、16、18、20、21
56	桑树片林经营模式（115）	穴状整地 80cm×80cm×80cm	生态林 经济林	片林 株行距2m×4m 幼林间作矮杆农作物	
		桑树		植苗 ABT生根粉 保水剂等蘸根处理 基肥10kg/株	
		H=100cm d=1.0cm 的1～2年生实生苗		中耕除草2～3次/年 追肥 NP肥0.5kg/株	27、28
57	桑树林草复合经营模式（116）	穴状整地 80cm×80cm×80cm	生态林 经济林	单行或双行 株行距3m×（5～6）m 行间混交紫花苜蓿 沙打旺等	
		桑树		植苗 ABT生根粉 保水剂等蘸根处理 基肥10kg/株	
		H=100cm d=1.0cm 的1～2年生实生苗		中耕除草（2、2、1）追肥 NP肥0.5kg/株 压绿肥1次/年 15kg/株	27、28

序号	模式名称及模式号	整地方式	建设目标	配置形式	典型图式
		栽植树种		栽植要点	
		苗木规格		管护要点	适宜立地类型号
58	桑树林农复合经营模式（117）	穴状整地 80cm × 80cm × 80cm	经济林	单行或双行　株行距 3m×（8~15）m　行间混交各类农作物	
		桑树		植苗　ABT 生根粉　保水剂等蘸根处理　基肥 10kg/株	
		H = 100cm　d = 1.0cm 的 1~2 年生实生苗		中耕除草 2~3 次/年　追肥 NP 肥 0.5kg/株　压绿肥 1 次/年 15kg/株	27、28、30、31
59	桑树与山茱萸经营模式（118）	穴状整地 50cm × 50cm × 50cm	经济林	带状或行间混交　株行距 2m×4m	
		桑树		植苗　修剪枝干及根系　根系蘸泥浆	
		H > 40cm　d > 0.3cm		春耕除草　深度为 10cm~15cm；施肥　行间开沟　施压绿肥	27、28
60	柿树片林经营模式（119）	穴状整地 100cm × 100cm × 100cm	经济林	2 个品种按（1~4）:1 混栽　株行距（3~4）m×（4~5）m　幼林行间混交矮秆农作物	
		涩柿　甜柿		植苗　ABT 生根粉　保水剂等蘸根处理　基肥　农家肥 10kg/株	
		H = 100cm　d = 1.0cm 的 1~2 年生 I 级嫁接苗		中耕除草 3 次/年　追肥 NP 肥 0.5kg/株	27、28、31
61	柿树林农复合经营模式（120）	穴状整地 100cm × 100cm × 100cm	经济林	2 个品种按（1~4）:1 行内混栽　株行距 3m×（8~15)m　行间混交农作物	
		涩柿　甜柿		植苗　ABT 生根粉　保水剂等蘸根处理　基肥 15kg/株	
		H = 100cm　d = 1.0cm 的 1~2 年生 I 级嫁接苗		中耕除草 3~4 次/年　追肥 NP 肥 0.5kg/株	28、31

序号	模式名称及模式号	整地方式	建设目标	配置形式	典型图式
		栽植树种		栽植要点	
		苗木规格		管护要点	适宜立地类型号
62	柿树林药复合经营模式（121）	穴状整地 100cm × 100cm × 100cm	经济林	2 个品种按（1~4）：1 行内混栽 株行距 3m×（8~15）m 行间混交药用植物	
		涩柿 甜柿		植苗 ABT 生根粉 保水剂等蘸根处理 基肥 15kg/株	
		H = 100cm d = 1.0cm 的 1~2 年生 I 级嫁接苗		中耕除草 3~4 次/年 追肥 NP 肥 0.5kg/株	28、31
63	山楂片林经营模式（129）	穴状整地 100cm × 100cm × 100cm	经济林	2~3 个品种按（1~3）：1 隔行混栽，株行距 3m×4m 幼林间作矮杆农作物	
		山楂		植苗 ABT 生根粉 保水剂等蘸根处理 基肥 20kg/株	
		H = 90cm d = 1.1cm 的 1~2 年生 I 级嫁接苗		中耕除草 3 次/年 追肥 NP 肥 1.0kg/株	28、31
64	山楂林农复合经营模式（130）	穴状整地 100cm × 100cm × 100cm	经济林	2~3 个品种按（1~4）：1 行内混栽 株行距 3m×（8~15）m 行间长期混交农作物	
		山楂		植苗 ABT 生根粉 保水剂等蘸根处理 基肥 20kg/株	
		H = 90cm d = 1.1cm 的 1~2 年生 I 级嫁接苗		中耕除草 3 次/年 追肥 NP 肥 1.0kg/株	28、31
65	山茱萸片林经营模式（132）	穴状整地 70cm × 70cm × 50cm	经济林	株行距 3m×5m 幼林间作矮杆农作物	
		山茱萸		植苗 ABT 生根粉 保水剂等蘸根处理	
		2 年生苗		幼林抚育（2、2、1）浇水 2 次/年 追肥	16、18、20、27、28

序号	模式名称及模式号	整地方式	建设目标	配置形式	典型图式
		栽植树种		栽植要点	
		苗木规格		管护要点	适宜立地类型号
66	山茱萸与酸枣经营模式（133）	穴状整地山茱萸 70cm×70cm×50cm 酸枣 50cm×50cm×40cm	生态林 经济林	带状或行间混交 山茱萸：酸枣＝1:1.7 山茱萸株距2.5 酸枣株行距2m×1.5m	
		山茱萸 酸枣		植苗 ABT 生根粉 保水剂等蘸根处理 基肥山茱萸（农家肥 20kg + NP 肥 0.5kg）/株	
		山茱萸 H＝50cm d＝0.7cm 的 1 年生实生苗 酸枣 H＝40cm d＝0.4cm 的 1 年生实生苗		中耕除草（2、2、1）追肥 3 年生以上 NP 肥 1.0kg/株	18、20、27、28
67	山茱萸与油松混交模式（134）	穴状整地山茱萸 70cm×70cm×50cm 油松 50cm×50cm×40cm	生态林 经济林 用材林	带状或行间混交 山茱萸：油松＝1:1.5 山茱萸株距3 油松株行距2m×2m	
		山茱萸 油松		植苗 ABT 生根粉 保水剂等蘸根处理 基肥山茱萸（农家肥 20kg + NP 肥 0.5kg）/株	
		山茱萸 H＝50cm d＝0.7cm 的 1 年生实生苗 油松 H＝15cm d＝0.4cm 的 2 年生实生苗		中耕除草（2、2、1）追肥 3 年生以上 NP 肥 1.0kg/株	16、18、20、27、28
68	翅果油片林经营模式（137）	穴状整地 50cm×50cm×30cm	经济林	株行距2m×2m	
		翅果油		植苗（平埋压苗）ABT 生根粉 施肥	
		H＝50cm d＝0.5cm 的 2 年生苗		中耕除草（2、2、1）	13、14、15、18、19、20、27、28

序号	模式名称及模式号	整地方式	建设目标	配置形式	典型图式
		栽植树种		栽植要点	
		苗木规格		管护要点	适宜立地类型号
69	石榴林农复合经营模式（138）	穴状整地 100cm × 100cm × 80cm	经济林	2～3 品种按（1～3）∶1 行内混栽　株行距 3m×（8～15）m 行间混交矮杆农作物	
		石榴		植苗 ABT 生根粉 保水剂等蘸根处理　基肥（农家肥 20kg + 钙镁磷肥 1kg）/株	
		H = 80cm　d = 0.8cm 的 1～2 年生嫁接苗		中耕除草 3 次/年　追肥 3 年生以上 NP 复合肥 1.0kg/株	28、30、31
70	香椿片林经营模式（145）	穴状整地 50cm × 50cm × 50cm	经济林	株行距 3m×3m	
		香椿		植苗 ABT 生根粉 保水剂等蘸根处理	
		H > 1m　d = 1cm　2 年生苗		中耕除草（2、2、1）追肥 除芽截干	27、28、29、30、31
71	野皂荚与臭椿混交模式（149）	穴状整地 40cm × 40cm × 30cm	生态林 经济林	片状或带状混交 臭椿株行距 2m×3m 野皂荚 1m×2m 直播 10～15 粒/穴	
		野皂荚 臭椿		截干植苗 或直播覆土 2cm	
		臭椿 2 年生以上壮苗 野皂荚也可直播		管护 封山育林 中耕除草据情况进行 平茬 3～5 年后可隔带平茬	13、15、19、22、25、26
72	银杏林草复合经营模式（150）	穴状整地 80cm × 80cm × 80cm	生态林 经济林	片林 株行距（2.5～3）m ×（3～3.5）m 行间混交紫花苜蓿 红豆草 小冠花等	
		银杏		植苗 ABT 生根粉 保水剂等蘸根处理　基肥 20kg/株	
		H = 28cm　d = 0.9cm 的 1～2 年生 I 级嫁接苗		中耕除草（2、2、1）追肥 NP 肥 0.5kg/株 压绿肥 1 次/年 15kg/株	18、20、27、28、31